LA

BAIE DE CADIX

DU MÊME AUTEUR

ÉTUDES SUR L'ESPAGNE

— SÉVILLE ET L'ANDALOUSIE —

DEUX BEAUX VOLUMES GRAND IN-18

DON MIGUEL DE MAÑARA

SA VIE

SON DISCOURS SUR LA VÉRITÉ, — SON TESTAMENT

SA PROFESSION DE FOI

UN BEAU VOLUME GRAND IN-18

PARIS. — IMP. SIMON RAÇON ET COMP., RUE D'ERFURTH 1.

LA BAIE DE CADIX

— NOUVELLES ÉTUDES SUR L'ESPAGNE —

PAR

ANTOINE DE LATOUR

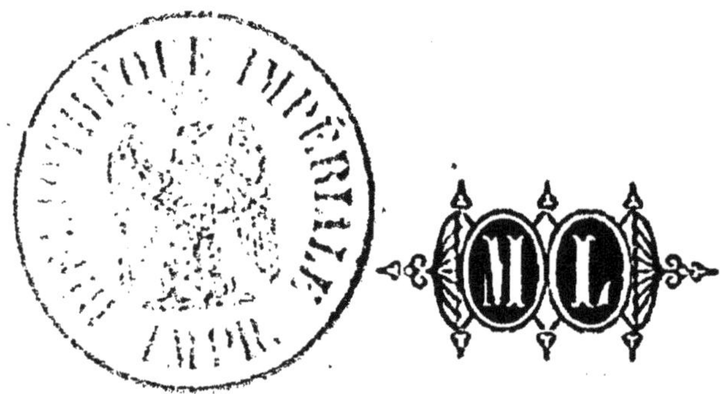

PARIS

MICHEL LÉVY FRÈRES, LIBRAIRES-ÉDITEURS

RUE VIVIENNE, 2 BIS

1858

L'indulgence avec laquelle le public a accueilli mon premier ouvrage sur l'Espagne m'encourage à lui offrir un nouveau volume de ces *Études*, où je cherche le secret de donner à un simple récit de voyage l'intérêt plus durable de l'histoire littéraire.

Hier je parlais de Séville, de ses coutumes, de ses monuments, de ses saints, de ses peintres, de ses poëtes; aujourd'hui je m'attache à peindre Cadix et l'éternelle beauté de son golfe, à raconter l'histoire de ses poétiques origines et celle des charmantes villes qui l'entourent comme une reine, un Andalous dirait qui la servent comme une houri de l'Océan.

la mémoire de ceux qui l'ont une fois visitée? N'était-ce pas à Delphes même, et au pied du Parnasse, que lord Byron, encore tout ému de ses souvenirs, écrivait dans *Childe-Harold* :

« Elle est belle, l'orgueilleuse Séville! qu'elle soit fière de sa force, de sa richesse, de son antiquité! Mais Cadix, qui s'élève plus loin sur la côte, réclame des éloges plus doux. »

Quant à moi, je sais à qui je garde mes secrètes préférences; mais qui pourrait me reprocher de m'être oublié, un peu longuement aussi, devant « la belle Cadix, assise (c'est encore lord Byron qui parle) sur le bord de la mer aux flots bleus? »

Paris, 3 novembre 1857.

LA
BAIE DE CADIX

I

LE GUADALQUIVIR

La source du Guadalquivir et son cours jusqu'à son embouchure. — Essais de canalisation à différentes époques. — Les deux rives du fleuve. — Ses débordements périodiques. — Inondations de Séville.

Le grand chemin de Séville à Cadix, c'est le Guadalquivir. Si le Tage est l'honneur de Tolède, le Guadalquivir est la joie de Séville. Ces deux beaux fleuves résument en eux toute la vieille Espagne : le Tage la chrétienne, le Guadalquivir la musulmane. Ce dernier, arabe de nom et longtemps de nationalité, ne reçoit dans son sein que des affluents qui portent des noms arabes. Il a été d'abord le Tartesus, et ensuite le Betis, d'où s'est appelée Bétique la province qu'il fertilise; il a reçu enfin le nom de Guadalquivir, en arabe le *grand fleuve*.

Sa source est incertaine, et il ne prend guère un cours un peu régulier qu'en sortant des sierras de Segura, dans le royaume de Murcie. Grossi déjà de quelques affluents, et de torrent devenu fleuve, il coule de l'orient au couchant avec une légère inclinaison vers le midi, et traverse toute l'Andalousie en visitant Baeza, Andujar et Cordoue. Là, tournant de plus en plus au midi, il descend à Séville, d'où, poursuivant sa course avec une majesté souveraine jusqu'à San Lucar de Barrameda, il force, on peut le dire, les barrières de l'Océan.

Dans un trajet de quatre-vingts lieues d'Espagne, il a rallié sur sa gauche, et près de sa source, le Guadiana inférieur, le Xandulilla, près de Jodar; la rivière de Jaen, près de Menxibar; quelques cours d'eau salée aux environs de Marmolejo et d'Aldea del Rio; le Lecobin, et la rivière de Viboras, près du vieux pont de Cordoue; près de Palma, et aux environs d'Ecija, le Genil, qui déjà a mêlé lui même ses eaux avec le Darro, son frère jumeau de Grenade; enfin le Guadajocetto et le Corbones, qui descendent de la sierra de Ronda; plus loin, enfin, et au-dessous de Séville, il reçoit le Guadaira.

Sur la droite, la sierra Morena lui envoie, comme à un suzerain puissant, la plupart de ses sources. C'est, après le Guadalimar, qui lui arrive uni au Guadalen, le Guadalisa; en deçà de Ubeda et de Baeza, le Guaeliel, et, à peu de distance, le Ferrumbral, et ensuite la rivière d'Escobar; près d'Andujar, le Jarradola, et d'Aldea del Rio, le fleuve de las Yeguas; à côté d'Almadovar, le Guadiato; près de Morataya, la rivière d'Embesa; près de

Peñaflor, celle de Retornillo; un peu plus bas, le Liséo et le Gualvarcar; et, aux environs de Villanueva, le Galapagar; en approchant de Séville, la rivière de Huesna; celle de Biaz près de Cantillana; devant l'Algaba, celle de Huelva unie à celle de Cala, dont l'humble cours a réfléchi les dernières ruines d'Italica; enfin, sur le territoire de Villamanrique, la rivière de San Lucar-la-Mayor vient tomber dans le bras que le Guadalquivir arrondit amoureusement, à l'occident, autour de la plus grande de ses iles.

Le Guadalquivir n'est navigable que de Séville à Cadix; mais, dans cette étendue, il est accessible même à de gros navires, et, il y a quelques années, nous avons vu le *Newton*, bateau français de la force de trois cents chevaux, remonter jusqu'à Séville, au grand étonnement des habitants, qui ont bien vite oublié que de leur tour de l'Or partaient jadis les hardis explorateurs du nouveau monde. De Séville à Cantillana, le fleuve porte encore des barques considérables; mais ensuite, et jusqu'à la hauteur de Cordoue, on le voit à peine sillonné par des embarcations étroites et légères.

On ne peut cependant douter que, dans l'antiquité, tout le cours supérieur du Guadalquivir n'ait été ouvert à une navigation active. Comment supposer, en effet, qu'entre Cordoue et Italica les Romains aient négligé une si belle route? S'ils en avaient tracé une autre à leurs armées ou à leur commerce, on la reconnaîtrait aujourd'hui encore à quelques-uns de ces puissants vestiges que Rome laissait toujours après elle.

Les Maures, agriculteurs si ingénieux, n'usèrent-ils que pour l'arrosage de leurs terres de cette admirable ressource? Les Chrétiens, à leur tour, se contentèrent-ils de puiser dans le fleuve pour entretenir la verdure de leurs orangers? Je croirais qu'ils comprirent mieux l'utile secours qu'ils pouvaient tirer du fleuve pour des intérêts d'un ordre plus élevé. Dès le règne du roi don Pèdre, j'entends des mariniers se plaindre au Justicier que les prises d'eau portent préjudice à la navigation du fleuve. Cette simple et instinctive réclamation de la pratique est devenue, dans des temps plus rapprochés de nous, l'objection raisonnée de la théorie. Supprimez partout les prises d'eau, dit-elle, et le fleuve, dans son cours puissant, emportera tous les obstacles. Des ingénieurs moins absolus, et plus laboureurs que négociants, ont traité de barbare une mesure aussi radicale; il suffira, selon eux, de régler les prises avec prudence et de les pratiquer avec intelligence. Qu'ils s'accordent entre eux. Je me borne à suivre, de siècle en siècle, la fortune d'une idée, idée vraie sans doute, puisque, sans cesse reproduite, elle échoue sans s'avouer vaincue; mais difficilement praticable, il faut le croire, puisque tant d'expériences déjà n'ont pu la mener à bonne fin.

Le 23 décembre 1626, Philippe IV, dans une cédule adressée aux autorités de Séville, annonce qu'il a mandé de Flandre des ingénieurs chargés de rectifier le cours du Guadalquivir, et il nomme le corrégidor de Cordoue, don Gaspar Bonifax, pour surveiller l'œuvre qui devra suivre l'examen et le rapport de ces ingénieurs. Mais on ne dit pas que la cédule et la nomination aient été suivies de grands effets. Toutefois c'est à partir de cette époque que la question de rendre le Guadalquivir navigable entre Séville et Cordoue n'a jamais été complétement abandonnée. Tantôt c'est un système qui l'emporte, tantôt un autre. Vaut-il mieux creuser un canal latéral ou rectifier les bords mêmes du fleuve? Ces deux solutions résument tous les moyens proposés. Le nom du marquis de Pozo Blanco et celui du colonel du génie don Francisco Gozar sont demeurés attachés à des tentatives honorables, mais qui n'ont laissé aucune trace durable. Un peu avant 1808, on eut l'idée de construire un vaste radeau approprié aux circonstances; en 1811 et 1812, cette idée fit naître dans l'armée française celle d'établir des divisions de barques qui, s'arrêtant là où, par suite des prises, l'eau devenait trop basse, formeraient les relais d'un service régulier. Le fleuve se trouva divisé en trois grandes parties par les prises de Peñaflor et de Lora, les seules alors qui fussent intactes et assez considérables pour entraver la marche des embarcations. Ces embarcations étaient au nombre de quatre-vingts : trente-quatre stationnaient à Cordoue, douze à Peñaflor, et trente-quatre encore à Lora. Environ huit cents hommes furent répartis entre ces trois services. Chaque barque était montée par six hommes, outre le patron, et sa charge pouvait, selon l'état des eaux, s'élever de cinquante à deux cent cinquante quintaux. Il est probable qu'elles remontaient vides. Ces expéditions, ayant simplement pour but de ravitailler l'armée française, offraient un caractère et donnaient un résultat nécessairement incomplets.

En 1813, un ingénieur polonais, qui avait servi dans l'armée française, et qui sans doute avait assisté à ces opérations, le baron de Karwinski, demanda à en recommencer l'essai au profit du gouvernement espagnol. Il choisit, pour faire cette nouvelle épreuve, une des barques que les Français, en se retirant, avaient laissées à Peñaflor, et qu'un débordement du fleuve avait emportées loin de ses bords. On choisit la meilleure, on la répara, on la remit à flot, on mit dessus soixante-dix quintaux d'équipages d'artillerie, et, manœuvrée par six hommes de l'ancienne tripulation de Cordoue, elle employa quatre jours à descendre à Séville; il lui en fallut dix pour remonter. Cette barque avait trente-trois pieds de long sur onze de large, et, avec sa charge, son tirant d'eau était de huit pouces et demi. L'expérience achevée, Karwinski déclarait que le Guadalquivir pouvait être aisément rendu navigable; mais cette expérience, aussi bien que les opérations françaises, laissait entière la question des prises d'eau et celle des modifications qu'apporte au niveau du fleuve la différence des saisons. Je ne sais si l'expérience s'est renouvelée, mais elle laissa des données certaines qui restèrent comme de précieux jalons pour l'avenir. Elle eut d'ailleurs cet autre résultat, que le gouvernement fit, cette même année, reconnaître le cours du fleuve par deux officiers du génie qu'il avait précédemment nommés pour suivre les opérations du baron de Karwinski. Mais cette reconnaissance ne paraît pas avoir laissé de traces.

Une autre appela plus vivement l'attention, celle que fit en 1821 don Agustin de Garramendi ; mais, uniquement préoccupé de la solution par un canal latéral, ce n'est qu'indirectement que Garramendi parle du Guadalquivir, qu'il semble cependant avoir sérieusement étudié.

Enfin, en 1842, une dernière reconnaissance fut pratiquée par ordre du gouvernement, qui en confia le soin à un ingénieur distingué, Jose Garcia Otero, et il en résulta un savant mémoire dont les conclusions sont à peu près les mêmes que celles de Garramendi. Au mois de juillet 1847, et par les soins d'un ministre éclairé, don Nicomedes Pastor Diaz, une adjudication fut ouverte; mais les événements qui suivirent emportèrent ailleurs toutes les pensées. Le moment viendra-t-il bientôt où il sera possible de reprendre ce noble dessein?

Mais laissons à la science et à l'avenir cette partie obscure du Guadalquivir, et revenons à cette partie brillante de son cours où tout est lumière, mouvement et poésie.

En quittant Séville, à bord de l'un des bateaux à vapeur qui font le service entre Séville et Cadix, on glisse lentement d'abord entre la riante promenade des Délices, à gauche, et, sur la rive droite, l'ancien couvent *de los Remedios*, qui a perdu ses moines, mais qui a gardé ses orangers et ses cyprès. Au bout de la Huerta, un beau palmier penché vers le fleuve semble ouvrir à un nouvel Argo les plages inconnues de l'Orient. Ici le fleuve tourne brusquement; son large cours, ses eaux souvent marquées d'une teinte rose, ses rives égales, me rappelaient le Nil. Plus loin, ses grands troupeaux de taureaux, venant s'abreuver au fleuve, me faisaient encore souvenir des buffles de la Basse-Égypte. Un quart d'heure d'une course rapide nous porte au pied de San Juan d'Alfarache, gracieux village dont les blanches maisons se détachent de la verdure. En suivant une longue allée de cyprès qui monte du village dans un champ d'oliviers, le regard atteint une éminence qui le couronne, elle-même couronnée des ruines pittoresques d'un ancien couvent qu'entoure, à demi écroulée, une puissante muraille. On a de là une vue magnifique : Séville, au centre de sa riche plaine; par delà, les sierras de Ronda et celles de Grenade, et, devant soi, sur la rive gauche, l'immense prairie de Tablada, où saint Ferdinand posa son camp, on disait alors son *real*, et où je voyais, l'autre soir, un torero, lancé de toute la vitesse de son cheval, jeter en passant le lazo aux taureaux, comme dans les savanes américaines. Gelves, un autre joli village, est à peine séparé de San Juan. Tous deux figurent au début de l'histoire de ce Guzman d'Alfarache, qui est, sinon un héros, au moins un type andalous, et qui, à ce titre, nous appartient. Guzman a emprunté à San Juan son surnom d'Alfarache; mais il était bien de Gelves.

Jetons les yeux, avant de passer outre, sur l'humble rivière qui, à notre gauche, entre sans bruit dans le Guadalquivir. Les peupliers blancs qui se croisent au-dessus de son embouchure laissent à peine passer quelques barques légères sous leur dôme mystérieux : c'est le Guadaira qui descend d'Alcala, dont il a effleuré le vieux château, et qui apporte au Guadalquivir un autre souvenir du saint conquérant de Séville.

Nous glissons encore quelque temps entre des huertas d'orangers dont les racines à nu témoignent que le fleuve les entraîne parfois dans son cours, et nous arrivons à la hauteur de Coria. Coria a l'air d'un simple village, mais c'est une ancienne fondation romaine; et plus tard, au moyen âge, Coria battait monnaie. Aujourd'hui nul vestige de son ancienne splendeur. Ses maisons, basses et inégalement groupées sur le versant d'un monticule dont l'église occupe le sommet, descendent jusqu'au bord du fleuve. Une foule de petites barques amarrées, pour ainsi dire, au seuil de leurs maîtres, semblent annoncer une population de pêcheurs; il n'en est rien pourtant. La terre de ces rives est trop fertile pour nourrir autre chose que des laboureurs. L'homme ne dévoue sa vie à l'incertitude des vents et des flots que là où la terre, son antique nourrice, lui refuse le sein. Ici seulement les laboureurs occupent la rive droite, et les terres cultivées par eux sont sur la rive gauche. Le matin, chaque barque porte un laboureur au bord du sillon commencé la veille, et les bœufs suivent à la nage; et le soir, de la même manière, le laboureur retourne à sa chaumière, le bœuf à son étable.

La Puebla, qui vient après Coria sur la rive droite, est plus considérable en apparence, mais n'a rien de ses illustres origines.

N'oublions pas à gauche deux charmantes îles que forme le Guadalquivir; la plus petite et la plus rapprochée de Séville, l'île Amélie, n'a qu'une lieue de tour. Le fleuve qui l'entoure y entretient une délicieuse verdure. Dans les belles journées du printemps et de l'automne, parfois un des bateaux de la compagnie y dépose dès le matin de joyeuses bandes qu'il viendra reprendre le soir. Tout le jour les gais échappés de la ville mènent la vie pastorale des bergers de Théocrite ou des amoureux de Garcilaso; ils errent par couples ou par groupes au bord de l'eau, s'étendent pour rêver sous les rares arbres de ces prairies, et dévorent sensuellement les mets simples qu'ils ont apportés. Le voyageur qui passe rapidement sur le fleuve les prend pour quelque peuple de l'âge d'or oublié dans le nôtre, et, de retour chez lui, il en parlera avec émotion et envie, si dans l'intervalle personne n'est venu lui apprendre que ce sont de bonnes gens de Séville qui sont venus dans ce lieu respirer un peu de fraîcheur.

L'autre île plus grande, son nom l'indique, a plusieurs lieues de circonférence. Dans l'une comme dans l'autre on engraisse des troupeaux. Il faudrait d'immenses travaux, que la crue annuelle des eaux rendrait peut-être inutiles, pour établir dans ces îles une culture régulière.

Depuis longtemps déjà nous avons perdu de vue la pointe de la Giralda, qui se voit de six lieues, et les rives du fleuve devenues plates et monotones semblent offrir moins d'intérêt. C'est seulement l'intérêt qui change d'objet et de caractère. Tout à l'heure on sentait l'approche d'une grande ville; maintenant on se croirait sur l'un de ces grands fleuves qui traversent les solitudes du nouveau monde. D'immenses troupeaux de taureaux errent lentement par groupes sur ces berges solitaires et nues, et jusqu'à l'horizon je voyais se découper dans le ciel bleu leurs silhouettes immobiles. J'aimais à contempler dans leur liberté paisible ces héros qui s'ignorent encore, et qui préludent par les luttes obscures du pâturage au combat de la place qui leur donnera du moins un quart d'heure de gloire avant la mort. Quelques-uns d'entre eux, que le bateau, dans sa course rapide, surprenait occupés à boire les eaux du fleuve, s'enfuyaient effarouchés au bruit de la machine; mais il y en avait toujours un qui demeurait immobile, les pieds plongés dans la vase, suivant fixement du regard le bateau qui s'éloignait.

Plus loin, c'étaient des troupeaux d'oies sauvages qui passaient sur nos têtes pour aller s'abattre sur l'une ou l'autre rive.

Mais déjà les escadrons d'oiseaux de mer qui succèdent aux pesants bataillons des oies font pressentir l'approche de l'Océan. D'autres signes l'annoncent aussi. D'abord un cours moins rapide et qui s'épand volontiers sur les rives; puis, à l'horizon, ces blanches pyramides qui s'élèvent. Oserai-je les donner comme un trait nouveau de ressemblance avec le Nil? Pour que cette comparaison ne ressemble pas trop à une moquerie, je dois faire ici au lecteur une humble confession de voyageur. L'image des pyramides de Gizeh m'est restée comme une des visions qui, une fois entrées dans la pensée, la hantent pour toujours. Au moindre appel du hasard ou de ma volonté, je les revois au sein de cette immense plaine de Memphis, où chaque grain de sable cache une merveille, où chaque palmier abrite un débris colossal, quelque page sublime de l'histoire ou de la poésie. Par l'éloignement des temps et la distance des lieux, elles ont reconquis et gardent pour moi toute la grandeur qu'avant de les voir leur prêtait mon imagination. Mais, je l'avoue, le premier regard que je jetai sur elles fut suivi d'un assez vif désappointement, et mon impression d'abord fut à peu près celle que j'éprouvai ici à l'apparition de ces autres pyramides. Heureusement la réflexion met chaque chose à sa place, et, si maintenant les pyramides du Nil m'émeuvent profondément quand elles se dressent dans mon souvenir, que de fois j'ai passé sans détourner la tête devant celle du Guadalquivir! Ce ne sont, hélas! que des pyramides de sel. Mais par-dessus ces pyramides, hâtons-nous de saluer, en passant, non les montagnes de Ronda, qui ferment si majestueusement l'horizon de la rive gauche, mais cette haute tour qui domine Lébrija, l'ancienne Nébrissa. Cette tour est à peu près tout ce qu'on peut en voir, et cette petite ville n'offre, dit-on, rien de bien remarquable; mais son nom mérite de survivre, parce qu'elle a donné le jour à Juan Diaz de Solis, qui découvrit le Rio de la Plata, et au premier grammairien de l'Espagne, Antonio de Lébrija, qui, au début du seizième siècle, découvrait, lui aussi, dans ce monde du langage moderne, encore aussi peu exploré que l'autre, quelques terres inconnues.

Mais, pendant que ma pensée interroge cette terre de Lebrija, et lui demande si elle est romaine, maure ou chrétienne, le bateau, après beaucoup de détours, glisse majestueusement entre des forêts de pins qui couvrent, ou, pour mieux dire, qui ornent les deux rives, et vient s'arrêter en face de la douane abandonnée de Bonanza.

Le môle de Bonanza est le vrai port de San Lucar de Barrameda. Le bateau y laisse ceux de ses passagers qui craignent la mer, et reprend sa marche vers l'embouchure du Guadalquivir. Il effleure d'abord ces belles plages de San Lucar dont parle Cervantes, mais qui, de son temps, étaient pleines de voleurs. Aujourd'hui leur sable fin, leur sûr abri, leur fraîcheur, y attirent de nombreux baigneurs. Par delà ces plages qui viennent avec grâce s'arrondir autour de la mer, San-Lucar, la ville des Guzman, offre à mi-côte un coup d'œil charmant ; nous y entrerons quelque jour, je ne veux aujourd'hui que montrer en passant sa physionomie pittoresque. Vu de la mer, San Lucar a tout l'air d'une grande ville, et on sait qu'il fut sur le point de devenir une capitale. La masse imposante de son vieux château, le palais des Medina Sidonia, ses nombreux couvents, les coupoles et les clochers de ses églises, relèvent la simplicité de ses maisons de pêcheurs et de vignerons. Un immense palmier qui se balance à l'une des extrémités de la cité, et qui est l'une des merveilles des jardins de M. le duc de Montpensier, contribue à répandre sur le tableau ce caractère à demi mauresque qui est toujours, à quelque degré, celui des villes de l'Andalousie. Un nid énorme de cigognes, hardiment suspendu au clocher de l'une des églises, et sur le bord duquel se découpe, à toute heure, l'immobile silhouette de l'un de ces oiseaux, ajoute à cette teinte orientale je ne sais quoi de doux et de patriarcal qui invite le voyageur.

Mais le bateau, que l'habitude a rendu sourd à cet appel de l'antique hospitalité, est déjà dans la barre et au milieu de ses brisants.

La barre du Guadalquivir est formée par une ligne de rochers qui, à mer basse, présente une véritable barrière. Elle part du château démantelé de l'*Espiritu Santo*, et se prolonge du sud à l'ouest, environ un demi-quart de lieue, laissant entre elle et le Coto d'Oñana un très-étroit passage : passage difficile en tout temps, mais redoutable dès que la mer se courrouce, et qui a vu bien des naufrages. Au premier signal d'un navire en danger, de hardis pilotes s'élancent de la côte voisine de Chipiona, mais sans pouvoir toujours arriver à temps au secours de ceux qui ont négligé de prendre, en passant, l'un d'entre eux à leur bord. Parfois, dans la nuit, on entend le canon de détresse, on distingue des cris qui appellent. Mais le vent qui gronde et la mer qui brise élèvent leur voix plus haut que celle des infortunés qui implorent l'assistance de l'homme, en attendant celle de Dieu. Puis, au bout de quelques heures, il se fait tout à coup un silence terrible : la tempête s'apaise, le jour naît, et le soleil indifférent du lendemain éclaire le corps fracassé d'un navire sans mât, sans gouvernail, immobile dans les rochers qui le retiennent comme une proie, tandis que les pauvres restes des naufragés sont apportés par le flot redevenu paisible et caressant sur ces beaux sables qui ne les couvrent qu'à demi, comme le dédaigneux linceul d'une pitié stérile.

Ici le bateau à vapeur prend congé du Guadalquivir, qui, avant de s'enfouir dans l'Océan, baise amoureusement les racines des pins d'Oñana, et continue sa route vers Cadix où, quelque jour, il nous portera nous-même. Maintenant la mer se joue du frêle bâtiment, tout à l'heure si fier, si sûr de lui-même sur le pacifique fleuve. Il salue, en passant, l'antique Chipiona, aujourd'hui petite ville de pêcheurs, mais qui a dû son origine aux Romains et à Scipion. Le voici à la hauteur de Regla; mais bientôt il ne verra plus ces beaux palmiers qui donnaient à notre cher monastère l'air d'un couvent de Palestine; le feu du ciel en a desséché cinq, et le dernier seul a gardé ses palmes vertes. Dans un moment, le bateau atteindra les blanches maisons de Rota, et Rota est déjà dans la baie de Cadix. Mais revenons au Guadalquivir.

Tout à l'heure je l'ai appelé le fleuve pacifique. C'est un titre qu'il ne mérite pas toujours. Ses débordements sont célèbres dans l'histoire de Séville, où ils ont laissé plus d'une date funeste. Depuis des années, on paraissait les avoir oubliées. On s'était si bien accoutumé à voir le fleuve suivre son cours paisible, qu'on le croyait entièrement revenu de ses anciens caprices. Les vieillards en parlaient bien comme de quelqu'un qui aurait eu une jeunesse orageuse. Mais l'âge devait avoir corrigé la pétulance de son humeur. Les laboureurs même se plaignaient beaucoup, depuis quelques années, de la rareté des pluies. « Voici onze ans, me disait l'un d'eux, et il y a longtemps déjà, que la terre ne s'est désaltérée à sa soif. » Mais depuis quelques mois on ne se plaignait plus; des pluies abondantes étaient tombées à l'automne, et Séville commençait à se souvenir que plus d'une fois elle s'était éveillée à demi ensevelie sous les eaux de son fleuve bien-aimé. Chacun avait à me raconter quelque anecdote de ses terribles emportements. J'en trouvais d'ailleurs l'histoire écrite sur toutes les murailles. Il n'était pas un monument qui ne témoignât par une inscription que, telle année, les eaux du Guadalquivir avaient atteint telle élévation. En feuilletant les poëtes, je trouvais des vers au Guadalquivir débordé. Dans les chroniques je lisais d'effrayants récits de ces brusques débordements. Tout annonçait que nous allions assister à l'un de ces terribles spectacles. Les grandes pluies ne s'arrêtaient pas, le fleuve coulait à pleins bords, le vent du sud retenait son cours. J'usai les heures pénibles d'une attente douloureuse à rechercher dans mes vieux livres et dans la mémoire de quelques amis, dont je me sers comme de mes livres, la date et les détails de quelques-unes des inondations antérieures.

En 1297, car de remonter plus haut, ce serait vouloir commencer par le déluge, le fleuve sortit de son lit et exerça de si grands ravages, que la reine doña Maria, mère de Ferdinand IV, céda à Séville une rente annuelle de dix mille maravédis, qui fut employée à faciliter l'écoulement des eaux de Triana. Les torrents de la Sierra Morena, descendus à travers l'Algarafe et venant s'unir au Guadalquivir, mettaient Triana en grand péril. On se servit de Maures réfugiés dans ce faubourg pour pratiquer dans la Véga de profondes saignées, et Triana fut sauvé. Ces dix mille maravédis avaient été pris sur les jeux. C'était l'eau d'un égout qu'on faisait servir à en laver un autre.

Je passe les inondations de 1454; mais en 1485 il y en eut une si terrible, que le fleuve, dit un témoin oculaire, emporta un grand nombre de villages et même de villes construits sur ses bords, en deçà de Cordoue: une partie de Palma et de Guadagenil, un grand lambeau d'Écija, un autre de Cantillana, Brenes, l'Algaba, le Rinconera. Je cite ces derniers noms, parce que ce sont ceux de quelques bourgs voisins de Séville; et que chaque fois c'est par eux que le fleuve commence ses ravages. Pendant trois jours, ajoute le même témoin que j'ai déjà cité, il n'entra rien dans Séville, pendant trois jours, il n'en sortit personne. Les pluies avaient commencé en novembre, et ne cessèrent qu'à Noël.

Je ne rencontre, au seizième siècle, aucun détail digne d'intérêt; mais il y a dans les œuvres d'un poëte supérieur de cette époque, don Juan de Arguijo, des vers qui sont, à mes yeux, la plus éloquente des inscriptions. Né en 1560, comme je l'ai dit ailleurs, Arguijo mourut probablement vers 1622. Il ne vit donc pas la grande inondation de 1626, que je raconterai plus loin. Mais il faut qu'il ait vu le fleuve bien près de se déchaîner sur sa rive, puisqu'il lui adresse une admirable prière pour le conjurer, et presque pour lui ordonner d'épargner *hum-*

blement les antiques murailles de la meilleure ville qui fut jamais.

Mais, comme Arguijo n'était pas seulement un vrai poëte, mais un des magistrats populaires de Séville, un de ses *vingt-quatre*, il est permis de croire qu'il ne se contenta pas d'opposer un sonnet aux envahissements du fleuve. Tout en écrivant ses vers, il s'assurait sans doute si les égouts étaient solidement fermés, si les greniers étaient pourvus, si les moulins étaient en lieu sûr, et, comme on sait par ses contemporains qu'il s'acquittait à merveille de ses fonctions municipales, la postérité ne lui saura aucun mauvais gré d'avoir essayé aussi de cette manière d'apaiser le dieu irrité. Elle n'en voudra pas davantage à M. le duc de Montpensier d'avoir fait graver ces vers sur une table de marbre, et de l'avoir fait sceller dans l'une des murailles de son palais de Séville.

L'inondation de 1626 est celle qui a laissé le plus terrible souvenir. L'hiver commença par des pluies torrentielles, et Séville eut tout le loisir de voir le fléau s'avancer sur elle. Au 17 janvier, les pluies redoublèrent de violence, et un vent contraire retenait les eaux du fleuve incessamment grossi. Aussi, non content de se répandre au loin sur ses rives et de battre les murs plus pittoresques que solides de la ville, il força les issues de tous les égouts et entra dans la place. Ce fut le 25 janvier qu'il osa ce coup de main contre la ville de Saint-Ferdinand. Vainement toutes les autorités, les magistrats, les moines, le clergé de la cathédrale et celui des paroisses, les associations charitables et de riches particuliers s'entendirent pour lui résister. Le mal fut encore plus puissant que le remède. Ce n'étaient que barques se croisant, se heurtant, sur les places et dans les rues, les unes emportant des familles entières qui désertaient leurs maisons en ruines, les autres portant des secours à ceux qui, ne pouvant quitter leur logis, essayaient du moins de s'y maintenir. Les malheureux qui ne trouvaient plus sous leur toit un asile assuré se réfugiaient avec leurs femmes et leurs enfants dans les quartiers élevés. Ceux des couvents que leur situation préservait de l'invasion ouvraient généreusement leur porte à des frères moins heureux. Toutes rivalités s'oubliaient dans le malheur commun. Que d'antiques querelles ajournées pour être reprises, si elles pouvaient l'être après que la charité aurait ainsi rapproché les deux partis! On voyait de pauvres religieuses qui avaient juré à Dieu de ne plus passer le seuil de leur pieuse demeure, arrachées du cloître par le courage de quelque bon prêtre, traverser avec une sainte honte les rues encore ouvertes pour aller gagner par un long détour la maison de leur sauveur, devenue pour elles un autre couvent.

Environ un tiers de la ville fut inondé, et en quelques endroits l'eau s'éleva jusqu'aux étages supérieurs des maisons. Il en tomba près de trois mille, et quelques-unes si subitement, que leurs habitants demeurèrent ensevelis sous les décombres. Les pertes de tout genre furent immenses, et on évalue le total à près de quatre-vingts millions de réaux, plus de vingt et un millions de notre monnaie. La Chartreuse à elle seule perdit en troupeaux et en récoltes la valeur d'environ deux millions de réaux. Joignez à toutes ces pertes que, les chemins étant inondés, les vivres ne pouvaient entrer dans Séville, où on mourait de faim avec des monceaux de blé, parce que les moulins ne pouvaient fonctionner; et cette inondation dura quarante jours! Elle ne cessa que le 26 février, époque à laquelle, les pluies ayant discontinué, le vent tomba à son tour, et le fleuve put porter ses eaux à l'Océan. La religion eut sa part dans ce tardif apaisement du fléau. Dès le 6 février, des prières avaient été commencées dans celles des églises qui n'étaient pas la proie des eaux. Le 8, et suivant la coutume usitée en pareil cas, une relique de la vraie croix fut portée en pompe à la cathédrale. Une procession de tout le clergé monta les degrés de la tour, et, du haut de la Giralda, le doyen donna la bénédiction à la ville entière. Ailleurs, d'autres circonstances également touchantes remuaient les âmes et les pénétraient d'un sentiment de religion et d'espérance. Il y avait en dehors de la porte de Triana, et dans la rue de *las Harinas*, qui existe encore, mais en dedans de la ville, une honnête et pauvre famille de Barcelone, établie dans ce faubourg. Le mari se nommait Antonio Perez, la femme Antonia Villafañe; ils avaient dans le zaguan de leur chétive maison un tableau de N. D. del Populo, devant lequel, chaque jour, ils allumaient une petite lampe, ce qui est encore en usage dans beaucoup de maisons. Celle-ci fut inondée une des premières, et les eaux, atteignant la vierge, l'arrachèrent du mur; mais ce fut tout ce qu'elles purent sur elle; car, pendant trente jours, on vit la sainte madone se tenir droite sur les vagues. Devant elle marchait la lampe toujours allumée, sans que l'on aperçût la main qui en renouvelait l'huile, et sans que le vent qui soufflait avec violence fût assez puissant pour l'éteindre. Ravis de ce prodige, les deux époux firent le vœu de donner leur vierge à un couvent, s'ils survivaient à l'inondation, pour que désormais elle y trouvât un culte digne d'elle et fût offerte à la vénération publique, et on ajoute que, ne sachant pour quel monastère se décider, ils jetèrent différents noms dans un vase, d'où la main d'un enfant ramena par deux fois celui d'une maison récemment fondée par l'ordre de Saint-Augustin. Les Pères reçurent avec joie la sainte image, et, à dater de cette époque, leur couvent fut placé sous l'invocation de N. D. del Populo. Pourquoi faut-il qu'on dise que ce couvent est devenu une prison? Tel est trop souvent, hélas! le dénoûment que les révolutions apportent aux plus poétiques légendes.

Ce fut aussi le 17 janvier que commença, en 1642, une autre inondation aussi terrible, du moins en apparence, que celle de 1626. Mais cette fois la ville était avertie et se garda si bien, qu'il ne paraît pas que le fleuve y soit entré. Il s'en vengea sur les campagnes voisines, noyant les bestiaux, pourrissant les semences, emportant les maisons et quelquefois les champs eux-mêmes. Mais, si l'inondation avait été violente, elle fut courte aussi, et dès le 26 le fleuve battait en retraite.

En 1684, il s'y prit mieux, ou ce furent les gardiens

de la ville qui se laissèrent surprendre. Cette fois l'inondation fut précoce, et les pluies qui l'amenèrent avaient d'abord causé une grande joie, car elles venaient après de longues sécheresses qui menaçaient l'Andalousie d'une famine. La tempête commença dès les premiers jours de décembre, et, dans une de ses impétueuses colères, elle avait arraché la palme et une partie de la main de la statue colossale qui couronne la Giralda. C'était d'un fâcheux augure. Aussi le fleuve ne tarda-t-il pas à s'emparer de la ville, et cette fois il en couvrit plus de la moitié. On vit se reproduire toutes les calamités de 1626, mais aussi tous les prodiges de charité qui les combattirent. Comme alors aussi, des prières publiques furent adressées au ciel, et une procession solennelle reprit le chemin de la Giralda. De l'endroit où sont les cloches, la relique devait être présentée au peuple sur chaque côté de la tour, pendant que l'on chanterait un Évangile approprié à la circonstance. L'Évangile avait été à peine chanté une fois, et la sainte relique élevée entre les mains du prêtre, que l'on vit, le fait est attesté par tous les documents de l'époque, se dessiner sur la nue un magnifique arc-en-ciel, et, au même moment, un nuage menaçant qui s'avançait sur la ville reculer d'abord, puis se dissiper. Au moment où la procession atteignit la plate-forme, le vent du sud soufflait encore avec violence, comme il n'avait cessé de faire depuis plusieurs jours. Elle n'avait pas encore redescendu la première marche que le vent tourna au nord, les pluies s'arrêtèrent, et le ciel se découvrit. La cérémonie commencée sur la tour s'acheva au maître-autel de l'église, au milieu d'une joie universelle.

L'inondation, toutefois, laissait derrière elle des traces cruelles de son passage. Que d'édifices tombés ou menacés de ruine, que de malheureux sans asile et sans pain! Le fleuve avait emporté une partie du pont de bateaux qui joignait Séville à Triana, et Séville elle-même était si peu rassurée, que, durant quelque temps, il fut défendu aux voitures de circuler dans les rues.

En 1706, il fallut recourir encore à cette précaution trop significative. Cette année-là, du 6 janvier au 3 mars, on ne compta pas moins de douze inondations; — mais on parvint à fermer au fleuve l'entrée de la ville. Néanmoins, comme les pluies continuaient, l'eau, ne trouvant pas d'issues, s'amassa dans plusieurs quartiers, et quelques malheureux furent noyés. Mais la charité sauva et nourrit le grand nombre. Toutes les bourses s'ouvrirent, tous les couvents prodiguèrent leur pain. Le bois de la vraie croix fut étendu sur la ville du haut de la Giralda. Mais, quand les eaux se furent retirées, il fallut renoncer, pour cette année, aux processions de la Semaine Sainte; celle même de la Fête-Dieu fut ajournée.

Pendant vingt ans le fleuve se tint tranquille. Mais en 1731, las sans doute d'un si long repos, il sort de son lit et se présente aux portes de la ville. Les trouvant fermées, il en commence le siége. Les fils de Philippe V, qui se trouvaient alors à Séville, montèrent sur la Giralda pour se donner le spectacle de l'inondation, et, dit un contemporain, étonnés de la grandeur et de l'admirable situation de la ville, ils se demandèrent, comme tant de rois avant eux, pourquoi Séville n'avait pas toujours été la capitale de l'Espagne.

Le Guadalquivir saisit cinq ans plus tard la bonne occasion qui lui avait fait défaut en 1731, et il entra dans la ville. Cinq grands mois de pluies avaient singulièrement préparé les routes. La mer elle-même fut en proie à de telles tempêtes, que des troupeaux de thons remontèrent jusqu'à Séville : on les harponnait, on les tuait à coups de fusil, on en prit jusque dans les fossés du palais de l'Inquisition. J'ai vu moi-même quelques-uns de ces poissons passer la barre du Guadalquivir, précéder longtemps le bateau à vapeur, mais jamais en nombre ni si loin. Effrayés du bruit de la machine, ils couraient effarés, devant le bateau; mais, dès que celui-ci les avait dépassés, revenant aussitôt à eux-mêmes, ils reprenaient paisiblement le chemin de la mer.

Au commencement de 1740, nouvelle invasion qui tombe surtout sur les quartiers pauvres, mais qui heureusement dure peu. Dès le 22 janvier on se crut délivré et toute la ville porta ses actions de grâce à la paroisse de Saint-Julien. Elle jugea sans doute que sainte Juste et sainte Rufine, ses antiques patronnes, l'avaient mal défendue en cette rencontre, puisqu'elle adressait sa reconnaissance à Notre Dame de la Hiniesta que sa paroisse opposait depuis longtemps aux deux martyres romaines. Je ne sais si les douces martyres s'en courroucèrent dans le ciel, mais l'inondation recommença et ne cessa qu'au 25 février.

En 1758, la tempête fit de nouveau rebrousser le fleuve, dont les eaux atteignirent une telle hauteur, qu'il fallut aller à cheval retirer le saint sacrement de la paroisse de San Roque pour le transporter à San Roman.

Je laisse de côté deux ou trois débordements pour arriver à l'année 1783 et 1784, dont le souvenir effraye encore les imaginations; l'inondation eut lieu à la fin de décembre. Dès le 28, on dut couper le pont de Triana et en interdire le passage. Mais, dans la nuit du 30, les tronçons du pont emportés à la dérive menacèrent d'entraîner tous les bâtiments qui étaient à l'ancre dans le fleuve. Les bâteaux menacés tirèrent le canon, Séville s'éveilla en sursaut dans l'épouvante et l'horreur. Mais, pendant que les débris énormes du pont allaient heureusement échouer contre Tablada, un malheur plus grand menaçait la ville : un égout creva dans un de ses quartiers, et les eaux, entrant avec violence, faillirent noyer tous ses habitants. A peine était-on parvenu à se rendre maître des eaux sur ce point, qu'elles forcèrent un autre égout près de la porte de Cordoue. On ne réussit à contenir les eaux qu'en leur opposant tous les matelas du voisinage. Tous les pauvres gens apportèrent les leurs à l'envi. Le premier jour de l'année nouvelle fut magnifique, et l'espérance revint avec le soleil. Les pluies cependant recommencèrent; mais, dans la nuit du 5 janvier, tout à coup le fleuve rentra dans son lit. Ce fut, au réveil, une joie immense, mêlée d'étonnement et d'épouvante, lorsqu'à l'extrémité de la promenade publique l'on aperçut une sorte de flottille hollandaise, une tartane et de moindres bateaux, qui, surpris par cette retraite inopinée, étaient restés à sec, attendant une marée qui ne devait pas revenir.

Ce brusque retour du beau temps n'effaça pas l'impression de tous les malheurs qui avaient précédé. Tous les habitants du faubourg de la Macarena avaient dû émigrer dans l'hôpital voisin de la Sangre. Les capucins dont le couvent est dans le voisinage, surpris par les eaux, avaient enlevé le saint sacrement de l'église pour le monter au premier étage. Le Guadalquivir avait forcé la muraille de leur jardin, et avait par ce côté envahi le couvent et l'église, sans s'arrêter devant les chefs-d'œuvre dont, un siècle auparavant, Murillo avait couvert les murailles.

Moins heureux cependant, les pères d'un couvent voisin durent arracher les grilles de leurs fenêtres, et se sauver avec la sainte hostie, abandonnant à la furie de l'onde tous les trésors de leur église. Les moines de la Chartreuse, également chassés par l'eau, avaient du moins de riches fermes où se réfugier. Ils laissèrent le saint sacrement au plus haut du couvent sous la garde de deux moines qui se dévouèrent à veiller sur la sainte hostie. Je renonce à peindre les calamités inséparables du fléau et les efforts de la charité toujours prête à venir en aide aux malheureux. Le gouverneur de la ville fut, de la part du roi, l'objet de grandes récompenses, et Maria Candido Trigueros, le même qui s'est donné la peine de récrire quelques comédies de Lope de Vega, célébra en beaux vers ce débordement du Guadalquivir, très-digne, en effet, d'exciter la verve d'un poëte.

C'en était assez pour un siècle, et le fleuve pouvait s'en tenir à cette dernière manifestation de ses colères. Mais en 1796 il sortait encore de son lit pour renouveler des malheurs qu'on avait eu à peine le temps de réparer, loin de les oublier. La Chartreuse fut de nouveau envahie, et les pères n'eurent que le temps de se réfugier dans la cellule de leur prieur. L'un d'eux courut à l'église s'emparer du saint sacrement; comme au retour il avait de l'eau jusqu'à la poitrine, il se hâta d'escalader une grille. On fit un trou à la voûte, d'où on lui jeta une corde; mais il s'attacha si mal, qu'il tomba dans l'eau, et laissa échapper le vase sacré, qu'on ne put parvenir à ressaisir.

Depuis cette époque, vingt-cinq ans s'écoulent dans le repos et la sécurité, qui n'est de nouveau troublée qu'en 1823. L'invasion la plus récente est naturellement celle qui devait laisser dans les esprits l'impression la plus terrible. Aussi, quand, cette année, le fleuve a paru vouloir rompre ses digues, chacun s'est souvenu avec épouvante de 1823. L'abondance des pluies fut pour peu de chose dans le cataclysme; il eut surtout pour cause la fonte des neiges, qui, pendant l'hiver, n'avaient cessé de tomber dans les Sierras. Ce fut au mois de février que le Guadalquivir sortit de son lit, et il atteignit le bord du dernier degré de la digue que l'on construisit, il y a près d'un siècle, pour arrêter l'eau aux portes de la ville. Quelques pouces de plus, et Séville était inondée.

Mais, si je rappelle tant de calamités successives, est-ce pour le vain plaisir de faire parade d'une érudition puérile et facilement puisée dans des recueils que j'ai sous la main? Non, sans doute, et, pour peu qu'on voulût savoir à quelles extrémités peut se porter un fleuve sorti de son lit et abandonné à lui-même, il suffisait de rappeler ce qu'il vient de faire à Séville. Mais il se trouve qu'en marquant les traits essentiels des inondations précédentes j'ai donné comme une esquisse de la dernière dont Dieu a permis que je fusse témoin. Dans celle-ci, en effet, j'ai vu réunis tous les traits épars dans les autres, en y ajoutant seulement un tremblement de terre, circonstance dont je n'ai trouvé trace à aucune époque antérieure.

Depuis la fin du mois d'août, les pluies avaient rarement cessé de tomber. Le vent du sud soufflait, et le fleuve montait. On sait que le Guadalquivir ne traverse pas Séville, mais qu'il passe à côté, du nord au sud, séparant la ville entière du faubourg de Triana, dont il fait pour ainsi dire une ville à part. On voyait l'eau s'avancer lentement, comme un froid tacticien qui resserre ses lignes, et presse d'un cercle chaque jour plus étroit la place qu'il assiége.

Déjà, le 4 et le 5 janvier, les eaux amassées dans la Vega venaient battre les premières maisons de Triana. C'est toujours, on l'aura remarqué, par la ville des Bohémiens que commencent les inondations. Le fleuve ensuite attaqua la ville par ses deux extrémités; mais, avant d'en forcer les portes, il essaya d'abord de s'introduire par les voies cachées. Trouvant les issues mal fermées, il s'y glisse comme un voleur, ou pour mieux dire comme un séducteur : on le voit se répandre sans pouvoir dire comment il est entré, et quelle main perfide lui a ouvert une porte secrète. Il soulève les briques du sol, il se fait passage sans bruit entre les pierres de la muraille; puis il monte si doucement qu'on ne perd jamais l'espoir de le voir s'arrêter. Il se trouve enfin que vous êtes pris, porté, pour ainsi dire, dans ses bras, sans vous en être aperçu.

Mais après cette invasion sourde et qui se fait, pour ainsi dire, par le mineur, il y a ce que j'appellerai la prise d'assaut. Celle-ci eut lieu dans la nuit du 7 janvier. De tous côtés les nouvelles arrivaient plus terribles d'heure en heure. Partout un silence morne, interrompu seulement de loin en loin par des coups de fusil isolés, ou par des appels qui ressemblaient parfois à des cris de détresse. Au sud, le fleuve poussait devant lui les eaux qui depuis quelques jours inondaient les prairies; au nord et en face de l'ancienne Chartreuse, il se répand dans l'Alameda d'Hercule, où jadis était son lit. De cette grande promenade dont il fait un vaste lac, il pénètre dans les rues voisines, et grossissant sa marche de celles de ses eaux qui par les égouts, par les puits, par les citernes, par les infiltrations de toute nature, ont déjà pris possession du centre de la ville, il va se réunir au flot qui arrive par Tablada et par les prés de Sainte-Rufine. La ville est prise. Quand on en est bien sûr, c'est alors qu'on songe à se mettre en défense. Il ne s'agit plus de repousser l'ennemi, mais de s'arranger pour vivre avec lui le moins mal que l'on pourra. On lui abandonne une partie de sa maison, on se contente de l'autre, pourvu qu'il veuille bien accorder chez lui un droit de passage qui permette d'aller au dehors visiter ses amis, s'enquérir de ce qui se passe chez les autres et se pourvoir de quelques provisions. On entasse les bancs, les chaises, les planches, et on parvient à se créer des chemins où l'on s'aventure comme si jamais on en n'avait connu d'autres. Le jour, en se levant, trouve la ville à demi consolée et presque faite à l'humeur de son hôte. Mais il montre en même temps toutes les difficultés de la position, difficultés immenses, redoutables, pleines de périls et de misères. A la première heure, cependant, ce n'est pas d'elles encore dont il est question. Le fleuve donne un grand spectacle, chacun veut en avoir sa part, ou pour mieux dire, ceux qui ont échappé à l'eau veulent voir comment on fait pour vivre dans l'eau. Vite, courons à la Giralda! De tous côtés on ne voyait que familles entières se hâtant dans les rues encore libres qui avoisinent la cathédrale. J'eus assez de peine, je l'avoue, à atteindre le sommet de la tour, tant les trente-cinq degrés de sa spirale infinie étaient chargés de monde qui montait ou qui descendait, les uns avec cette impatience qui craint de trouver toutes les places prises, les autres avec l'air épanoui de la curiosité satisfaite. Le coup d'œil, en effet, était magnifique, et ceux qui n'avaient pas vu Venise pouvaient prendre là une idée du magique spectacle de cette ville. Le soleil éclatant, qui tombait d'aplomb sur les vagues épandues, leur donnait je ne sais quel reflet du vif éclat de la lagune. Les villages à demi ensevelis sous les eaux rappelaient assez bien ces îles sans nombre semées autour de Venise. A mes pieds, seulement, la comparaison cessait d'être possible, car rien ne ressemblait moins à Saint-Marc que la cathédrale de Séville, et l'Alcazar n'a rien de commun avec le palais des Doges.

Mais, après les premières minutes données à l'étonnement et à l'admiration, le cœur se serrait: car, hélas! combien de calamités cachées derrière cette décoration de théâtre! Il faut se hâter de laisser la poésie au sommet de la Giralda, pour retrouver en bas toutes les misères un moment oubliées.

Et d'abord la première question qui se présenta fut celle-ci : comment nourrirait-on Séville? L'Andalousie n'est pas le pays de la prévoyance; on y vit volontiers au jour le jour, et pour les provisions on s'en repose sur le marché. Pauvres ou riches, tout le monde y courut, et la panique fit que, là où il y avait du pain pour tous, un grand nombre en manquèrent. Il fallut mettre des sentinelles à la porte des boulangers. Il était d'ailleurs permis de s'inquiéter. Séville, je l'ai dit ailleurs, ne pétrit pas elle-même tout le pain qu'elle consomme; un tiers au moins lui vient d'Alcala. Chaque nuit de longues caravanes d'ânes chargés de pain descendent d'Alcala à Séville. Mais, d'une part, l'envahissement des eaux rendait le chemin difficile, et, de l'autre, des bandes affamées ou simplement craignant la faim se portaient au-devant des convois. On dut envoyer des troupes pour les défendre. L'abondance sagement ménagée et énergiquement protégée fit, sur ce point du moins, renaître la sécurité, et il y eut du pain pour tout le monde. Mais ce qui devait manquer, c'était l'argent pour l'acheter et le travail pour gagner l'argent. En pareil cas, tous ceux qui vivent de leur travail journalier sont forcés de tendre la main, d'autant plus à plaindre qu'ils ont encore, quelques-uns, la fierté de l'homme qui ne sait pas demander, et qu'un bien petit nombre a la patience du mendiant qui s'est fait de la besace un arsenal plein de ressources ingénieuses et assurées. Ajoutons que, la campagne étant inondée comme la ville, tous les laboureurs accoururent et se crurent le droit de demander le pain qui leur manquait à ceux qu'ils nourrissaient pendant toute l'année. A tort ou à raison il fallait nourrir tout ce monde. Plus d'un, sans doute, se souvint alors, avec un regret mêlé de quelques remords, de ces riches couvents d'autrefois où la charité, si douce en tout temps, devenait, dans les calamités publiques, une providence visible. Plus d'un dut baisser la tête en passant devant ces antiques asiles du pauvre aujourd'hui en ruines ou transformés. Quelques-uns ont encore des moines, mais devenus eux-mêmes les premiers pauvres, et réduits à partager le pain de l'aumône avec ceux qu'ils nourrissaient autrefois. Heureusement qu'en détruisant les couvents on n'a pas détruit la charité, et jamais je ne l'ai vue si active, si prodigue d'elle-même, et on me comprendra bientôt, quand j'ajoute si auguste.

L'ayuntamiento tenait quelque argent en réserve pour acquitter d'anciennes dettes. Il reconnut que la créance des pauvres était à ses yeux la plus sacrée. L'antique confrérie de la Charité fondée par don Miguel de Manara se souvint que son fondateur avait donné, dans des occasions semblables, l'exemple du dévouement évangélique, et elle se montra fidèle à ses admirables traditions. L'association de bienfaisance fondée par l'Infante d'Espagne, duchesse de Montpensier, animée à son tour par sa royale fondatrice, multiplia ses ressources pour les répandre. Le clergé à la cathédrale et dans les paroisses, les magistrats au seuil de leur palais de justice, la milice et la garnison dans leurs casernes, la Maestranza, tout le monde enfin se montra prodigue de sa bourse, et ce fut tout le temps que dura le fléau, et, après même qu'il eut cessé, une généreuse et touchante émulation à qui donnerait aux pauvres le meilleur pain, à qui leur servirait la meilleure soupe; et c'est à dessein que je m'exprime ainsi. Car, depuis le simple soldat jusqu'à la sœur de la reine, chacun voulut avoir l'honneur de servir les pauvres. Le premier exemple de cette humilité bienfaisante fut donné à San Telmo. De là partaient les bons conseils, les mesures utiles, les décisions rapides qui réparaient le mal, quand elles n'avaient pu le prévenir. Là se rencontraient, à toute heure de jour et de nuit, les messagers de tous les villages voisins, et jamais ils ne repartaient les mains vides. Qui chargeait d'or, de pain, de vêtement, ces commissions désolées? qui relevait les courages abattus? qui luttait, heure par heure, contre l'opiniâtreté du fleuve par l'opiniâtreté d'une charité invincible? qui s'assurait, chaque jour, que l'ayuntamiento était en mesure de donner du pain là où manquait le travail, et d'envoyer le renfort d'une résistance intelligente là où le fleuve pouvait encore être contenu? Serai-je donc le seul qui ne pourrai dire ce que pendant trois semaines toute une ville, toute une province a vu? Qu'il me soit permis de le raconter, puisque aussi bien la joie de le dire est, après celle d'en avoir été le témoin, toute la récompense que j'attends de mon long exil. Deux jeunes princes, deux fils de Henri IV et de saint Louis, se portèrent d'eux-mêmes pour les parrains de Séville dans son duel séculaire avec le Guadalquivir.

Dès le matin, les pauvres disputaient aux eaux les avenues du palais de San Telmo; à midi, les grilles s'ouvraient et livraient passage à un grand nombre d'entre eux, qui, munis de cartes distribuées la veille par les curés, par les dames de l'association, souvent par les princes eux-mêmes, venaient recevoir une soupe qui suffisait au dîner d'une famille entière. Comme la soupe n'était jamais exactement mesurée au nombre des billets, on allait désigner, parmi les malheureux restés en dehors des grilles, les plus âgés, les plus infirmes, les aveugles, et ceux-ci aussi venaient s'asseoir à ce banquet des noces évangéliques. Si la soupe manquait, ceux dont le tour n'était pas venu recevaient du pain, de l'argent ou une carte pour la distribution suivante, qui avait lieu le même jour, à cinq heures. Le prince et l'Infante présidaient à l'une et à l'autre, écoutant les plaintes, recueillant les placets, interrogeant les malades. Tel de ces pauvres gens s'abandonnait, en passant, à cette vive et intarissable éloquence particulière au peuple andalous, et il était quelquefois nécessaire de les prier de faire place à d'autres. — « Laissez, disait alors l'Infante avec un sourire que dut avoir souvent sur les lèvres sainte Élisabeth de Hongrie, laissez-les parler, cela leur fait du bien. » Voilà ce que j'appelle faire l'aumône avec le cœur, et ce mot que nous venons de rapporter, saint François de Sales l'eût dit comme l'Infante. Un autre jour qu'elle se sentait un peu souffrante, on voulut l'engager à rester chez elle. « Non, dit-elle de cette voix que la nature a faite un peu rude, mais qui devient si douce en parlant des pauvres, non, je veux les voir. » Nous autres, qui pratiquons l'aumône d'une façon si vulgaire, et ne faisons souvent que céder à l'importunité de la faim et du malheur, comprenons, si nous le pouvons, tout ce qui se cache d'ardente charité dans le besoin de voir la misère. Il est clair que, sous ces guenilles, le regard perçant de la foi avait entrevu Jésus-Christ lui-même.

Et vous croyez peut-être que le matin, et entre les deux distributions du jour, les princes se reposent. Dès le matin, au contraire, et aussitôt que la première distribution est achevée, ils montent en char à banc, et par les rues inondées, par les places qui tout à coup s'affaissent sous la roue, ils vont, de paroisse en paroisse, voir par eux-mêmes comment le pauvre est secouru, et secourir eux-mêmes ceux qui ne peuvent sortir de leurs maisons. Les points les plus menacés ont toujours la préférence. Si on leur rapporte que tel couvent s'écroule, c'est là d'abord qu'ils courent, la parole et les mains pleines de consolations pour les pauvres religieuses; les crèches, les hôpitaux, les casernes, inquiètent et sans cesse préoccupent leur infatigable attention. Si on leur dit que les eaux ont enseveli les fours d'un quartier, ils s'y rendent avec des charrettes chargées de pain, aujourd'hui à la Macaren, demain à San Roque, une autre fois à San Bernardo, le plus souvent à Triana, au risque d'être emportés avec le pont qu'il faut traverser. Arrivés à l'autre bord, il faut descendre de voiture et s'embarquer. Les voilà lancés dans une frêle et sale barque, entre des rangs de maisons dont quelques-unes peuvent s'écrouler, et dans un courant si rapide, que chaque fois que la barque s'arrête, il la faut retenir avec des cordes : tout le peuple accourt aux balcons, et en voyant sous quelle forme charmante la charité vient à eux, les malheureux ont déjà oublié la faim et le danger. Des balcons, des fenêtres, des toits mêmes, descendent des corbeilles que des mains royales se font honneur de charger de pain, et qui en remontant sont accueillies par des transports de joie et des cris de bénédiction. Une fois, une pauvre vieille, ne sachant comment faire parler sa reconnaissance, arracha une fleur sauvage qui avait fleuri dans le mur de sa maison, et la jeta dans la barque de l'Infante. Cette fleur ainsi jetée me rappelait la rose que, dans la prison de Silvio Pellico, Maroncelli offrit au chirurgien qui venait de lui couper la jambe! Après Triana, l'Alameda. Cette antique promenade, que dominent encore, du haut de leur colonne romaine, Jules César et Hercule, était devenue comme un second lit du Guadalquivir. Le niveau de l'eau atteignait la tête des arbres et les lanternes des réverbères. Le flot battait de ses tristes eaux, non des maisons neuves, mais des masures chargées de familles indigentes. Quelques-unes de ces maisons avaient, comme en temps de peste, arboré le drapeau noir. Les inondations, hélas! ne laissent-elles pas toujours après elles les germes de la peste? C'était pitié de voir ces femmes, ces vieillards, ces enfants dont la faim avait pâli le visage, tendre leurs bras amaigris et promener autour d'eux des regards désolés. Mais, par une rue voisine qui mène au centre de la ville, on entend tout à coup le bruit de deux rames égales; toutes les têtes se tournent avidement de ce côté. Dès que les Infants ont été reconnus, éclate un immense cri de joie qui ressemble à un long applaudissement, tant cette touchante apparition de la charité arrivait bien à son heure, et comme envoyée de Dieu, pour dénouer ce drame sinistre du naufrage dans la misère. Le lendemain de la première de ces visites, j'allai moi-même en barque faire le tour de l'Alameda. Elle avait repris sa physionomie triste et lugubre. De temps en temps apparaissait à quelque balcon un visage inquiet qui interrogeait tour à tour le ciel ou la hauteur des eaux, ou de quelque autre descendait à demi nu quelque pauvre diable plus semblable à un spectre qu'à une créature vivante, qui allait, sautant de borne en borne, ou, plongé dans l'eau jusqu'au cou, chercher quelque misérable ressource : du pain pour un enfant, un médecin, un prêtre pour quelque cher mourant. Tout à coup le batelier qui me conduisait, apercevant à une fenêtre une figure de connaissance, dit en passant sous le balcon : « On dit que l'Infante reviendra demain. » En un moment, vous auriez vu accourir à ces fenêtres abandonnées une foule affamée, et, à mesure que la nouvelle passait d'un groupe à l'autre, un frémissement de joie courir de maison en maison et faire le tour de la promenade. Du pain pour le lendemain, c'était de l'espérance pour aujourd'hui, et on vit de cela en attendant.

Cependant, le vent ayant tourné, les pluies ayant cessé, le fleuve commençait à retirer ses eaux, comme un conquérant qui rappelle à lui, pour se remettre en marche, les troupes qu'il chargea d'enlever quelque place forte. De même aussi que, dans une ville prise d'assaut et tout à coup abandonnée, chacun renaît à l'espérance et à la joie, on sort de chez soi, on s'aborde, on s'interroge, on se raconte réciproquement et en même temps des histoires toutes semblables ; on veut voir tous les endroits où le fleuve a coulé, on veut passer à son tour partout où il s'est frayé passage ; on dépense enfin de toutes les manières cette activité si longtemps contenue. Cette grande calamité publique dont chacun a laissé chez soi sa part, qu'il retrouvera au retour, est pour chacun, chez les autres, un objet de curiosité expansive, et, suivant la mesure des dégâts, satisfaite ou envieuse. Mais, pendant que chacun répare sa maison, lave sa porte et répare sa rue, voici que, le 19 janvier, un peu avant midi, Séville est agitée d'un tremblement de terre; il n'en résulta pas des désastres immédiats, mais une épouvante générale, et la suite prouva qu'on avait eu raison de s'effrayer.

Ce phénomène, en effet, fut le prélude d'une tempête plus terrible que la première. Les pluies recommencent, et ce redoutable vent du sud se réveille plus opiniâtre que jamais; d'énormes et lourds nuages qui, à chaque instant, changent de forme, de couleur et d'allures, tantôt courent rapidement à l'horizon, tantôt se traînent au-dessus de Séville. Le fleuve s'enfle de nouveau, et le 22 il se déchaînait encore sur ses deux rives, emportant pêle-mêle tout ce qui semblait vouloir le contenir et lui faire obstacle. Rien ne saurait rendre l'accablement des esprits, à cette nouvelle invasion des eaux. Au moment où l'on croyait avoir fait les derniers efforts, les suprêmes sacrifices, se voir obligé de recommencer les mêmes efforts, les mêmes sacrifices ! La charité fit ce prodige, et, en présence de calamités nouvelles, elle trouva de nouvelles ressources, une énergie nouvelle; on eût dit que le fleuve revenait sur ses pas, comme pour châtier cette joie insolente, comme pour s'emparer de tout ce qu'il avait épargné la première fois. Plus d'une église se trouva soudainement envahie. Au milieu d'une nuit horrible, on annonce au curé de Sainte-Lucie que le fleuve bat les murailles de son église et que bientôt il en aura forcé la porte. Aussitôt le saint prêtre s'empare de la mule d'un boulanger, son voisin, et va chercher le Saint-Sacrement. Il dut escalader ainsi les marches de l'église et aller à cheval jusqu'au tabernacle. Au retour, tout le voisinage éveillé se mit à sa suite, et les uns à cheval, d'autres sur des ânes, quelques-uns dans des charrettes, plusieurs même à pied dans l'eau, mais tous avec des torches dans les mains et chantant les hymnes de l'Église, firent cortége au Saint-Sacrement jusqu'à la paroisse voisine de Saint-Julien, procession d'un nouveau genre, que suivaient du regard, agenouillés à leurs balcons illuminés, ceux qui n'avaient pu trouver aucun moyen de s'y associer de plus près.

Ce qui fit la terreur de cette nouvelle inondation, c'est que l'on se demandait si, après le tremblement de terre qui, sans rien renverser, avait beaucoup ébranlé, les fondements des maisons pourraient résister à ce long siége des eaux. Pendant la première inondation, les beaux jardins de San Telmo, création d'une vive imagination, servie par de précieux souvenirs, n'avaient été inondés que par infiltrations successives, sans violence aucune, et, quand les eaux s'étaient retirées, elles avaient laissé toute chose en sa place, les serres, les arbres et les fleurs. Mais cette fois le fleuve était entré lui-même par toutes les grilles, et son limon corrosif, qui peut être une richesse pour le laboureur, était un venin pour des plantes délicates et rares, apportées à grands frais des jardins de France et d'Angleterre, de ceux de Lisbonne et du Brésil, des Canaries et des Baléares, des serres de Hollande et de Belgique. On eût dit que le fleuve se vengeait ainsi des obstacles que lui avaient suscités ailleurs les maîtres de la maison. Mais telle est l'admirable fécondité de ce beau ciel, que, quelques mois après la retraite des eaux, toutes les traces de leurs ravages avaient disparu, et, si jamais elles reviennent visiter ces belles collections, elles retrouveront les serres hors de leur atteinte mortelle.

Mais c'est trop s'appesantir sur les emportements passagers d'un fleuve qui, toute l'année, fait la joie de Séville et celle de l'Andalousie. Les Andalouses ne lui gardent aucune rancune de ses violences; elles sont un peu, je le croirais, de la race de la femme de Sganarelle, et, comme à elle, il leur plaît parfois d'être battues. La promenade des Délices, qui longe le fleuve, a été à demi emportée par lui. Mais, aussitôt qu'un sentier a pu être tracé au milieu des berges écroulées, vous auriez vu les belles promeneuses suivre de leur pas accoutumé les détours capricieux du fleuve. On eût dit que le fleuve venait de lui-même replacer sous leurs petites mains sa crinière encore frémissante.

Si on s'est occupé à plusieurs reprises du cours supérieur du Guadalquivir, l'attention de l'Andalousie et de l'Espagne s'est également portée sur son cours inférieur Enlever les obstacles qui le rendent inégal, rouvrir le port de Séville aux grands navires et y creuser un bassin qui les reçoive à l'aise, telle devra être la tâche de l'avenir. Les efforts intelligents de M. le duc de Montpensier, ses instances réitérées auprès du gouvernement, réussiront peut-être à rapprocher cet avenir. Tôt ou tard le Guadalquivir coulera à Séville entre deux quais de granit. La civilisation le veut ainsi, et la civilisation est, elle aussi, un fleuve dont on peut bien ralentir le cours, mais qui ne s'arrête ni ne se détourne. Mais, abandonné à ces libres et vagabondes allures, le Guadalquivir aura toujours plus de grâce; le danger même de ses débordements ajoute encore au charme de ses rives par le sentiment d'une menace toujours suspendue. Quand vous l'aurez chargé de chaînes, ce ne sera plus que le lion amoureux.

II

LES BATEAUX A VAPEUR DU GUADALQUIVIR

Comment ces bateaux ont été construits. — Les Andalous à bord. — Le San-Telmo. — Le doyen don Manuel Cepero. — Sa conversation. — Ses improvisations. — Ses souvenirs. — Le capitaine Navarro. — Les Andalous sont-ils les Gascons de l'Espagne. — Manolito Gazquez. — Sa vie. — Son portrait. — Ses saillies. — Ses prétendues aventures.

Je l'ai dit, en commençant le chapitre précédent, le Guadalquivir est la grande route de Séville à Cadix. La traversée est une fête pour les Andalous, et surtout pour les Andalouses. Elles ne manquent jamais d'arriver sur le bateau dans leurs plus beaux atours, et c'est une des rares occasions où elles se croient permis l'usage du chapeau. Tout d'ailleurs dans ce court voyage leur est surprise et plaisir, mais plaisir grave, comme tout ce qui ouvre un horizon nouveau et apporte des impressions nouvelles. Il n'est pas jusqu'à cette laborieuse surveillance d'elles-mêmes et le soin de leur toilette qui ne voilent, sans l'éteindre, l'étincelle de la gaieté andalouse. Mais cette gravité même a son charme lorsque, las d'interroger sur les rives du fleuve et dans le fleuve lui-même l'antique et la moderne Andalousie, on la recherche plus près de soi, dans ces yeux si vifs, dans ces nonchalantes attitudes, dans ce ton piquant de langage et jusque dans l'inutile sacrifice qu'elle fait de ses grâces naturelles à une mode qui ne lui sied qu'à demi.

Il y a bien des années déjà que le Guadalquivir a des bateaux à vapeur, et, à voir les difficultés que les chemins de fer trouvent à s'établir en Espagne, on s'étonne toujours de cette bonne fortune du fleuve. Ces bateaux appartiennent à deux compagnies différentes : l'une n'en a qu'un, solide et bon marcheur, aussi l'appelle-t-on le *Rapido;* l'autre en a trois, non moins excellents, quoiqu'un peu plus petits, et tous les quatre sont commandés par des officiers obligeants et habiles.

Ces bateaux, construits par un simple ingénieur de Triana, homme de médiocre instruction, mais en qui a survécu le génie des anciens navigateurs andalous, portent des noms illustres, ceux d'Adrien, de Théodose, deux empereurs romains, nés, comme on sait, dans le voisinage, à Italica. Au nom de Trajan, autre empereur, compatriote des premiers, a été substitué, pour le dernier bateau, celui de San Telmo, un des glorieux compagnons de saint Ferdinand, et ce nom est devenu celui du palais que possède à

Séville M. le duc de Montpensier. Quoique le prince use avec la même confiance de tous les bateaux du Guadalquivir et trouve sur tous le même empressement, c'est habituellement sur le *San Telmo* qu'il fait en famille ses excursions à Cadix et à San Lucar de Barrameda. Dans ces solennelles occasions, les directeurs de la compagnie se mettent gracieusement du voyage, et font en personne les honneurs de leur bateau, et, si le spirituel doyen de la cathédrale, don Manuel Lopez Cepero, n'est point allé visiter ses taureaux et ses abeilles, à sa chartreuse de Casalla, il est aussi de la partie.

A peine a-t-on perdu de vue le faîte de la Giralda, que le cercle se forme autour du doyen, et alors, dans sa conversation toujours savante ou légère, mêlée de prose et de vers, d'extases et de larmes, de vifs récits, d'hymnes ardents à l'Andalousie et à la Giralda, à don Pèdre de Castille et à Cervantes, à sainte Thérèse et à Murillo, de dissertations profondes et de saillies originales, d'imprécations contre les chemins de fer et d'élans vers l'âge d'or qui, par l'éloquence comme le parfait oubli du temps où nous vivons, rappellent l'admirable scène de don Quichotte chez les bergers, on voit se dérouler la longue trame de cette vie successivement agitée par toutes les passions de notre âge, et qui, dans sa verte vieillesse, a gardé quelque chose de la flamme de chacune d'elles! O l'heureux temps où, dans cette chartreuse de Casalla, aujourd'hui son riche domaine, quand les ennemis devaient le croire occupé à nouer de noires intrigues politiques, il écrivait des vers charmants à son ami le grand poëte don Juan Nicasio Gallego, prisonnier aussi dans la chartreuse de Jerez, ou vérifiait par lui-même les assertions de Virgile en son quatrième livre des Géorgiques! Il y a eu de tout et de tout à la fois dans cette existence si active et si pleine; il y a de tout encore dans cette âme intrépide et forte, dans cette puissante imagination. Après des heures de ce monologue qui tour à tour vous charme et vous irrite, qui vous émeut doucement et qui vous trouble, qui vous tient haletant et qui vous endort, c'est avec bonheur qu'on se laisse aller à suivre sans penser le cours égal du fleuve et à promener son regard sur la tranquillité des deux rives.

Je dois ici un souvenir à un homme dont la grosse bonhomie, au fond pleine de finesse, a été longtemps une des joies de cette rapide traversée. Qui n'a connu et aimé l'excellent Navarro, le capitaine du *San Telmo?* Homme d'un esprit délié sous une épaisse encolure, le vieux Navarro, qui se fût donné volontiers les apparences d'un loup de mer, était, dans la véritable acception du mot, un Andalous d'Andalousie. Lui et le fleuve semblaient faits l'un pour l'autre, et jamais Gascon ne fut possédé du génie familier de la Garonne comme le bon Navarro de celui du Guadalquivir. Il en savait à merveille toute la légende et la continuait en la racontant. Sa mémoire était une source inépuisable des anecdotes les plus fantasques, et son propos était sans cesse assaisonné de ces prodigieuses menteries qui font d'autant plus rire les autres, que celui qui les dit est le seul qui n'en rit jamais.

C'est par de longs entretiens avec don Manuel Cepero,

c'est par les récits de Navarro que j'ai appris à connaître un personnage assez singulier, mort à Séville depuis bientôt cinquante ans, mais dont il suffit encore de prononcer le nom pour éveiller sur les lèvres de tous un sourire de bonne humeur.

Manolito Gazquez, c'est le nom du personnage, m'amène naturellement à rechercher et à définir ce que c'est dans le fond que l'esprit andalous.

On a souvent comparé la Gascogne à l'Andalousie, ou, pour mieux dire, les Andalous aux Gascons. Il faut qu'il y ait, du moins à la surface, une singulière analogie entre les deux races pour que l'idée de cette comparaison soit venue à l'esprit de tout le monde. De part et d'autre, on ne peut le nier, c'est le même sel, le même enjouement, la même verve, un penchant égal à la vanterie, aussi peu de goût pour l'exactitude, la même répugnance à ne pas prêter à la vérité l'air et les grâces de la fable. Mais c'est précisément sur ce dernier point que je note une première et essentielle différence. La vérité nue est, j'en conviens, aussi peu en honneur sur les bords du Guadalquivir que sur les rives de la Garonne. Mais, chez les Andalous, la hâblerie est moins un vice du cœur qu'une saillie naturelle de l'esprit, un abus désintéressé de la parole humaine. Le Gascon y met, je crois, plus de malice et de calcul, ce qu'on appellerait, en bonne justice, la circonstance aggravante de la préméditation. Sa flèche la plus innocente en apparence vise presque toujours à quelque but. C'est là peut-être une conséquence vicieuse de deux qualités admirables de l'esprit français, la netleté et le sens pratique. Avec cette imagination qui colore tout, le peuple andalous trouve la vérité trop simple, et ce besoin de la parer, au risque de la défigurer, est chez lui un emploi qui s'ignore lui-même de la faculté poétique. « Faute d'instruction, disait le doyen don Manuel Cepero, précisément à propos de Manolito Gasquez, faute d'instruction, il ne savait que faire de la vive et forte imagination dont l'avait doué la nature. » On pourrait appliquer aux Andalous, en général, cette remarque d'une rare justesse. Ceux qui, d'entre eux, ne sont ni peintres ni poëtes, je me reprends, ceux qui ne font ni tableaux ni vers, mettent leur imagination à toute chose; ils la répandent comme un parfum, et d'un bout de l'Andalousie à l'autre souffle une improvisation perpétuelle emportée à tous les hasards, à toutes les surprises de l'heure qui passe, et des lieux qu'elle traverse. Monsieur de Crac est, dans la littérature française, la personnification un peu pâle, mais vive et légère de l'esprit gascon. Le Figaro de Beaumarchais se présente naturellement comme le type littéraire du génie andalous. Mais Figaro a trop d'intrigue pour un véritable Andalous. Il appartient d'ailleurs de trop près à la France de son temps; et par là même il dépasse de beaucoup les *Picaros*, qui ont fait souche en Espagne, qui ont été longtemps tout le roman espagnol, et qui ont certainement donné à l'auteur du *Barbier de Séville* la première pensée de son immortelle création.

Depuis Figaro, ou plutôt du temps même de Figaro, la hâbleuse Andalousie se personnifiait elle-même avec une verve et une audace incroyables, mais avec une naïveté, une bonhomie qui allaient parfois jusqu'aux limites de l'hallucination, dans un singulier personnage dont j'ai pu, sur place, recueillir les dernières traditions. Manolito Gazquez, né à Séville, vers 1730, et mort au mois d'avril 1808, a laissé dans la mémoire de tous ceux qui ont pu le connaître un souvenir affectueux et une foule d'anecdotes que se font dire avec un empressement qui ne se lasse pas ceux qui sont nés trop tard pour en avoir connu le héros.

Manolito Gazquez n'était cependant qu'un simple *velonero*, c'est-à-dire qu'il gagnait sa vie à fabriquer de ces petites lampes à quatre mèches, appelées *velon*, et dont se sert le peuple en Andalousie. Voici quel était à peu près son portrait vers le commencement du siècle, à l'époque de sa plus grande popularité. Sa taille était audessous de la moyenne ; gros et replet, mais sans exagération, il avait les traits réguliers, le visage rond et poli, et on n'en perdait rien à cause de l'habitude qu'il avait de ramasser derrière sa tête, en les nouant avec un ruban noir dont il laissait flotter les bouts, le peu de cheveux qui lui restaient et qui étaient entièrement blancs. Il avait, en outre, les épaules carrées, la poitrine large. Quand il s'asseyait, il croisait volontiers ses bras robustes sur son ventre un peu grassouillet, et ses doigts, plus gros qu'on ne les a d'ordinaire à cet âge, témoignaient que sa vie n'avait pas été oisive. Tout en causant, en effet, il ne laissait pas que de travailler. Il était rarement sans visite dans sa petite boutique. Cette boutique, plus authentique que celle de Figaro, était dans la rue Gallegos et occupait l'emplacement où est aujourd'hui le dépôt des faïences de la Cartuja. C'est là que Manolito Gazquez allait et venait toute la matinée, mêlant son travail d'incomparables saillies et donnant ses ordres à son unique ouvrier du ton dont il eût commandé à tout un régiment. L'ouvrier, aussi vieux que lui-même et presque aussi original, lui en faisait la remarque, ce qui amenait entre eux, à la grande joie des assistants, les plus plaisants dialogues.

Ce qui manquait à la pauvre boutique, ce n'étaient ni les curieux ni les amis, c'étaient plutôt les chalands. S'il en venait un par hasard, et que Manolito n'eût pas de felon à lui livrer : « Que n'êtes-vous venu hier? répondait-il de la meilleure foi du monde : j'en ai chargé deux frégates pour l'Amérique. »

Sa femme Teresa représentait dans l'humble maison un personnage muet, qui n'était point sans grâce : Manolito n'était pas homme à refuser dans les grandes chaleurs un verre d'eau à un passant. Venait-on lui en demander un, il courait au pied du petit escalier qui faisait communiquer sa boutique à l'étage où il vivait : « Teleza, s'écriait-il, descends ; apporte la carafe d'or avec de l'eau fraîche. Si tu ne l'as pas sous la main, apporte celle d'argent ou celle de cristal. Tu ne les trouves pas? eh bien, apporte alors la tasse de faïence. Monsieur voudra bien nous excuser pour cette fois ; l'intention est tout. »

Manolito, on l'a remarqué, disait Teleza pour Tereza. C'est que, par un vice de prononciation qui lui était naturel, il mettait partout des *l* à la place des *r*, ce qui ajoutait encore à l'originalité de ses récits. Cette originalité était réelle et tenait, outre la grâce de l'imprévu, à la parfaite bonne foi du conteur. On l'eût offensé, et surtout bien étonné, en lui laissant voir qu'on le croyait capable d'altérer la vérité. « Il avait l'air respectable, me dit quelqu'un qui l'a bien connu, et le sérieux de sa physionomie était le meilleur assaisonnement de ses récits. » Ce qui lui manquait, ce n'était pas la sincérité, mais l'intruction. Il disait, presque en pleurant, que, si on lui eût appris à lire et à écrire, il serait allé plus loin que Sénèque. Sénèque! remarquons-le en passant, un Romain de Cordoue. Pour suppléer ce défaut d'études premières, Gazquez recherchait toutes les occasions d'attraper un certain vernis littéraire. Comme Toinette, il aimait les thèses, mais non pas pour l'image. Il assistait volontiers aux actes universitaires et en rapportait toujours quelque chose : une date, un mot, un nom comme le Sénèque de tout à l'heure.

La gazette surtout lui servait à grossir son petit butin d'érudition. Deux fois par semaine, dans l'après-midi, il allait à Triana entendre lire les nouvelles. Il s'asseyait invariablement sur l'un de ces pins énormes qui venaient alors par le Guadalquivir, de Segura à Séville, et on faisait cercle autour de lui. Pour une faible rétribution, quelqu'un se chargeait de lire. Une carte d'Europe ouverte sur une planche servait de commentaire au journal. Manolito suivait d'un œil attentif l'épingle qui marquait l'endroit désigné; mais il était rare qu'il n'intervînt pas dans l'affaire. Un jour, arrive la nouvelle de la bataille d'Austerlitz. « Voici Austerlitz, » dit avec empressement celui qui tenait l'épingle. — « En effet, dit Manolito en s'avançant d'un air grave, voici où était le général en chef, là se tenaient les vivandières. » Et de son large pouce il dépassait tellement l'endroit, que les vivandières se trouvaient à quelques centaines de lieues du champ de bataille.

Une autre fois, la gazette parlait de la *Sublime Porte*. Gazquez ne dit rien, mais le mot reste dans sa mémoire. Le soir, un de ses habitués entre dans sa boutique et le trouve courbé sur une table, occupé à dessiner d'énormes clous. « Manolito, dit-il, voilà de bien beaux clous! — Je le crois bien! répond notre homme; je les fais pour la Sublime Porte. »

Il aimait les gens qui venaient de loin, sans doute parce qu'il trouvait près d'eux matière à apprendre. Il recherchait surtout les Maures qui passaient par Séville. Il avait la prétention d'entendre leur langue. ayant été, disait-il, à Tanger et au Maroc; notez qu'il avait dit, un quart d'heure auparavant, qu'il n'avait jamais voyagé que par terre. Sur quoi il s'élevait entre don Manuel Cepero et lui une controverse des plus piquantes. « Manolito, lui disait son malin contradicteur, vous n'avez jamais vu de *Moreria* que le quartier de Séville qui porte ce nom » Et, comme ce quartier était celui des femmes de mauvaise vie, le pauvre Manolito, dont les mœurs avaient toujours été irréprochables, commençait par s'indigner, puis maintenait son dire. Poussé à bout, il finit par demander que l'on apportât une mappemonde.

On mit le globe sous ses yeux, et on lui montra du doigt l'Espagne séparée de l'Afrique par la Méditerranée. Manolito met ses lunettes et prie gravement son interlocuteur de lui dire où est le cap de Gata. Et, aussitôt qu'on le lui a montré : « Eh bien, dit-il, il part d'ici au trottoir en face un petit chemin qui n'est connu que de trois ou quatre personnes. » Et, ôtant ses lunettes, il s'en allait comme un homme convaincu qu'il n'y avait rien à lui répondre.

Il jouait du basson et se joignait volontiers, le soir, avec son instrument aux confréries qui allaient fêter la Vierge. Il croyait son talent connu du monde entier, et son basson avait un rôle dans ses aventures. Il racontait qu'un jour, à Rome, il entra à l'église Saint-Pierre, où l'on célébrait la fête de l'Apôtre. Sur ce, grande description de l'effet du *Pange lingua* chanté par deux mille cinquante voix, vingt orgues et des instruments sans nombre. Il y avait là le pape avec tous les cardinaux, cent cinquante-cinq évêques, et enfin toute la chrétienté. Manolito entre avec sa simple veste andalouse et se place modestement derrière une colonne à droite; puis, au moment où le tapage était à son apogée, il lui prend fantaisie de souffler dans son instrument: aussitôt le chœur s'arrête et l'église résonne comme si elle allait éclater. On se rassure cependant et l'hymne continue. Un moment après, voilà Manolito qui recommence : nouvelle interruption et nouvelle épouvante. Mais cette fois le pape, souriant :— « C'est le monde qui s'abîme, dit-il, ou Manolito de Séville est ici. » — « On me chercha partout, disait en finissant l'honnête velonero; mais j'avais affaire à Séville où j'arrivai juste pour l'heure du Rosaire. » Ces chutes d'une humilité comique étaient familières à Manolito Gazquez. Il y glissait toujours quelque trait qui donnait un air de vérité aux plus fantasques récits.

Quelque sujet que l'on traitât, il lui arrivait toujours à point une histoire qui fermait la bouche au plus effronté.

Parlait-on devant lui d'une nouvelle urgente à transmettre à Cadix : « Pardi! la belle affaire ! envoyez-la par eau.— « Comment? Mais une barque mettra trois ou quatre jours (il n'y avait pas encore de bateaux à vapeur entre Séville et Cadix)! — « Bah! disait Manolito, et à quoi bon une barque ? Qui vous parle d'une barque? Un jour, pendant la guerre avec les Anglais, j'avais à porter un ordre au général; la nuit venait; je me jette à la nage à la hauteur de la Tour de l'Or; en deux brasses, je suis à Tablada, deux autres brasses, et me voici à San-Lucar, encore deux autres et j'arrive à Rota ; une fois là, d'un trait je gagnai Cadix: il était temps, on tirait le canon, et la porte de mer allait être fermée; voyez un peu ! si je m'étais amusé en route, je passais la nuit dehors. »

Tel que nous l'avons représenté, il n'avait pas, on en conviendra, l'encolure d'un danseur. Il ne fallait pas le lui dire, car aussitôt il vous racontait que dans sa jeunesse nul n'avait fait meilleure figure au bal. « Un jour ajoutait-il, chez la marquise une telle (il ne fréquentait jamais dans ses histoires que la meilleure société), je me fis longtemps prier, puis enfin je consentis à danser; mais, du premier bond, j'arrivai au plafond où je restai;

on me pressait beaucoup de redescendre. — « Descendez « donc, seigneur Manolito. » J'attendis que l'ennui me vint; quand je repris terre, je tirai ma montre : il y avait quinze minutes que j'étais en l'air. »

Avec de pareilles dispositions, et à Séville, Manolito Gazquez aurait été, s'il l'eût voulu, le premier matador de l'Espagne : qui pouvait en douter? ce n'était pas lui du moins. Bien entendu, la race des toreros se perdait ; Pepe Hillo lui-même (c'était le Montès de l'époque) n'était plus qu'une none. Un jour, un taureau furieux avait si bien balayé la place, que nul n'osait s'y aventurer; mais le *bicho* avait compté sans Manolito. Celui-ci s'élance des gradins dans la place, le taureau quitte Pepe et vient droit à lui; mais il vit bien qu'il n'avait plus affaire à Pepe Hillo : « Je le retournai comme un gant, racontait froidement le héros de l'aventure; il alla se briser contre la barrière, et les mules vinrent le chercher. »

Sur les armes, il avait été naturellement de première force, et de plus renommés auraient été en peine de donner de leur adresse une preuve égale à celle-ci. A l'époque des grandes pluies de 1776, une nuit, c'est encore un récit de Manolito Gazquez, tous les habitants de la tertullia de je ne sais plus quelle comtesse étaient partis, et il ne restait avec Manolito que deux dames dont la voiture était en retard. Ces dames perdaient patience. Manolito tire son épée et leur dit : « Que chacune de vous prenne un de mes bras. » Et il ajoutait : « De la lame de mon épée, j'écartai si bien toutes les gouttes de l'eau qui tombait, que ces dames arrivèrent chez elles sans un fil de mouillé, pendant que derrière nous la Giralda perdait pied. »

Le doyen lui-même a pris la peine d'écrire la plupart de ces détails dans une lettre qui a été publiée en grande partie. J'aurais pu les multiplier encore; mais, à mesure que le temps marche, emportant chaque année quelques contemporains de Manolito Gazquez, l'ingénieux velonero devient un mythe, une légende, et on ne se fait plus aucun scrupule de lui attribuer mille fantaisies plus ou moins heureuses : c'est le sort des héros qui n'appartiennent qu'à la tradition. On charge leur portrait, et chacun se croit en droit d'ajouter une page à leur histoire : j'arrive encore à temps pour démêler le faux du vrai, pour restituer à cette bonne et honnête figure ses traits véritables. Un peu de caricature serait peut-être, en pareille matière, de la couleur locale; mais, si j'écris en Andalousie et sur l'Andalousie, je ne suis pas Andalous moi-même : n'est pas Andalous qui veut.

Au surplus, Manolito Gazquez ne serait pas un type s'il était unique; aussi ne le donné-je pas pour une exception, mais, au contraire, comme la personnification populaire de ce don inné chez les Andalous de se faire valoir aux dépens de la vérité. Je suis bien convaincu qu'il n'est pas une rue dans Séville qui n'ait son Manolito Gazquez, moins beau diseur peut-être que l'ancien, mais qui aura sa grâce pourtant, et qui avec moins de facilité dans l'imagination, moins d'imprévu dans la repartie, aura la même bonne foi dans l'exagération, et , si l'on osait le dire, la même sincérité dans le mensonge.

III

CADIX

Ses origines. — Son histoire. — Cadix sous les Romains, sous la domination maure, sous les rois chrétiens. — Ancien commerce de Cadix. — Sa décadence. — Mœurs et usages. — Monuments. — La cathédrale. — Les palmiers du couvent des Capucins. — L'Alameda d'Apodaca. — Columelle. — Le poëte Cadalso. — Analyses et traductions.

Par quelque côté que l'on aborde Cadix, cette ville présente un aspect magique. On l'a caractérisée d'un mot qui fait image : Cadix, a-t-on dit, est un vaisseau de pierre à l'ancre au milieu de l'Océan. A ce compte, les forts qui l'entourent seraient les chaloupes de l'immense bâtiment. J'ajoute que par un jour serein, sous un ciel sans nuages, ce vaisseau ressemble assez à celui qui portait du Pirée à Délos les blanches théories de l'Attique. Lorsque la tempête se déchaîne, on se demande s'il pourra résister à l'assaut furieux des vagues et des vents. Quand la mer et le ciel se sont rassérénés, le souvenir du danger passé, mais sans cesse renaissant, assaisonne le calme et donne du piquant à la grâce. Sauf la cathédrale, dont les hautes tours se dressent au centre de la ville et sont comme les grands mâts du navire, les principaux édifices, la douane, l'hôpital, le palais du commandant général, l'église du Carmel, la place des Taureaux, lui forment comme une ceinture de façades qui regardent la mer et qui, en égayant le regard, donnent de la vie au tableau. La grande muraille qui entoure la ville est elle-même sa plus belle promenade.

Si vous débarquez au midi et que par la *porte de mer* vous entriez dans la ville, l'illusion continue, l'image est toujours exacte : Cadix est encore un vaisseau. Toutes ses rues, propres et bien alignées, ses maisons peintes et luisantes, l'animation affairée, mais régulière des habitants, j'allais dire de l'équipage, enfin ces mille odeurs de la mer et du bord qui s'exhalent de ses marchés et de ses magasins, vous feraient croire que vous n'avez pas encore quitté le pont du navire qui vous a amené.

Cadix a un évêque, un gouverneur civil, un gouverneur militaire, un corps consulaire et environ cinquante mille habitants. C'est encore une ville imposante, mais de sa vie d'autrefois elle n'a plus que l'apparence. Jadis l'entrepôt de tout le commerce de l'Espagne avec le nouveau monde, et la ville la plus vivante de l'Espagne méridionale, elle n'est plus que l'ombre d'elle-même, depuis que l'Espagne a laissé échapper ses belles colonies d'Amérique. Mais cette grande patricienne du commerce dispute noblement aux circonstances les restes de sa grandeur passée et mettra encore des siècles à se laisser périr. Elle a encore, elle gardera longtemps les marques de ce qu'elle fut ; elle gardera toujours cette distinction de physionomie que les siècles lui ont donnée, sa vive intelligence des choses, cette grâce hospitalière qui lui est propre; et depuis longtemps déjà Malaga, qui semble appelée à recueillir sa succession, se sera emparée de tout le commerce de ces côtes, que Cadix paraîtra encore une grande et noble ville. La réalité de la puissance aura achevé de se retirer d'elle, qu'elle paraîtra n'en avoir perdu que le bruit, et, pour ainsi dire, le fracas extérieur. Cadix est le Bordeaux de l'Espagne. A Cadix, comme à Bordeaux, les hommes ont l'élégance et la culture de l'esprit, les femmes la beauté piquante et la grâce à demi créole.

Cadix n'a guère été par elle-même qu'une ville de commerce et de plaisir. Mais, comme dans ses âges reculés elle a eu affaire aux Carthaginois et aux Romains, les grands noms de l'histoire du monde ont communiqué à la sienne quelque chose de leur grandeur même, et on trouve tout naturel qu'à diverses époques plusieurs de ses ingénieux enfants, et tout récemment M. Adolfo de Castro, aient pris le soin d'écrire longuement ses annales. Je résumerai, en partie d'après ce dernier, les faits principaux de cette histoire.

On raconte que des Phéniciens, chassés des côtes de l'Asie par la brusque irruption du peuple de Moïse dans la terre de Chanaan, vinrent chercher un asile à Tanger, où, du temps de Procope, se lisait encore sur deux colonnes de marbre une inscription qui relatait ce fait. Des côtes de l'Afrique, les Phéniciens passèrent sur celles de l'Espagne et fondèrent Cadix sur la pointe occidentale d'une île. Sur la partie orientale ils élevèrent un temple à Hercule qui fit longtemps l'admiration des peuples, et où, du temps d'Appien, ce dieu était encore honoré selon le rit phénicien.

Les Phéniciens donnèrent à la nouvelle ville le nom de Gadir ou Gadis, dont les Romains firent Gades, et qui est peut-être un souvenir de la patrie lointaine, car ce nom se retrouve dans la géographie de la Judée antique. De là les navigateurs phéniciens reprirent leurs courses aventureuses, recevant à vil prix les riches métaux et les fruits délicieux de l'Andalousie qu'ils emportaient ensuite en Grèce, en Égypte, en Asie. Ils allèrent même si loin, après avoir passé les colonnes d'Hercule, qu'à la description vague de certaines contrées où ils abordèrent quelques modernes ont cru reconnaître l'Amérique.

Les Phéniciens de Gades vécurent longtemps en paix avec les populations voisines; mais, au sixième siècle avant J. C., les étrangers ayant voulu étendre leurs conquêtes du côté de la terre, les indigènes se levèrent et vinrent en armes assiéger Gades. La haine des étrangers, si naturelle aux Espagnols, la riche proie qu'ils espéraient trouver dans la ville nouvelle, le désir enfin de s'emparer des richesses accumulées dans le temple d'Hercule, furent sans doute aussi pour quelque chose dans ce mouvement en apparence tout national de l'Andalousie. Les Espagnols avaient armé une flotte, elle fut battue par celle des habitants de Gades. Mais, peu de temps après, on les trouve en possession de l'île entière.

Cependant les Phéniciens étaient allés chercher du secours à Carthage, puissante colonie de la patrie commune. Les Carthaginois vinrent donc à leur tour assiéger Gades qu'ils rendirent à ses maîtres dépossédés. Mais on ne voit pas qu'ils se soient eux-mêmes montrés fort pressés de retourner chez eux. Séduits au contraire par la beauté de ces côtes, ils y firent divers établissements, et c'est de l'un d'eux que, au cinquième siècle, serait parti Hannon pour ce fameux voyage dont nous avons encore le récit.

Il ne paraît pas que les Carthaginois se soient toujours conduits en voisins désintéressés avec leurs compatriotes de Gades. Peu à peu ceux-ci sentirent le joug, et, voulant le secouer, ils envoyèrent demander l'amitié d'Alexandre, précisément à l'époque où le conquérant assiégeait Tyr. Cette singulière coïncidence me ferait croire que la haine d'un commun oppresseur avait peu à peu rapproché et même confondu les indigènes avec les premiers Phéniciens, et que, Phéniciens ou Espagnols, l'Espagne était devenue la patrie de tous. Quelle fut la réponse d'Alexandre, on l'ignore; mais il y a ici deux faits dignes de remarque : le premier, c'est qu'il fut élevé une statue à Alexandre dans le temple même d'Hercule ; le second, c'est que, lorsque Amilcar eut amené en Espagne une armée carthaginoise, l'an 235 avant J. C., ce ne furent pas des alliés, mais des conquérants, qui débarquèrent dans l'île de Gades.

Après Amilcar, c'est Annibal en personne qui apparaît à Gades. Maître de Sagonte, il enrichit le temple d'Hercule des dépouilles échappées à l'héroïque incendie de cette ville et renouvelle au pied de ses autels le fameux serment de son enfance.

Annibal court en Italie. Magon lève une armée pour marcher à son secours, mais il commence par imposer de grosses contributions aux habitants de Gades, et c'est chargé de leur or et de leur argent qu'il met à la voile. Chemin faisant, il ravage la côte, perd huit cents hommes devant Carthagène, traîtreusement attaquée, puis, craignant de rencontrer la flotte romaine, revient brusquement sur ses pas ; mais il trouve fermées les portes de Gades, qui, ne voulant pas se voir dépouiller une seconde fois, avait résolu de se livrer à Rome. Le Carthaginois furieux envoie demander la raison d'un pareil outrage ; on lui répond que le bas peuple indigné des excès de ses soldats s'est révolté contre les magistrats et se refuse à recevoir des alliés si peu scrupuleux. Magon attire sur sa flotte les principaux de la ville, et, une fois maître de leur personne, les fait fouetter outrageusement et pendre aux amarres de ses vaisseaux. Après ce lâche exploit, il reprend le chemin de l'Italie. Peu de temps après Scipion entrait à Gades et y mettait une garnison capable de la défendre.

Soixante-neuf ans avant Jésus-Christ, venait en Espagne en qualité de simple questeur celui qui devait être Jules César. Chargé par son général de visiter les provinces du midi, il vit le temple d'Hercule, et on assure que ce fut à cette occasion, et devant cette statue d'Alexandre, dont nous avons parlé, qu'il versa ces larmes immortelles qui promettaient au conquérant macédonien le seul rival qu'il ait eu dans l'ancien monde. Plus tard, quarante-neuf ans avant Jésus-Christ, César rentrait, maître de Rome et de ses peuples, dans cette ville où il avait passé obscur, vingt ans auparavant, et n'y laissait après lui que des citoyens romains.

Sous le règne d'Auguste, Gades ne possédait pas moins de six cents chevaliers, et il ne faudrait pas juger de son étendue d'alors par l'espace qu'occupe aujourd'hui la moderne Cadix. Celle-ci, placée à l'extrémité de l'ile, ne couvre guère, au dire des érudits, que ce qui formait le cimetière de l'ancienne. Elle était alors remplie de monuments dont les ruines employées à des constructions nouvelles ont achevé de disparaître au seizième siècle. C'est alors aussi qu'elle donnait à Rome le premier consul qu'elle ait daigné prendre hors de son sein, L. Cornelius Balbus, l'ami de César et de Cicéron, comme elle lui donna aussi dans la personne d'un autre Balbus, neveu du premier, le premier étranger qui ait monté, sur un char de triomphe, les degrés du Capitole. Peu de temps après, Rome, qui bientôt allait devoir à l'Espagne méridionale Martial, Florus et les deux Sénèque, devait déjà à Gades un éminent prosateur, Columelle, en attendant un poëte charmant, Cassinius Rufus, et Domitia Paulina, la mère de l'empereur Adrien.

Mais Gades paraît avoir perdu depuis cette époque toute sa splendeur, et, sous la domination des Goths, ce n'est plus qu'une ville sans importance, dépendant de l'évêché de Jerez. Tomba-t-elle au pouvoir des Arabes par suite de leur victoire sur les bords du Guadalete, ou déjà, avant cette époque fatale, s'en étaient-ils emparés? Rien de certain à cet égard. Mais cette incertitude même est une preuve du rôle inférieur auquel elle était descendue.

Au milieu du neuvième siècle, une bande de Normands apparaissant tout à coup sur les côtes d'Espagne, débarqua à Cadix et y commit de grandes cruautés dont il ne parait pas que les rois maures de la contrée aient montré beaucoup d'empressement à la venger.

Enfin arriva le règne d'Alphonse le Sage. Ce roi, étant à Séville, apprit que Cadix était mal gardée. Sur-le-champ il commande à l'amiral de sa flotte, don Pero Martinez, d'aller avec quelques bâtiments et quelques vaillants hommes, commandés par don Juan Garcia, surprendre les Maures dans Cadix. L'escadre part, un matin, sans bruit, et le lendemain se trouve en présence de la ville dont elle trouve les portes ouvertes. Pero Martinez garde les navires, pendant que Juan Garcia, avec ses hommes, se jette résolûment dans la ville, s'empare des portes, et tue des Maures autant qu'il en rencontre. Pendant quatre jours entiers, les chrétiens ramassent les marchandises, l'or, l'argent, tout ce qui leur tombe sous la main, entassent sur leurs galères ces précieuses dépouilles, et repassent paisiblement la barre du Guadalquivir. Les Maures arrivèrent trop tard au secours de la ville dévastée. Ce coup de main héroïque fut pour les chrétiens de Cadix l'avant-goût d'une prochaine délivrance; il est probable qu'elle eut lieu au mois de septembre 1262. Alphonse, en s'emparant de Cadix, eut surtout l'idée d'en faire un poste avancé pour passer en Afrique. Dans ce dessein, il la rebâtit de nouveau, dans le lieu qu'elle occupe aujourd'hui, l'entoura de fortes murailles, et, y ayant appelé trois cents familles chrétiennes prises dans le reste de l'Espagne, il lui accorda de nombreux priviléges. Cadix fut déclarée ville, eut un évêque, deux alcades et un alguazil principal, avec une juridiction qui s'étendait à la plupart des villes voisines.

Cette nouvelle importance accrue, encore dans les âges suivants, n'empêcha pas qu'elle ne fût saccagée au mois de juin 1370 par une flotte portugaise. Dans cette douloureuse circonstance, l'église de Séville vint généreusement au secours de celle de Cadix.

Les liens de l'autorité royale s'étaient alors singulièrement relâchés; car, sous le règne de Henri IV, on voit le grand Ponce de Léon, comte de Arcos et seigneur de Marchena, s'emparer de Cadix, sous prétexte de la garder au roi, et celui-ci, en 1470, croire qu'il ne pouvait se dispenser de donner cette ville à son gardien, avec le titre, que seul il a porté dans l'histoire, de marquis de Cadix. Une transaction féodale fit tomber l'ile entière au pouvoir de celui-ci, et c'est depuis qu'elle s'est appelée l'ile de Léon.

La mort du grand marquis, arrivée en 1492, rendit Cadix à ses vrais maîtres : c'étaient alors les rois catholiques.

Ferdinand et Isabelle confirmèrent les anciens priviléges de Cadix. La découverte récente encore du nouveau monde devait être pour elle le point de départ d'une destinée toute nouvelle. Nul vaisseau en commerce avec l'Amérique ne pouvait encore se détacher des côtes de l'Espagne sans prendre, pour ainsi dire, ses licences à Séville, et c'était aussi là que, au retour, il rapportait le fruit de ses expéditions. Une cédule de la reine Jeanne, datée du 15 mai 1509, affranchit le commerce de cette condition onéreuse, qui, à des retards considérables ajoutait les dangers de la barre du Guadalquivir Désormais les navires purent partir de Cadix et y toucher au retour. C'était y faire passer comme un large fleuve tous les trésors du nouveau monde.

Mais c'était aussi attirer sur Cadix les regards jaloux et avides de l'ancien. En 1530, Barberousse, roi d'Alger, prenant le moment où les galères d'Espagne étaient sur les côtes de l'Italie, résolut de tenter un coup de main sur Cadix. Charles-Quint méritait de mieux réussir lorsqu'il rendait leur visite aux barbares. Quoi qu'il en soit de cette dernière expédition dont la France s'est chargée d'effacer le souvenir, André Doria accourut de Majorque et sauva Cadix des malheurs qui la menaçaient. Vingt ans plus tard, un autre roi d'Alger, Selarraës, se mit en campagne poussé du même dessein; mais une tempête furieuse le rejeta dans le détroit. Une autre tentative, faite en 1574, amena six brigantins et une goëlette jusqu'au pied de Torregorda, mais sans être, au fond, plus heureuse. Les Maures sautèrent à terre et firent quelques prisonniers; mais les habitants de l'ile, avertis par un renégat, accoururent, et à leur tour surprirent les Maures pendant qu'ils s'efforçaient vainement de remettre à flot la goëlette échouée dans le sable. Après une lutte sanglante, l'ennemi fut forcé de rendre ce qu'il avait pris, et les habitants de Cadix ramenèrent chez eux en triomphe les prisonniers délivrés.

Dans le grand épisode qui suivit des communes de Castille, Cadix, comme toute l'Andalousie, prit parti pour l'autorité royale, et Charles-Quint lui conféra, en retour, les titres de très-noble et de très-loyale.

A ces titres, Philippe II ajouta un écusson. Que pouvait-elle mettre dans ses armoiries, sinon Hercule, et derrière lui les deux célèbres colonnes, mais avec leur inscription démentie: *Plus ultra!*

En 1578, avant de partir pour l'Afrique d'où il ne devait plus revenir, l'infortuné et héroïque don Sébastien de Portugal entra à Cadix avec sa flotte et y fut fêté pendant huit jours par le duc de Medina Sidonia, alors capitaine-général de l'Andalousie et des côtes de l'Océan.

Cependant l'Angleterre, avertie que Philippe II préparait contre elle une flotte formidable, résolut de le prévenir et envoya une escadre contre Cadix. L'amiral Drake entra dans la baie, le 29 avril 1587, mais il se contenta d'y brûler quelques navires, n'osant hasarder des troupes de débarquement dans une ville avertie et secourue. Mais, en 1596, le comte d'Essex, ne se contentant pas d'une demi-attaque, jeta une armée dans la ville qu'il dévasta et saccagea. Toute l'Andalousie s'émeut; de toutes parts on lève des troupes, on organise des escadres; mais, quand le secours arriva, déjà le comte d'Essex avait remis à la voile, ne laissant guère derrière lui qu'un monceau de ruines. Les rois de Castille dépensèrent de grandes sommes pour en tirer une autre Cadix. Mais cette fois, à ses fortifications relevées ils en ajoutèrent de nouvelles, et Cadix se trouva désormais à l'abri, sinon d'une catastrophe, au moins d'un coup de main.

Un mariage projeté entre doña Maria, sœur de Philippe IV, et celui qui devait être Charles Ier, fut sur le point de rétablir la bonne harmonie entre l'Angleterre et l'Espagne; mais, ce dessein ayant échoué par des motifs de religion, les haines se réveillèrent plus ardentes, et une autre flotte anglaise parut devant Cadix. Ce fut d'abord dans Cadix une grande joie parce qu'on crut que c'était la flotte qui revenait d'Amérique; mais cette joie se changea en terreur quand on reconnut les bannières anglaises. Toutefois la ville et l'île se défendirent énergiquement, et l'amiral Henri Cecil fut obligé de se rembarquer, emportant, outre la honte d'avoir échoué dans son entreprise, la peste sur ses vaisseaux. Cervantes s'était moqué, dans un sonnet ingénieux que nous avons cité ailleurs, de la tardive intervention du duc de Medina Sidonia en 1596. Lope de Vega célébra dans un autre, d'un accent héroïque, la revanche de 1625.

Mais à la guerre succéda la peste; plusieurs épidémies désolèrent Cadix dans le cours du siècle, aucune comme celle qui commença en 1649, dura trois ans, et emporta quatorze mille personnes. De loin en loin aussi passaient sur Cadix des ouragans qui ressemblaient à des épidémies, rassemblant en quelques heures les malheurs que la peste ne produit qu'en quelques mois, du moins en quelques jours; le 15 mars 1671, il y en eut un qui fit périr six cents personnes.

Depuis 1683, l'Espagne était en paix avec la France. Mais, celle-ci ayant mis la main sur le Luxembourg, l'Espagne usant de représailles lui brûla quelques bâtiments de commerce qui venaient d'entrer, richement chargés, dans la baie de Cadix. La France, ayant d'abord réclamé, mais en vain, envoya contre Cadix une flotte bien armée de soixante navires qui jeta l'ancre dans les eaux de Chiclana, au mois de mai 1686; mais, au bout de deux mois d'observation, la flotte française passa le détroit et reprit la route des côtes de France. Tout ce dix-septième siècle avait apporté à Cadix de notables accroissements et fut pour son commerce une ère de grandeur et de prospérité.

Pendant la guerre de la Succession, l'Angleterre, ayant pris parti pour la maison d'Autriche, arma une nouvelle flotte contre Cadix. Elle fut signalée le 24 août 1702; elle jeta sur la côte cinq cents hommes, qui emportèrent aisément le château de Rota; mais, après une attaque infructueuse contre le Puerto Santa Maria, et contre la chaîne qui fermait le port, l'amiral anglais assembla un conseil de guerre de l'avis duquel, rappelant ses troupes à bord, il leva l'ancre et se dirigea vers le cap Saint-Vincent.

Nous avons vu le commerce de Cadix affranchi par la mère de Charles-Quint de la tutelle, ou, pour mieux dire, du joug de Séville. En 1720, le tribunal des Indes est lui-même transféré de Séville à Cadix; et alors on voit de plus en plus affluer dans ses entrepôts les richesses du nouveau monde.

Un de ces cataclysmes qui font époque dans l'histoire d'un peuple faillit accomplir, en quelques heures, ce que n'avaient pu les flottes de l'Angleterre et de la France, les galères barbaresques et plusieurs pestes : je veux parler du célèbre tremblement de terre de 1755. On sait ce qu'il fit de Lisbonne; on a vu comment, à Séville, la foule rassemblée dans la cathédrale, à l'occasion de la solennité du jour, sortit épouvantée et se répandit sur les places voisines. A Cadix, il dura dix minutes, secouant avec violence tous les édifices qui, peu à peu, reprirent leur assiette. Les habitants, d'abord remplis de terreur, se rassurèrent, en voyant que tout se terminait par la chute de quelques vieilles maisons. Mais voici que tout à coup, quand déjà le ciel était redevenu serein et que le vent était tombé, la mer se retira précipitamment comme pour prendre son élan, et, revenant sur Cadix avec ses vagues droites, hérissées, furieuses, s'abattit sur la plus grande partie de la ville. Faisant brèche dans la muraille, elle entra par le côté appelé la Caleta, et se répandant dans les rues, à une hauteur d'environ dix pieds, eût infailliblement noyé tous les habitants, si la plupart, poussés par l'instinct de la peur, plus clairvoyante parfois qu'on ne le croit, ne s'étaient réfugiés dans les étages supérieurs et sur les terrasses des maisons. A l'autre extrémité de la ville, les deux mers, se joignant par-dessus la chaussée qui sépare Cadix du reste de l'ile, engloutirent tous ceux qu'une terreur mal conseillée avait précipités loin de la ville.

Mais, si grand que fût un tel désastre, du moment qu'il n'emportait pas Cadix lui-même et son rocher, ses effets furent vite oubliés; et, quand l'Espagne, cette fois encore unie à la France contre l'Angleterre, arma une flotte pour aller attaquer cette dernière au sein de l'Amérique, c'est encore à Cadix que l'on se donna rendez-vous. La paix vint rendre inutiles ces formidables préparatifs.

Mais l'Angleterre ne les oublia ni ne les pardonna, et, la guerre s'étant rallumée, l'amiral Nelson parut devant Cadix en 1797, et la bombarda la 3 et le 5 de juillet. Ce qu'il voulait, c'était moins détruire la ville qu'attirer hors de la baie l'amiral Juan Mazarredo qui s'y tenait sagement cantonné. Mais, s'apercevant bientôt que, si ses canons faisaient peu de mal à la ville, il ne parvenait pas davantage à tirer la flotte espagnole de sa prudente réserve, il se limita à bloquer l'entrée de la baie, attendant de la faim ce qu'il ne pouvait obtenir du courage trop bien conseillé de l'amiral ennemi.

Nelson revint en 1800, mais Cadix était alors en proie

à la peste, et le capitaine-général des quatre royaumes d'Andalousie, don Thomas de Morla, ayant demandé à l'amiral anglais avec une fière résignation quel trophée il comptait rapporter d'une ville décimée par la peste, à supposer que dans sa détresse elle ne retrouvât pas l'énergie dont elle avait fait preuve tant de fois, le généreux Nelson comprit ce qu'il y avait de magnanime dans cette ironie de la douleur, et, se contentant de fermer la baie, répartit sa flotte entre Gibraltar, Espartel et le cap Saint-Vincent.

Un peu plus tard, en 1808, je retrouve un nom cher à Cadix, et qui a brillé d'un vif éclat dans les annales maritimes de l'Espagne, celui de don Juan Ruiz de Apodaca. Un tel adversaire honore le vaincu même, et l'amiral Rosily put sans déshonneur lui rendre l'escadre qu'il commandait. Mais l'histoire de Cadix prend ici de telles proportions, elle entre à tel point dans les courants contraires de l'histoire contemporaine, que je craindrais de ne plus y rencontrer que des écueils. Les révolutions modernes ont si violemment détourné l'Espagne de ses habitudes séculaires; elles ont à un tel degré modifié ses allures, je ne dis pas ses instincts, que bientôt l'Espagne, si l'on n'y prend garde, ne sera plus l'Espagne, et c'est elle surtout que je cherche et m'attache à connaître et à peindre.

Dans Cadix même, je la retrouve vivante et pleine de grâce; la beauté des femmes de Cadix est célèbre dans le monde; elles portent dans les yeux, avec la passion espagnole, la gaieté andalouse, tempérée déjà par cette mélancolie rêveuse, par cette douce langueur que le regard égaré sur les mers en rapporte souvent. Ces attrayantes créatures, répandues par groupes sur les promenades ou nonchalamment penchées à leurs balcons, ou assises dans l'ombre de leurs miradors, donnent à Cadix je ne sais quoi de l'Orient, mais d'un Orient libre et chrétien. Les maisons, d'autres diraient peut-être les harems, où s'abritent contre les rayons d'un soleil trop vif ces houris de l'Espagne, les maisons, peintes de vives couleurs, ont un air de fête perpétuelle. La plupart se terminent en une terrasse d'où s'élève un petit belvédère; c'était là que montait jadis le marchand impatient pour découvrir de plus loin ses navires revenant d'Amérique; mais aujourd'hui ce n'est plus l'espérance qui en monte les degrés, c'est le regret d'un passé à jamais perdu.

Cadix a de belles promenades : d'abord sa vaste muraille, que la mode favorise peu; l'Alameda d'Apodaca, où chaque soir, en vue de la mer, se presse une foule élégante, et qui laisse aux étrangers de si aimables souvenirs; enfin ses deux places, dont l'une, celle de Mina, autrefois huerta d'un couvent, a gardé la vigne des bons pères de San Francisco, mais a laissé périr le fameux Draco, ou arbre du sang, contemporain, dit-on, de Pline l'Ancien, et qu'on y voyait encore, il y a vingt ans.

J'ai dit ce qu'étaient devenues les ruines de la Cadix romaine; peut-être en trouverait-on encore des fragments dans l'épaisseur des murailles de la Cadix moderne. Celle-ci a peu de monuments, et ceux qu'elle possède, convenablement appropriés à leur usage, n'ont rien de remarquable. La cathédrale seule, quand on l'aura achevée, sera digne d'une telle ville; entièrement revêtue de marbre, elle a une majesté toute chrétienne; mais ce qui l'embellissait le plus à mes yeux, c'était d'apprendre qu'elle est surtout l'œuvre de la charité. La foi fait encore de ces miracles. J'ai connu dans l'humble maison où il est mort le saint évêque qui a été le véritable architecte de cet imposant édifice; pour arriver jusqu'à lui, il fallait traverser à grand'peine des groupes de pauvres étendus sur les marches brisées de son escalier épiscopal, et qui attendaient là avec une patience admirable, sûrs qu'ils auraient leur tour. Cet Amphion de la charité et de l'Évangile se nommait fray Domingo de Silos Moreno.

On se souvient peut-être que c'est à Cadix que Murillo tomba d'un échafaudage pendant qu'il peignait dans un couvent le *Mariage de sainte Catherine.* J'allai faire une pieuse visite au chef-d'œuvre inachevé. Mais, dans le couvent même, la nature et le temps en ont fait un plus admirable encore : c'est un champ de palmiers. Derrière les tristes murs qui l'abritent (le couvent est devenu une maison d'aliénés), cette merveille étonne plus encore. « Cadix a ses palmiers, » s'écrie quelque part l'auteur des *Orientales.* Licence de poëte! me disais-je. Quand le hasard, car ce fut lui, m'eut amené devant cette féerie presque ignorée, je compris une fois de plus que les poëtes devinent tout. Pour faire de ce bois la plus enchantée des promenades, il ne faudrait que dresser au centre une fontaine de marbre. Le jour où tomberaient les quatre murailles de l'enclos mystérieux, Cadix ne serait pas une autre Grenade, il n'y en aura jamais qu'une dans le monde, mais elle aurait conquis la seule poésie qui lui manque, celle des souvenirs.

Cadix a donné aux lettres deux noms célèbres qui sont aujourd'hui ceux de deux rues voisines, dans l'antiquité celui de l'agronome Columelle, dans l'âge moderne celui du poëte Cadalso. Un de ces grands laboureurs que Rome aimait à retrouver dans les lettres après les avoir été chercher à la charrue pour commander ses armées, et un anacréontique, rien assurément ne se ressemble moins; mais moins ces deux figures se ressemblent, plus elles réussissent à résumer par le contraste le double caractère de l'Andalousie, terre de laboureurs où court perpétuellement dans l'air un frisson de plaisir et de gaieté légère. Nulle part l'épi n'est plus riche, le fruit de la vigne n'est plus odorant. Nulle part on ne quitte plus lestement le travail pour le repos, et la prière pour la danse; nulle part on ne fait plus volontiers de l'amour une longue causerie, de la vie une courte aventure. Je ne m'étonne pas que de quelque sillon de ces riches plaines soit sorti un rival du premier Caton, et je m'étonne encore moins que sous ces pampres l'Espagne ait trouvé son Anacréon.

On ne sait ni quelle année vint au monde, ni quelle année mourut L. Junius Moderatus Columella, mais il est certain qu'il était né à Cadix, « notre municipe de Gades, » dit-il quelque part, et qu'il vécut au temps de Claude, c'est-à-dire sur la fin du beau siècle des lettres romaines. Les échos du Capitole répétaient encore le dernier chant des *Géorgiques*, et quoique déjà l'empire tout entier cherchât à vivre de la vie factice de Rome, on avait encore pour les vieilles mœurs et pour la vie rustique cette admiration de reconnaissance et de regret, dernier reflet des austères pratiques : on pouvait encore célébrer la culture des champs et même en donner des leçons, sauf à ressembler un peu à Quintilien enseignant l'éloquence à Rome, quand elle n'avait plus de forum. Si on ne parlait plus librement, du moins on cultivait encore les campagnes. Riche propriétaire, Columelle devait à l'expérience la connaissance approfondie de l'art dont il a si bien développé les ressources. Écrivant pour les Romains, il a dû étudier particulièrement la campagne romaine; mais l'Italie présente avec l'Andalousie assez d'analogie pour que sa pensée se reportât souvent vers sa patrie lointaine. Il l'a donnée parfois pour exemple, nulle part d'une manière aussi explicite que dans les lignes suivantes que j'extrais de son œuvre. « Marcus Columella, mon oncle, homme versé dans les hautes sciences, et agriculteur consommé de la province de Bétique, à l'entrée de la canicule, ombrageait ses vignes avec des nattes de palmier, parce que, sous cette constellation, quelques parties de cette contrée sont tellement tourmentées par l'Eurus, appelé Vulturne par les habitants du pays, que, si l'on ne prend soin de couvrir la vigne, son fruit est brûlé comme par une haleine de feu. »

Ce curieux passage prouve encore que Columelle n'appartenait pas à une famille vulgaire. Quant à ce terrible Eurus dont Marcus Columella savait si bien se défendre, les Andalous ne l'appellent plus du nom poétique de Vulturne, mais de celui de *levante;* c'est lui qui désole encore pendant l'été les charmantes villas semées autour de la baie de Cadix, et, à l'heure où j'écris, il achève de brûler sous mes yeux, de ce souffle enflammé dont parle le Romain, ce que l'oïdium a épargné des vignes de Jerez.

Le traité de Columelle, de l'Économie rurale (*De Re rustica*), est divisé en douze livres, et l'antiquité ne nous a rien transmis de plus complet sur cet art que Rome a pratiqué à l'égal de celui de la guerre et de la science du gouvernement. Les préceptes et les conseils du maître s'étendent à toutes choses, à la terre d'abord, puis à la vigne, ensuite aux arbres et aux troupeaux, enfin aux abeilles; la fermière elle-même a son chapitre rempli de précieuses recettes, et tout est dit avec gravité, d'un style noble et simple, qui s'élève au besoin et que pénètre cet amour de la terre qui chez les Romains avait je ne sais quoi de filial et de sacré:

Salve, magna parens frugum, Saturnia Tellus!

Quelque chose de ce grand souffle virgilien a passé dans la prose de Columelle, et ne croyez pas que Virgile lui-même soit loin de sa pensée. Le sévère laboureur ne dédaigne pas l'œuvre du poëte, il la cite parfois, et, poëte à son tour, touché du regret que Virgile a exprimé de ne pouvoir chanter les jardins, arrivé lui-même à cette partie de son sujet, d'une main qui n'a rien de malhabile il prend la lyre et développe en beaux vers l'esquisse que Virgile a jetée en passant dans le quatrième livre de ses *Géorgiques*.

Le traité des arbres de Columelle est plutôt la répétition développée de certaines parties spéciales de son grand ouvrage qu'un ouvrage nouveau destiné à compléter le premier; rien, on l'a vu, ne manque à celui-ci.

Je voudrais voir un de ces grands laboureurs d'Andalousie, qui vont à cheval, avec l'ancien costume du pays, passer la revue de leurs troupeaux et de leurs champs, emporter avec lui, pour les heures où la chaleur l'oblige à chercher un refuge, l'œuvre de Columelle. J'imagine qu'il prendrait goût à cette lecture, qu'il aimerait à comparer les usages antiques avec les procédés modernes, à voir comment dans la vieille Italie et aussi sans doute dans la vieille Bétique on taillait la vigne, de quelle manière on cultivait l'olivier. Oubliant, comme je l'ai fait un moment, que les anciens n'ont pas parlé de l'oranger, il courra tout d'abord au chapitre qui traite de la culture de l'oranger; il s'étonnera fort de ne pas le trouver; il sourira dans sa barbe grise de certaines erreurs aujourd'hui peut-être remplacées par d'autres, et deviendra plus humble en voyant que certaines pratiques dont il est fier étaient déjà connues des Romains, et, sans s'en apercevoir, échappant peu à peu aux mesquines considérations de l'intérêt personnel, aux misérables préoccupations du profit quotidien, il sentira son âme s'élever, et, par l'intelligence de cet art qui aida à faire des Romains un si grand peuple, il en viendra à mieux comprendre la majesté de la nature et l'intime alliance que Dieu a établie entre elle et l'homme. Le soir, quand il regagne la maison de ville par une de ces belles nuits si communes en Andalousie, les pieuses rêveries viendront d'elles-mêmes se mêler à ses souvenirs du jour et donner des ailes à ses pensées.

Cadalso n'a pas les graves allures du Romain. Il a, au contraire, toutes les grâces piquantes de l'esprit moderne. Critique ingénieux, il donne à ses contemporains les leçons du goût le plus sûr; poëte, il n'enseigne plus, il célèbre les amours délicats, les amitiés fidèles et choisies, les repas modérés, les champs, les retraites studieuses, sur un ton mesuré plus voisin d'Horace qu'il traduit quelquefois, que d'Ovide dont il invoque volontiers la muse et le souvenir, et d'Anacréon dont il retrouve parfois le rhythme nonchalant. Sa vie fut celle d'un brillant officier, à la fois courte et bien remplie, et ses ouvrages sont ceux d'un esprit charmant, original sans effort. Nous le ferons voir sous ce double aspect.

Jose Cadalso naquit à Cadix, le 8 octobre 1741, et y fut baptisé le surlendemain, dans cette cathédrale de Sainte-Croix dont nous avons parlé. Ses parents, après lui avoir donné eux-mêmes une première éducation soignée, l'envoyèrent à Paris achever ses études; il y apprit avec succès les sciences exactes, les humanités et les langues modernes. Il visita ensuite les différentes nations de l'Europe, comme pour faire l'essai de leurs divers idiomes, tout en observant leurs mœurs, leurs gouvernements et leurs lois. Il n'avait encore que vingt ans, lorsqu'il rapporta dans sa patrie ce trésor de rares connaissances, acquises dans les livres ou par le commerce des hommes. Comme, tout en étudiant la civilisation européenne, il avait fidèlement gardé dans son cœur et dans son esprit le culte de la patrie espagnole, il se sentit humilié de la retrouver uniquement occupée à reproduire servilement chez elle ce qu'il admirait volontiers ailleurs et à sa place, mais ce qui en Espagne perdait toute sa grâce et toute son opportunité. Je ne doute pas que dès lors n'ait germé dans son esprit le vif et ingénieux pamphlet qui, dix ans plus tard, devait commencer avec éclat sa réputation littéraire, et dont le titre, les *Érudits à la violette*, ne saurait être bien rendu en français que par celui-ci : les *Savants à l'eau rose.* Mais, à vingt ans, ce n'est pas par la critique que d'ordinaire l'on débute. A vingt ans, Cadalso aimait et faisait des vers; il entrait en outre dans l'ordre militaire de Saint-Jacques, et était attaché comme cadet au régiment de cavalerie de Bourbon. Sa carrière militaire, commencée le 4 août 1762, fut de tout point honorable et même brillante, et se termina par une mort glorieuse, au commencement de 1782.

Promené de garnison en garnison, ce fut à Saragosse qu'il commença à se livrer sérieusement à l'étude de la poésie. De Saragosse il passa à Madrid, et de là à Henarez où arrivait, presque en même temps, des Asturies, au collége de Saint-Ildefonse, le célèbre Jovellanos, encore un tout jeune homme. Voici comment, dans une épître où il raconte les premières années de sa vie, s'exprime le futur auteur de tant de beaux ouvrages:

« L'impitoyable Minerve signa le fatal décret qui du foyer paternel me fit passer à Henarez. Là, confondu parmi les fils illustres du grand Cisneros, j'attirai les regards de Dalmiro, sur la rive où se traîne lentement le vieux et sage Henarez. Là me vit Dalmiro, Dalmiro dont le génie déjà célèbre rendait de doux soins aux nymphes, et excitait la jalousie des bergers. C'est là, peut-être aiguillonné par cet illustre exemple, que j'appris à escalader les sommets du Parnasse. Imberbe encore, et sans feu, sans inspiration, j'osai m'élever jusqu'au trône d'Apollon lui-même. »

Dalmiro, c'est Cadalso; Dalmiro est le nom qu'il se donne dans ses vers, et que lui donnent familièrement les poëtes de son temps qui l'ont aimé, célébré, pleuré. Les plus illustres poëtes de l'Espagne ont pris de ces noms de bergers. Et nous verrons le plus cher des amis de Cadalso, l'auteur de la tragédie de *Rachel*, Vicente Garcia de la Huerta, s'appeler Ortelio. Et remarquons-le bien, quand ils ne veulent pas signer leurs ouvrages, ils se gardent bien d'y mettre ce nom de guerre trop transparent pour les lecteurs, ils se font alors un nom nouveau. Fray Gabriel Tellez, par exemple, s'appellera Tirso de Molina; le grand Lope redeviendra l'humble licencié Burguillos, et Cadalso lui-même sera tour à tour don Juan del Valle ou don Jose Vazquez; ce dernier nom, au surplus, était celui de sa mère. Ainsi l'auteur, imprimant son livre, se donne un pseudonyme de son choix; et, ayant à parler de lui-même dans ses vers, il prendra un autre nom, un nom connu, accepté de tous, qui est celui de son rôle dans cette poétique Arcadie des beaux esprits.

En 1771, Cadalso était à Salamanque, dans cet autre centre glorieux de la science espagnole. Il y trouvait tout un cénacle des plus aimables poëtes de cette époque; Fray Diego Gonzalez qui, augustin comme Fray Luis de Léon, avait pris, non sans succès, ce dernier pour modèle, et a doté la poésie espagnole d'un de ses petits chefs-d'œuvre, le récit de la mort d'une chauve-souris martyrisée par des écoliers; Don Jose Iglesias, poëte satirique, plein de sel et de grâce; enfin, un jeune poëte qui devait les effacer tous et Cadalso lui-même, son ami et son maître, je veux parler de Melendez. Comme la plupart de leurs devanciers, et bon nombre de leurs successeurs, la plupart de ces poëtes portaient la soutane du prêtre ou la robe du moine, et on ne voit pas que leur libre inspiration ait rien perdu. Mais ce devait être quelque chose de piquant que cette docte et, en apparence, si grave académie, présidée par un brillant officier de cavalerie. Cet honneur qui semble lui avoir été naturellement déféré, à quoi le devait-il? Précisément peut-être à cet uniforme qui le tirait de pair; mais surtout, il faut le croire, à cette renommée de connaissances si variées qu'il avait rapportées de l'étranger, et à ce bon goût qu'il avait eu l'art de conserver dans son intégrité castillane parmi tant d'écueils où maints autres s'étaient brisés.

La poésie espagnole, à cette époque, cherchait sa voie entre mille sentiers confus. Vicente Garcia de la Huerta, poëte de talent, mais sans goût, restait fidèle à tous les défauts de l'ancienne école purement castillane. Son caractère hautain ne lui permettait pas de profiter des nouvelles influences que d'autres tout près de lui faisaient prévaloir dans la poésie, le premier des Moratin, et les deux fabulistes Iriarte et Samaniego. Ces deux derniers surtout, dans leurs petits récits, aussi naturels qu'ingénieux, cherchaient à donner à cette muse, jusque-là si altière, les allures plus humbles de la prose. Cadalso, ami de tous, et, comme les derniers venus, admirateur éclairé des muses étrangères, se tient dans un milieu discret. Plus, quand il attaque les excès inintelligents de l'importation littéraire, il se sent lui-même tout imprégné de cet air nouveau qui souffle sur l'Espagne, plus, quand il écrit de verve, il prend à tâche de rester fidèle aux anciens modèles, Garcilaso et Villegas.

Toutefois le premier ouvrage qu'il fit imprimer fut une tragédie qui n'a ni le mouvement ni le style de l'ancien théâtre espagnol. *Don Sancho Garcia, comte de Castille*, est une de ces pâles et froides imitations de notre scène, où l'on croit faire comme nos grands maîtres, parce qu'on écarte la réalité vive, sans la remplacer par cette profonde connaissance du cœur humain, par cette délicate analyse de ses passions, par cette peinture exacte et modérée des caractères qui font d'une belle tragédie française un tout mélodieux et idéal. *Don Sancho Garcia* eut peu de succès. On en a cependant retenu quelques vers heureux.

L'année suivante, Cadalso publiait enfin le petit livre qui devait lui marquer sa place à la tête des meilleurs esprits de son temps : les *Savants à l'eau rose.* C'est une satire ingénieuse contre ces esprits superficiels, qui veulent tout savoir et ne rien apprendre, et, en particulier, contre ces jeunes Espagnols qui, ayant parcouru l'Europe et éblouis d'une civilisation qu'ils ne comprennent pas, recouvrent leur ignorance d'un vernis d'impertinente supériorité. C'est un art qui mérite qu'on l'apprenne et dont Cadalso tient école. Mais que chacun se rassure : le cours entier n'a que sept leçons, et chaque jour de la semaine suffit à l'une des branches de la connaissance humaine. Une science qui s'apprend si vite ne doit pas coûter davantage à enseigner. On comprend d'avance qu'un pareil enseignement ne peut être qu'une ironie perpétuelle. Quelques citations donneront une idée de ce tour vif, enjoué, et on verra par là ce que la raillerie de Cadalso cache d'érudition véritable et de bon sens aiguisé ! Je les emprunte naturellement au chapitre qui traite de la rhétorique et de la poésie. Il nous fournira, chemin faisant, quelques appréciations qui ne seront peut-être pas sans intérêt.

Le professeur parle de l'*Énéide :* « Passez au livre IV, qui est le plus charmant : dites ce qui a trait à la forêt, à la tempête, à la caverne ; et, de cette manière, prenez une fleur de chaque bouquet dans toute l'étendue de l'œuvre, et tout le monde vous tiendra pour grand poëte, si grand même, qu'on vous chargera d'achever les vers que Virgile a laissés incomplets...

« En ce qui est de nos épiques, Ercilla est le seul que vous nommerez, et encore n'en citerez-vous que le discours de Colocolo, que vous louerez beaucoup, parce qu'il a été loué par un Français célèbre, vous gardant bien de louer d'autres morceaux excellents qui s'y trouvent aussi; mais quoi ! le susdit Français ne les a pas loués.... ».

Ce n'étaient pas seulement ses élèves, mais tous ses compatriotes, que Cadalso devait trouver un peu froids à l'endroit d'Ercilla. La première fois que je lus en espagnol et dans l'original le poëme de l'*Araucana*, plein d'admiration pour cette œuvre héroïque, écrite de la main d'un soldat, j'allais partout, comme la Fontaine, demandant à chacun : Avez-vous lu... Barruch ? non, l'*Araucana*? Et, voyant avec quelle froideur ma question était accueillie, je craignais de m'être mépris. Cadalso m'a réconcilié avec mon admiration première. Il ne perd pas une occasion, dans ses vers comme dans sa prose, de citer Ercilla, et toujours il le range parmi les plus grands. Je lui devrai d'oser relire l'*Araucana*.

Je continue, ou plutôt je laisse continuer Cadalso : « Parmi les Français, célébrez Boileau, ses satires, son Art poétique, et apprenez par cœur, sans en perdre une syllabe, ce beau passage où il veut bien nous traiter de sauvages, parce que nous n'aimons pas les comédies à unités. Dites qu'il a répandu la bonne semence de la vraie poésie cultivée par Racine, par Corneille et leurs successeurs. Citez un morceau de chacun d'eux, en ajoutant que le chef-d'œuvre du premier est le *Cid*, et *Phèdre* celui du second; mais en vous gardant bien de dire que ce *Cid* appartient à notre Guillen de Castro, quoique si bien vêtu et peigné à la française, que personne ne saurait dire qu'il a été espagnol. »

Il faut rapprocher de ce passage une page jetée ailleurs et qui le complète en le développant :

« J'ai dit que cet illustre père du théâtre français a fait un *Cid* qui ne paraît pas espagnol, et, je le répète, car, outre que je l'ai vu moi-même vêtu et peigné à la française avec son justaucorps, sa veste, sa culotte, taillés à la dernière mode de Paris, en l'an de grâce 1757, il lui arrive souvent de dire des choses peu conformes au génie de nos pères, en ces âges reculés, et particulièrement à celui du Cid, Ruy Diaz de Vivar, ce héros qui montait Babieça, qui portait Tisona à son côté, qui prit Valence, qui fut l'amour de doña Jimena, et qui est enterré dans le monastère de San Pedro de Cardeña, par lequel il avait coutume de jurer, avec une élégance qui témoigne de la foi très-vive qu'il avait dans le cœur, selon le proverbe : celui-là croit bien qui jure bien. Quelque fondées que soient les critiques qu'en ont faites certains ennemis de Corneille, en en citant des morceaux entiers tirés de l'original espagnol, la tragédie du *Cid* mérite qu'on en fasse une bonne traduction, afin qu'en la comparant avec l'œuvre de Guillen de Castro on juge des différences de goût qui peuvent se produire entre des siècles si rapprochés et dans des pays si voisins. »

Je n'étais pas fâché de marquer ici, en passant, chez un des esprits les plus modérés de l'Espagne, au dernier siècle, le sentiment espagnol à l'endroit du *Cid* de Corneille. Je sais tout ce que l'on peut répondre et ce que cent fois on a répondu. C'est désormais querelle jugée, une de ces batailles après lesquelles chacun chante le *Te Deum* de son côté. Mais, tout en gardant mon admiration profonde pour le *Cid*, que j'appellerai le *Cid* français puisqu'il ressemble si peu au *Cid* espagnol, j'avouerai que l'autre soir, en voyant jouer la comédie de Guillen de Castro sur le théâtre d'une petite ville, je m'étonnais que Corneille y eût laissé encore tant de beautés qu'il pouvait si bien prendre, et je me demandai en applaudissant si la critique française avait assez hautement rendu justice au premier auteur de ce chef-d'œuvre.

Parlant de *Phèdre*, Cadalsò ajoute : « Vous ne dites pas davantage que, dans la *Phèdre*, il y a un récit enflé, boursouflé, pompeux, du genre de ceux que l'on critique tant chez nos pauvres auteurs du siècle passé. » Cadalso a raison ici dans une certaine mesure; mais il oublie de dire une chose, c'est que ce récit de Théramène, dont nous admirons fort la poésie, au point de vue dramatique, nous le blâmons comme lui, sévères ici envers Racine comme envers Lope de Vega.

Le dimanche, le professeur résume son cours, et traite en courant de certaines sciences et de plusieurs sujets qui avaient échappé à son rapide enseignement : l'histoire, les langues vivantes, le blason, la musique, les voyages et la critique. Je détache une page piquante relative aux langues :

« Les langues vivantes forment aujourd'hui une partie fort importante de l'érudition et de l'éducation. Je vous demande en grâce de ne pas prendre cette étude au sérieux : car d'apprendre le français, l'anglais, l'italien, l'allemand, c'est un travail qui demanderait quatre vies entières, et plus encore si on voulait apprendre à fond l'origine de ces langues, leurs variations, leur caractère, en quoi elles sont riches, en quoi elles sont pauvres, leurs progrès, leurs rapports, leur usage. Il suffira que vous sachiez du français ce qu'il en faut pour lire certains livres qui sont tout sucre et tout miel ; de l'italien, ce qui est nécessaire pour entendre les ariettes que chantera une dame. Dites de l'anglais que c'est la langue des oiseaux, qu'elle a peu de règles, et que d'ordinaire le signe du génitif, de l'ablatif et du datif se met à la fin de la phrase ; que, dans la poésie, ils coupent des mots par la moitié, comme le maçon casse une brique pour la faire entrer dans un mur. De l'allemand, dites que c'est une langue très-rude, mais louez son antiquité. Si vous dites que, dans notre idiome, tous les mots qui commencent par *al* sont d'origine arabe, vous passerez pour un interprète universel, et vous aurez toutes les voix pour être nommé archiviste de la tour de Babel.

« Je ne trouve en tout ceci qu'un seul et léger inconvénient. Je crains qu'avec cette imparfaite connaissance de tant d'idiomes vous ne parveniez à oublier celui de notre pays. Mais c'est un petit scrupule qu'il faut laisser de côté, et, pour vous consoler, dites-vous qu'avec tous ces bouts de langue on doit aisément faire une langue entière, comme d'une foule de petits cierges on fait un cierge pascal. Plaignez-vous souvent de la pauvreté de l'idiome castillan, et dites que Charles-Quint était un pauvre sire, quand il prétendait que c'était la meilleure langue pour s'adresser à Dieu, sans doute parce qu'il croyait y trouver beaucoup de majesté, d'abondance, de douceur et d'énergie. Dites que nous n'avons rien en espagnol qui réponde aux mots français *coquetterie, papillotage, persiflage* et autres de la même importance, rien qui réponde aux mots anglais *rake, freethinker.* Emportez-vous, autant qu'il sied à un savant, contre les Espagnols qui soutiennent que leur idiome est susceptible de toutes les beautés imaginables; qui, pour le prouver, citent de leurs auteurs anciens des passages que nous n'entendons plus, et qui s'opposent à l'entrée de tout barbarisme ou de tout mot étranger, comme si c'était une armée de Maures débarquant sur la côte de Grenade. »

Ce sensé badinage eut un succès éclatant et marqua aussitôt la place de Cadalso. Cette fine critique, dans laquelle l'instinct castillan est très-heureusement tempéré par un rare bon sens, était chose redevenue nouvelle en Espagne, et se rattachait, par un fil imperceptible, mais solide, à l'exquise tradition de Cervantes. La même année, Cadalso donnait un supplément à son œuvre, lequel n'est inférieur à l'œuvre même sous aucun rapport; c'est la même verve, le même sel, la même opportunité. Armés de cette science, enlevée d'assaut comme une redoute mal défendue, les disciples se sont présentés dans le monde, et le poëte, le philosophe, le mathématicien, le jurisconsulte, le théologien, racontent tour à tour au maître, dans des lettres dont chacune est une petite scène de comédie, comment leur orgueilleuse et facile théorie est venue échouer devant le simple bon sens, devant la plus humble remarque d'un homme du métier. Le récit de tous ces désappointements est la moralité de l'œuvre entière.

Il y a tout un chapitre à part sur les voyages, chapitre rempli d'observations judicieuses et bonnes pour tous les temps. Ce sont les conseils d'un père à son fils qui se propose de voyager, véritable voyage à l'*eau rose*, qu'il se propose de réaliser dans ce fauteuil devant lequel Alfred de Musset vit passer un jour de si beaux drames. Le père, homme d'expérience et vieil Espagnol, relève avec un peu d'amertume quelques jugements sur l'Espagne hasardés par Montesquieu dans ses *Lettres persanes*. Il a raison, pleinement raison sur plus d'un point. Mais devait-il prendre au sérieux quelques saillies dont tout le monde avait fait justice après en avoir ri? Il eût été plus digne du sens élevé de Cadalso de ne pas relever des drôleries sans portée, et de prendre acte, au contraire, des pages sérieuses où le grand publiciste, d'accord cette fois avec tous les bons esprits et avec Cadalso lui-même, attribue en partie la décadence de l'Espagne à l'expulsion dernière des Maures, et à ces conquêtes lointaines qui ont ruiné l'Espagne en la couvrant d'or.

Le nom de Montesquieu et les *Lettres persanes* m'amènent naturellement à parler d'un ouvrage que Cadalso écrivit à l'imitation de celui-ci, mais qui ne fut publié qu'après sa mort : les *Lettres marocaines*. C'est une œuvre estimable, mais un peu languissante. Elle est pleine de sages remarques, de nobles sentiments, d'utiles maximes, de piquants récits, écrits avec élégance et bon goût. Mais, outre que toute imitation est froide par elle-même, il sera toujours difficile de faire réussir en Espagne un livre où l'on se raillera de l'Espagne. A part même le merveilleux talent de l'écrivain, le succès des *Lettres persanes* a tenu à ce que, dans un siècle qui remettait tout en question, l'auteur touchait à tout et portait aux institutions les plus graves des coups, d'autant plus terribles que la main semblait plus légère. Rien de pareil ne pouvait être tenté ni permis en Espagne; d'où il résulte que le Marocain de Cadalso, ou l'ami qui lui sert de guide, ayant dû se borner à des ridicules littéraires ou sociaux essentiellement passagers, ces lettres n'ont pu avoir qu'un agrément éphémère et d'où la vie s'est promptement retirée. J'adresserai à l'exécution même un reproche essentiellement littéraire. Un Persan, qui voyage en France, trouve, entre les sentiments, les idées, les croyances, les habitudes qu'il apporte avec lui et ce qui frappe ses yeux, un contraste d'où naît tout le piquant de la forme. Entre un habitant de Fez et l'Espagne, le contraste ne pouvait exister au même degré. Il y eut toujours entre les deux pays des relations qui devaient le rendre moins vif et ôter quelque peu de sa vraisemblance à l'étonnement du voyageur. Mais, si Cadalso l'eût voulu, n'y avait-il pas dans l'idée de ce jeune Maure visitant un pays qui avait été la patrie de ses pères, quelque chose qui prêtait aux plus heureux développements, aux incidents les plus inattendus? Là devait être, selon moi, l'originalité de l'œuvre. Qu'on relise l'*Abencerrage* de M. de Chateaubriand, si l'on veut bien comprendre ma pensée tout entière.

Mais revenons à Salamanque. Il paraîtra, je pense, tout naturel que Cadalso, doué, outre son rare talent poétique, d'un goût exquis, d'un esprit léger, de connaissances si étendues, avec un caractère doux; enjoué, sympathique, et cet ascendant involontaire que prend naturellement l'homme d'épée, même le plus modeste, dans une réunion de simples lettrés, se soit trouvé à Salamanque le chef, le maître, disons mieux, l'oracle de cette école de jeunes poëtes, tous animés d'ailleurs d'une inspiration parente de la sienne.

Mais de tous ces poëtes, il y en avait un que Cadalso entourait d'une affection particulière et presque paternelle; c'était Melendez. Dans ce jeune homme, qui alors n'avait pas encore vingt ans, il voyait avec un tendre étonnement, avec une touchante abnégation, se développer son propre génie, mais avec un éclat supérieur. Pour mieux suivre ses progrès, pour étudier de plus près le développement de son talent, il le prit dans sa maison. Il sentait confusément que Melendez serait son ouvrage le plus accompli, et qu'il y allait de sa gloire à le maintenir dans une bonne voie. Melendez était, à la même époque, la préoccupation d'un autre noble esprit, de Jovellanos, que Cadalso, on l'a vu, avait rencontré et révélé, pour ainsi dire, à lui-même, à Ilenarez, et qui, maintenant magistrat à Séville, s'associait de loin, par d'austères conseils, à l'œuvre paternelle de son ancien maître.

Je trouve dans les poésies de Cadalso une gracieuse petite pièce qui doit se rapporter au commencement de cette époque de douce initiation mêlée déjà d'admiration. Elle a pour titre : « A l'occasion de la rencontre faite, à Salamanque, d'un nouveau poëte d'un goût exquis, particulièrement dans les compositions tendres. »

Plus tard il lui adressait ce morceau plein d'une grâce mélancolique et attendrie :

« Mon printemps est passé (les années chères à l'amour et à Phœbus, qui jamais les rappellera?), et je n'ose joindre ma voix épuisée à ton souffle jeune et frais;

« Sinon je chanterais mes amours au ton de ta lyre, et au ton de la mienne tu chanterais parmi les fleurs; ainsi font les rossignols dans un harmonieux accord.

« Mais poursuis, poursuis tes chants!... ne perds pas le temps de ta florissante jeunesse, pendant que j'achève ma vie ennuyée et si mal employée dans les camps et dans les cours.

« Sur les ailes de la renommée, tes chants viendront frapper mes oreilles, soit que la trompette m'appelle aux mers jadis conquises, ou parmi les peuplades révoltées de l'Inde;

« Soit que je porte au pôle antarctique les bannières du grand Charles, partout Apollon me dira tes vers, et les peuples accourront pour les entendre et y applaudir.

« Ni le fracas horrible de Neptune me menaçant d'une mort sans pitié, ni le tumulte de Mars, ne troubleront mon âme quand l'harmonie de tes vers viendra caresser mon oreille.

« Et, si la dure Parque refuse à ma vie de plus longs délais, et que, dans la barque funèbre, je me voie emporté sur le Styx aux délices de l'Élysée,

« J'entendrai Catulle couché à l'ombre d'un myrte, entre Properce et Tibulle, lire avec étonnement les vers que la muse t'a dictés;

« Je verrai s'approcher, inquiets, au bruit sonore, Laso et Villegas; ils répéteront avec envie : Quel céleste prodige! qui donc Apollon a-t-il doué d'un tel souffle?

« Et moi, témoin de ta gloire, dont je ferai la mienne, je dirai : Je fus son ami; il m'aimait et le disait en vers délicieux.

« Je me vois alors au milieu d'eux tous, assailli de mille questions : qui tu es, et quels dons sont les tiens, et quelle est la bergère que tu aimes, et comment elle danse quand tu fais résonner ta lyre.

« Et avec la même tendresse qu'un père raconte les grâces et la beauté de son fils bien-aimé, et se sent grandir lui-même, s'il voit qu'on l'écoute avec charme, à mon tour, je chanterai ton nom, ta patrie, ton génie, tes vers, et quelle sera leur admiration quand je leur dirai ton élégie *à la mémoire de ma chère Philis!* »

J'ai cherché dans les œuvres de Melendez les pièces qui ont gardé la trace de cette poétique amitié. Je trouve d'abord dans une églogue ce joli passage :

« Et Dalmiro chantait, celui qui a été à la guerre et qui a vu les contrées où meurt le jour, que le fleuve de nos montagnes ne ressemblait en rien à cette mer superbe qui répand la terreur. Il disait, je m'en souviens, que la mer irritée par le vent rendait d'horribles gémissements; qu'elle semblait vouloir aller se briser avec ses vagues contre le ciel couvert de nuages, dévorant les navires comme nos fleuves emportent les cabanes, et qu'alors le dernier cri des pauvres mourants déchirait le cœur, comme si on entendait le faible bêlement d'une brebis blessée, ou du petit chevreau qui réclame sa mère. »

Ailleurs, dans une ode charmante, Melendez célèbre la douceur des vers saphiques de son ami, le capitaine don Jose Cadalso; il termine ainsi :

« Quand tu chantes, tout se tait; ta voix résonne; l'harmonieux concert peuple l'air et ravit l'âme dans une amoureuse extase.

« Poursuis, ô poëte souverain, et que rien ne suspende ton chant limpide et sonore; use du don sublime que d'une main prodigue ont répandu sur toi Apollon et l'Amour.

« Jouis-en longtemps, et que toujours la douce langueur de tes accents, enchantant mon oreille, me remplisse d'une tendresse céleste, d'un immortel contentement. »

Ailleurs encore, il adresse à Cadalso une ode remplie du plus vif enthousiasme, à l'occasion de celle qu'il avait lui-même adressée à Moratin. Celui qui avait l'âme si naturellement ouverte aux pures émotions de la poésie et de l'amitié devait achever, à Montpellier, le 21 mai 1817, dans l'abandon et la tristesse, une vieillesse éprouvée par les violences populaires, par l'exil et la pauvreté. Trente-sept ans auparavant, il avait vu mourir, dans la fleur de l'âge, son maître et son ami.

Mais nous ne sommes encore qu'à cette heureuse époque où Cadalso, tenant garnison à Salamanque, ne trouvait parmi ses émules que des amis ou des disciples.

En 1773, encouragé par le brillant accueil fait à sa prose, et toujours sous le transparent pseudonyme de don Jose Vazquez, il publie le recueil de ses vers. Arrêtons-nous à l'examiner. Reflet d'une vie studieuse et en même temps agitée, ou du moins peu stable, il y a de tout dans ce précieux petit recueil. Il a pour titre : *Loisirs de ma jeunesse.* Cadalso était de ces poëtes qui, se dévouant à leur carrière, regardent la poésie comme l'heureux privilége du jeune âge, lui disent adieu en même temps qu'à la jeunesse, et ne lui demandent plus, durant le reste de leur vie, que de rares faveurs, aux heures secrètes d'un repos chèrement payé d'avance. En publiant son recueil, Cadalso ne renonçait pas à la poésie, mais il ne paraît pas qu'il en ait beaucoup multiplié les pages. Il avait mis le meilleur et le plus exquis de lui-même dans cette œuvre de ses jeunes années.

Il envoie son livre à Madrid, l'adressant à Ortelio, le plus cher de ses amis; Ortelio, nous l'avons dit, c'était le poëte Vicente Garcia de la Huerta. En se séparant de ses vers, Cadalso leur dit, comme avant lui Horace d'abord et ensuite Ovide : « Allez, mes heureux vers; allez, ô ma consolation, allez à la cour du plus bienveillant des monarques, de cette cabane au toit de chaume, qui fut notre berceau et mon doux refuge. Allez où l'humble Manzanarès baigne le pied du superbe palais des rois. Mais, dans l'innocente pensée que vous êtes mes enfants, engendrés dans les larmes et nés dans la peine, n'allez pas vous faire illusion et perdre vos pas et vos efforts; cherchez un Mécène entre les puissants. Au milieu du luxe des livres dorés, quelle figure feraient les simples feuillets du petit livre où ma mélancolie a gravé ses soupirs? N'allez pas davantage, follement orgueilleux, demander aux savants qu'ils vous placent à côté d'Ovide, de Boscan, de Garcilaso, de Martial, de Virgile, d'Argensola, de Lope et du divin Homère. Faibles comme vous êtes, ne vous exposez pas au danger; car, même dans un golfe, les petites barques peuvent se perdre entre les navires qui emportent de Cadix, aux mers de l'Inde, les armes de Charles, sa foi et son empire. »

On a ici le ton de Caldaso et le tour ingénieux de sa pensée. Il s'éleva quelquefois plus haut, mais rarement et pour peu de temps. A voir le brillant uniforme qu'il a revêtu si jeune et qu'il porta toute sa vie, on pourrait croire sa muse ambitieuse et hardie, mais il n'en est rien; l'odeur de la poudre a pu un moment lui monter au cerveau, mais l'ivresse a été courte, et bientôt il ne lui est resté du choix qu'il a fait de la carrière des armes que le sentiment des sévères devoirs qu'elle impose :

« Les neuf sœurs ne devaient leurs éloges qu'aux âmes fières et inhumaines;

« Mon âme s'emplissait de fureurs, quand je lisais l'histoire de Quinte-Curce ou celle de Solis, flatteurs d'Alexandre et de Cortès.

« J'enviais à l'un et à l'autre la gloire qu'ils avaient eue de voir sur Montezuma et sur Darius la fortune et la victoire épuiser leurs caprices.

« Un héros sage, un pieux monarque, me semblaient indignes de leur race, et le livre de leur vie indigne d'être étudié.....

« Je me réjouissais de voir rouler sur la rude Espagne le char retentissant de Mars... »

Mais cet enthousiasme dura peu; et, dans une autre pièce d'une tout autre manière, il semble avoir voulu répondre à celle-ci :

« Reviens, ô ma douce lyre! reviens à ton humble style, et laisse les Homères chanter les Achilles. »

Il avait d'abord essayé du ton héroïque. Outre sa tragédie de *don Garcia*, une héroïde de Florinde, morceau élégant, mais peu ému, donne la mesure de ce qu'il peut faire dans ce genre. Plus heureux dans l'expression des idées morales, il a adressé à la Fortune une épître où l'on trouve des accents fermes et élevés. Une fois, dans une ode à Moratin, il a rencontré l'essor lyrique; mais il se soutient peu à une certaine hauteur. Disciple de Villegas, à des siècles de distance, et gracieux précurseur de Melendez, Cadalso est surtout un poëte anacréontique. Il est tout entier dans cette leste et ravissante petite pièce :

« Quel est celui qui descend de cette colline, une bouteille dans la main, le sourire sur les lèvres, la tête couronnée de pampres et de lierre, entouré de bergers, accompagné de nymphes qui, aux sons du tambour de basque, répandent leur allégresse, célèbrent ses exploits, applaudissent à sa venue? A coup sûr, c'est Bacchus, le père du raisin; mais non, c'est le poëte, auteur de cette *letrilla*. »

Ailleurs, il se peindra lui-même : « Disciple d'Apelles, s'il te prend fantaisie d'employer ton beau pinceau à reproduire ce laid visage, ne va pas me peindre renfrogné, les yeux pleins de courroux, portant dans la main droite la fameuse épée de Tolède, dans la gauche le frein de quelque monstre belliqueux, ardent comme la foudre, léger comme le vent, et sur la poitrine l'insigne qui, dans les siècles glorieux, animait les nôtres au combat, et faisait tomber les Maures la face contre-terre. Ne couvre pas ce corps d'un costume militaire, bleu et rouge, relevé de l'or des Indes. Ne me représente pas davantage comme un savant prétentieux, entouré de livres et de plans, de cartes et de sphères. Garde ces attributs pour les sublimes insensés qui aspirent à l'honneur de vivre dans les siècles lointains. Pour moi, dont toute l'ambition est d'achever dans le repos le cours monotone de cette vie fragile, montre sur mon visage la sérénité de mon âme, l'enjouement sur mon front, la volupté sur mes lèvres. Couronne ma tête avec le thym odorant, avec le myrte amoureux, avec le pampre, source d'une douce ivresse. Que mes cheveux épars couvrent mes épaules, et que ma loyale poitrine respire librement. Dans ma main droite mets une large coupe, ruisselante du nectar de Jerez, ou de celui qui mûrit dans les plaines de la Manche, » etc, etc.

Il y a dans tout ceci, j'en conviens, un peu trop de mythologie bachique; mais, sous cet appareil un peu suranné, le sentiment reste espagnol, et la verve ne dépasse jamais certaine limite. Ce sont, d'ailleurs, chansons de la jeunesse, et pour lesquelles demanderaient grâce, au besoin, la vie sérieuse et la mort prématurée du poëte. Tout en se laissant aller à ces entraînements d'une muse andalouse, il s'inquiète parfois de ce que pensera du sujet de ses vers son austère ami Ortelio. « Son génie, dit-il quelque part, n'aura jamais d'éloges que pour ce qu'il y a de plus sublime et de plus relevé; la sérénité de son visage s'offusquerait d'une pensée honteuse, d'une parole malséante. » Et ailleurs, lui envoyant quelques manuscrits, il voit d'avance son ami s'étonner de n'y trouver que des bagatelles, et il ajoute: « Déjà tu fronces, déjà tu hausses ce sourcil redoutable; déjà tu laisses échapper le manuscrit et tu dis : « Pour-« quoi, pour de pareils jouets, abandonner les points « importants? »

Mais je plains Vicente Garcia de la Huerta si, dans son

goût hautain, il demeurait insensible à la délicieuse pièce que je vais essayer de traduire.

« Je meurs d'amour, accours, ô ma mère! Si tu ne viens vite, tu me verras mourir.

« J'ai quatorze ans; je les eus hier, le prèmier d'avril, le mois fleuri; et petits et petites ne cessent de me répéter : « Dis, Mariquitta, est-ce qu'on ne te marie « pas? »

« Je meurs d'amour, etc.

« Ce que je sais, ô mère chérie, c'est que là-bas, dans le jardin, me voyant seule, je me suis regardée longtemps dans le petit miroir que, à la foire dernière, me donna, à Madrid, mon cousin Luis.

« Je meurs d'amour, etc.

« Je me regardai, je me regardai cent fois, mille fois; et je dis en pleurant : « Pauvre de moi! Faut-il donc « perdre ce doux sourire, ce tendre regard? Ah! mal- « heureuse enfant! »

« Je meurs d'amour, etc.

« Et aussitôt j'ouïs dans mon cœur comme une voix de fée qui se mettait à dire : « Une jeune fille qu'on ne « marie pas, à quoi sert-elle? Mariée, une vieille même « est plus heureuse. »

« Je meurs d'amour, etc.

« Si tu ne veux aller par la ville me chercher un amoureux, laisse-moi ce soin. J'en trouverai tant, que j'aurai à choisir, et sans, pour cela, sortir de la rue.

« Je meurs d'amour, etc.

« Tout à côté, un jeune garçon vit comme un séraplein ; il entend la même messe que moi. Si je vais seule, il se glisse tout près de moi ; si tu m'accompagnes, il se tient plus loin.

« Je meurs d'amour, etc.

« Il me regarde, et je le regarde ; s'il m'a vu, je le vois ; et le voilà, que le carmin n'est pas plus rouge. Si pareille chose lui arrive, au pauvre garçon, dis, ma mère, que veux-tu qu'il m'arrive, à moi?

« Je meurs d'amour, etc.

« En face en est un autre, celui-là rempli de malice, qui, en passant, me regarde et rit. Il marche sans bruit derrière moi et me suit pour voir où je vais.

« Je meurs d'amour, etc.

« Il y en a un autre qui, d'un air gracieux, passe cent fois dans la rue, ai-je dit cent ou mille? et qui dit à notre suivante : « Ta maîtresse est jolie, te parle-t-elle de moi? »

« Je meurs d'amour, accours, ô ma mère! Si tu ne te hâtes, tu me verras mourir. »

J'ai dit que Cadalso aimait les champs et qu'il se plaisait à les célébrer. Quelquefois sans doute, las de la vie active, il se voyait d'avance retiré dans quelque village, d'où il se promettait bien de ne plus sortir. Il avait sans doute, au bord de l'Èbre, sur la côte de l'ancienne Cantabrie, dont sa famille était originaire, et que deux fois il appelle sa patrie, quelqu'une de ces antiques et chères masures vers laquelle se tourne toujours et de partout la pensée du poëte, du voyageur, du soldat, de tous ceux enfin que la destinée entraîne dans ses mille chemins.

Voici une des fêtes champêtres que Cadalso promet à son imagination et à sa vieillesse. Sous le charme de l'Idylle, on sent battre le cœur du soldat :

« Notre Espagne produit pour se défendre les chevaux du Bétis, le fer de Cantabrie, et ce vieux sang des Goths qui se répand avec joie dès que la patrie le demande, dès que le roi l'ordonne. Elle a, pour se réjouir, les fruits délicats, les poissons de ses côtes que baignent deux mers, et les trésors que Bacchus prodigue à Malaga, à Jerez, à Péralta, à Tudela et dans la Manche voisine. Donc allons, mes amis, pendant que les divinités protectrices de l'heureuse Espagne daignent nous accorder une paix tranquille dont se réjouissent les sillons, les vignes et les vergers, les cabanes et les troupeaux ; vivons et jouissons de tout ce que nous donne d'une main libérale la nature avare pour tant d'autres. Venez, venez joyeusement, bergères et bergers ; venez avec castagnettes, tambourins, tambours de basques, guitares et musettes, venez à ma chaumière humble mais riante, où manque le luxe, mais où l'agrément abonde. De ce côté les jeunes garçons, de celui-ci les jeunes filles, et ici devant ma porte les vieux et les vieilles. Qu'ils pleurent de joie à l'aspect de leur postérité chérie. Mêlez aux danses joyeuses les joyeux refrains, pendant qu'on prépare le repas rustique, pendant que du meilleur vin on apporte au moins vingt outres, les jambons de Galice, les salaisons de Biscaie, les olives de Séville, les pommes d'Aragon. Chantez les vieilles romances tombées dans un injuste oubli, comme à nos aïeules les chantaient les leurs. Dites-nous comment Rodrigue, le dernier roi et le plus malheureux de la race des Goths, se perdit pour l'amour de la méchante Cava, et laissa l'Espagne perdue aux mains des Africains, et désormais captives ses provinces désolées. Dites comment Pélage sortit des montagnes avec ce qu'il put trouver de compagnons : ils étaient peu, mais braves.... De ce doux siége qui fut celui de mes aïeux et qui passera à mes petits neveux, j'entendrai vos chansons et je verrai vos danses... Chantez donc et dansez avec allégresse, si dure la paix sainte; mais, si Mars vous trouble de ses fureurs, s'il fait retentir ses trompettes et ses tambours, laissez-là ces plaisirs et courez aux armes; car notre Espagne produit pour se défendre les chevaux du Bétis, le fer de Cantabrie, et ce vieux sang des Goths qui se répand avec joie, dès que la patrie le demande, dès que le roi l'ordonne. »

Cependant les garnisons sont journalières comme les armes. Le régiment de Cadalso dut quitter Salamanque, et il fut envoyé en Estrémadure, dans la petite ville de Montijo. Là, ayant pour toute distraction l'obscur labeur d'un cours de tactique dont il s'acquittait, du reste, à merveille, il enviait à Iriarte la bonne fortune qu'il avait de vivre à Madrid, au milieu des poëtes, des littérateurs les plus distingués. Mais l'ingénieux fabuliste lui répondait par le tableau peu flatté des misères littéraires du moment : « Toi qui te vois exilé dans ce coin de l'Estrémadure, si triste et si solitaire, que tu crois habiter le pôle antarctique, cesse de m'envier le bonheur de résider ici, où tu t'imagines que je vis dans la société des muses et pagnoles et latines, et où tu penses que l'amour des lettres est tenu en haute estime. Que tu juges mal, cher Dalmiro, du lamentable état du savoir dans cette cour, il y a deux siècles, la maîtresse des sciences, et dans le nôtre l'humble apprentie du génie du Nord. »

Iriarte était l'un de ceux qui faisaient rude guerre à cette aveugle imitation des œuvres étrangères. Son épître finit ainsi :

« Pour peu que tu éprouves de tristesse à te voir éloigné de ce monde littéraire dont je viens de te tracer l'esquisse, je changerais volontiers mon sort contre le tien, et volontiers je vivrais solitaire à Montijo où j'aurais à traiter avec de simples laboureurs, et non avec des sots qui se donnent pour docteurs. Enfin, cher Dalmiro, faisons un marché, mais j'ai grand peur qu'il ne te déplaise; si tu veux m'envoyer un ignorant candide, je te ferai présent d'un pédant présomptueux. »

Deux ans après, Iriarte lui dédiait sa traduction de l'Art poétique d'Horace, et on conviendra que nul en Espagne n'était alors plus digne d'une telle dédicace.

Après cet hommage rendu au poëte par un poëte, on aimera peut-être à voir comment parlait du commandant Cadalso son inspecteur général, comme nous dirions aujourd'hui : « Cet officier, écrivait dans l'un de ses rapports don Antonio Ricardos Carillo, cet officier a une valeur remarquable, un talent distingué; il a fait preuve d'une rare application dans l'emploi qu'il occupe, et, quand il aura corrigé dans sa conduite certaines saillies de jeune homme, on peut attendre de lui les plus utiles services. » Qu'on me dise si un poëte eut jamais brevet pareil. Mais, n'en déplaise au grave tacticien Ricardos, nous serions bien fâché de ne pas voir percer un peu la bonne humeur du poëte dans ces vivacités de jeunesse dont on l'invite à se corriger.

La mort ne lui en laissa pas le temps. La guerre ayant éclaté entre l'Espagne et l'Angleterre en 1759, Cadalso conduisit son régiment devant Gibraltar. Le général en chef de l'armée, don Martin Alvarez de Sotomayor le prit alors pour aide-de-camp et lui fit donner, vers la fin de 1781, le grade de colonel. Cadalso, plus que jamais le premier au danger, paya de sa vie ces faveurs méritées. Ayant été envoyé en reconnaissance vers une batterie, en face de Gibraltar, dans la soirée du 27 février 1782, on vit, à neuf heures et demie, s'élever de la batterie ennemie qui portait le nom d'Ulysse, une grenade qui se dirigeait du côté où se trouvait le jeune colonel. On se hâta de l'avertir du danger dont il était menacé, mais il dédaigna de se mettre à l'abri, et un éclat de la malheureuse grenade, l'ayant atteint à la tempe droite, lui emporta tout un côté de la tête et mit ainsi fin à sa courte et glorieuse vie; il n'avait guère que quarante ans.

Cette mort fut vivement sentie, même dans l'armée ennemie; des officiers s'associèrent noblement aux regrets que manifestèrent et aux honneurs que décernèrent à sa mémoire les compatriotes de Cadalso, et, plus que personne, le digne général qui en avait fait son aide-de-camp et son ami. Dans le reste de l'Espagne la douleur fut universelle; plusieurs pleurèrent l'officier distingué, tous pleuraient l'homme d'un caractère si aimable, d'un commerce si attrayant et si sûr. Les poëtes menèrent dignement le deuil du poëte. Trois d'entre eux surtout célébrèrent comme elle le méritait cette chère mémoire : le comte de Noroña, qui, ainsi que lui, avait suivi avec éclat la carrière des armes, mais qui, plus heureux, avait gagné une bataille; l'augustin Gonzalez et celui dont la douleur sans doute avait le plus besoin de se consoler en s'épanchant, Juan Melendez. L'ode que ce dernier consacra *à la mort du colonel don Jose Cadalso, son maître et son tendre ami*, est pleine de pathétique sincère et d'élévation. Je n'en citerai que cette saisissante strophe : « Non, jamais cette déplorable image ne sortira de ma pensée; jamais l'horrible spectacle ne cessera de blesser mon cœur. Je vois son front déchiré, ses yeux égarés et tremblants, le fleuve de sang qui sort de la plaie en bouillonnant; j'entends le bruit du bronze impitoyable et la chute, hélas! de celui qui se débat, et déjà sans connaissance se roule dans le sable; ses plaintes, les mots qu'il ne prononce pas; et je vois cette main qui s'agite et demande à tous un secours qu'ils ne peuvent donner. »

L'ode est restée inachevée, mais seulement en apparence, et comme si Melendez eût voulu montrer par là que sa dernière larme sur une telle perte ne tomberait que le dernier jour de sa vie.

Je me suis arrêté avec complaisance à raconter la noble vie, à analyser et à peindre le talent exquis de Cadalso;

mais c'est que j'éprouve un attrait irrésistible pour ces généreuses natures de poëtes, qui, plus jaloux de l'honneur des lettres que de leur propre renommée, se dévouent à la gloire des autres. Cadalso fut un de ces amants désintéressés de la muse.

Né à Cadix, il aima le plaisir ; mais il le chanta avec grâce, candeur et mesure. J'aurais été bien étonné si sur ce poétique rocher Dieu n'avait fait naître un poëte.

IV

LA BAIE DE CADIX

Souvenir du tremblement de terre de Lisbonne et mort du jeune Racine. — La Chaussée. — La Isla. — San Fernando. — La Carraca. — Le collége de Marine. — L'Observatoire. — Le pont de Suazo. — Les Salines. — Chiclana. — Torre-Gorda. — Puntales. — Puerto Real. — Le Trocadero. — Le Puerto Santa Maria. — Le guitarero. — Le coup d'œil de la baie. — Rota.

Séparer Cadix de sa baie, c'est avec le mouvement lui ôter la vie. Lorsque du haut d'une des tours de la cathédrale on a vu s'étendre au midi les plaines immenses de l'Océan, et au nord s'arrondir cette baie magnifique avec ses charmantes villes, Rota, Puerto Real, Puerto Santa-Maria, ses établissements maritimes, ses travaux de défense, Cadix n'est plus le vaisseau de pierre dont nous parlions dans un précédent chapitre, mais la tête et le centre d'un vaste système dont on ne saurait le séparer. Je ne pouvais surtout détacher mes regards de la baie. Chacun des points lumineux de l'harmonieux contour m'attirait insensiblement comme un mystère d'amour, de fraîcheur et de poésie. Redescendu dans la ville, je me sentais comme étouffé dans ses rues étroites qui tout à l'heure encore m'avaient paru si jolies. J'avais gardé dans le cœur un désir insurmontable de forcer les barrières de cette prison, pour aller respirer sur ces fortunés et prochains rivages un air plus pur, les parfums de la terre.

La seule porte qui mène au continent s'appelle de ce nom significatif : la Porte de Terre. Si pressé que je fusse de l'atteindre, je pris par la partie de la muraille opposée à la baie pour me rendre compte, chemin faisant, des deux châteaux qui, du côté de la mer, sont comme les ouvrages avancés du mur d'enceinte. Le plus rapproché de l'entrée de la baie, le château de Santa Catalina, se dresse à la pointe d'un écueil qui disparaît sous l'eau à la marée montante et qui vient se relier à la Caleta, cette extrémité de l'île qui, du temps des Romains, formait un amphithéâtre où se représentaient des batailles navales, et par laquelle la mer fit irruption dans la ville, sans doute par un reste de vieille habitude, à l'époque du célèbre tremblement de terre. Par sa position comme par son importance, le château de Santa Catalina est comme la citadelle de Cadix : douze cents hommes y peuvent tenir à l'aise. Fondé au seizième siècle, on n'a pu éclaircir encore si ce fut au commencement ou à la fin.

Aucune incertitude semblable en ce qui concerne le

château de San Sebastian, chargé comme son voisin de défendre aussi cette pointe de l'île. Il fut bâti, en 1613, sur un amas de rochers qui s'élèvent à un demi-quart de lieue en mer, et qui, au dire de quelques érudits, seraient les ruines d'un ancien temple de Saturne. Ce fort peut être, en cas d'attaque, armé d'une manière formidable.

Nous voici enfin devant la porte de Terre. C'est le seul point par où Cadix est accessible à une armée. Aussi ce point est-il de tous le plus fortifié. L'ennemi, que cette langue de terre, qui joint Cadix au continent, amènerait devant la Porte de Terre, la trouverait défendue par de solides retranchements et de hautes murailles qui dans leurs flancs épais recèlent deux casernes à l'épreuve de la bombe. Quand je fus sorti de ces voûtes basses et ténébreuses, quand j'eus franchi je ne sais combien de ponts-levis, je me sentis rouler sur une route charmante, bordée de chaque côté de ces peupliers blancs, communs en Andalousie, et qui, quoique arrêtés dans leur croissance par le vent de la mer, n'en ont pas moins beaucoup de charme, quand c'est par eux que l'on recommence à se retrouver en commerce avec la terre. A droite et à gauche s'étendent de riches vergers, des jardins embaumés, auxquels, de loin en loin, quelque palmier donne une couleur africaine qui n'est démentie ni par la beauté du ciel ni par les grandes lignes de la mer que les accidents du chemin montrent ou cachent tour à tour. Cette riante culture sert de cadre au joli faubourg de San Jose, dont l'élégante église semble une première ébauche de la cathédrale. Après San Jose, la route se réduit peu à peu à une simple chaussée entre deux plages. A gauche c'est le contour de la baie, à droite la haute mer. « Après le tremblement de 1755, lorsque la mer, se retirant tout à coup, revint contre Cadix, comme pour en finir avec cette ville, les deux mers (dit un témoin oculaire qui a laissé de la catastrophe un récit minutieux, et qui par les deux mers entendait naturellement les eaux de la baie et celles de la haute mer), se joignirent par-dessus la route qui resta à peu près détruite. De ceux qui, fuyant de Cadix, cherchaient un asile à la Isla, bien peu échappèrent à la mort, et il est à croire que le nombre fut grand de ceux qui périrent en ce lieu. On retrouva quelques cadavres qui furent rapportés les uns à Cadix, les autres à la Isla. Mais ce ne fut guère que par charité qu'on les recueillit. » En me rappelant ce passage sur les lieux mêmes dont parle le narrateur, je me disais que le corps du jeune Racine était peut-être l'un de ces cadavres recueillis par la charité! Il allait en poste à un mariage, dit Lebeau dans l'éloge qu'il a écrit de Louis Racine, et cette route par-dessus laquelle se rejoignirent les flots de la mer est la seule, on l'a vu, qui de Cadix mène par terre au continent. J'avais donc sous les yeux le lieu même où étaient venues s'ensevelir tant de douces espérances. Je songeais à ce jeune homme dont le caractère doux, honnête, plein d'une aimable simplicité, disent ses contemporains, retraçait celui de son père et de son aïeul; je songeais surtout à la vieillesse désormais solitaire du second Racine. « Plongé dans la plus amère douleur, continue Lebeau, il put à peine survivre à cette affreuse nouvelle. Il abandonna ses études, il vendit sa bibliothèque et un recueil d'estampes qu'il avait pris plaisir à rassembler; il ne conserva que les livres saints et ceux qui pouvaient entretenir en lui le goût de l'autre vie après laquelle il soupirait. La conversation de quelques amis, les assemblées de notre Académie, un petit jardin qu'il avait loué dans le faubourg Saint-Denis, où il allait tous les jours, dans la belle saison, cultiver des fleurs et des plantes, c'étaient là tous ses plaisirs. » Je songeai aussi au lyrique Lebrun, et, comme une dernière oraison funèbre, je murmurai quelques-uns des beaux vers qu'il adressait, au départ, à son jeune ami, lui reprochant de quitter les muses pour le commerce :

Quoi! tu fuis les neuf Sœurs pour l'aveugle fortune!
Tu quittes l'amitié qui pleure en t'embrassant!
Tu cours aux bords lointains où Cadix voit Neptune
L'enrichir en le menaçant!

Sur les flots où tu suis la déesse volage,
Puissent de longs regrets ne point troubler ton cours!
Les muses, l'amitié, ces délices du sage,
N'ont point d'infidèles retours.

Ton père nous guida tous deux sur le Parnasse;
Nos jeunes ans erraient dans les mêmes sentiers
Nos jeunes cœurs, épris de Tibulle et d'Horace,
Aspiraient aux mêmes lauriers...

Oh! combien ton aïeul frémit au sombre empire
De voir qu'impatient des trésors du Bétis,
Son fils, son doux espoir, sur un frêle navire,
Se livre aux fureurs de Thétis!

Malheur à qui des mers franchit la borne antique!

. . . .

Cependant, après une demi-heure de marche, on arrive à la Cortadura. On appelle de ce nom une profonde tranchée qu'en 1810 les habitants de Cadix firent de leurs mains et à leurs frais, pour y introduire la mer, et avoir, dans l'occasion, un ennemi de plus à opposer à l'armée française. Cette coupure fait de Cadix et de son faubourg comme une première île. Après elle, la chaussée devient plus étroite encore et on dirait d'un pont magnifique jeté sur la mer, qui, à la marée haute, vient en battre les flancs. A ma gauche, je voyais se développer le riche contour de la baie, puis le groupe imposant des édifices dont se compose l'arsenal de la Carraca. A ma droite l'aspect de la mer avait un autre caractère. Elle baissait alors et laissait à découvert une vaste plage hérissée de ces roches sans nombre où les pêcheurs forment, avec leurs filets, des parcs qu'ils viennent fouiller à mer basse. J'avais, moi aussi, une proie à chercher parmi ces algues et ces pierres. Là, m'avait-on dit, on pouvait encore apercevoir quelques vestiges de ce fameux temple d'Hercule. Je voulus voir par mes yeux, et, laissant de côté ma calesa sur la chaussée, j'allai, de rocher en rocher, à la recherche des ruines augustes; mais déjà la mer revenait sur moi, que je n'avais rien découvert. Vainement je regardai au fond des eaux limpides; vainement j'interrogeai la forme des roches elles-mêmes, tout disposé à les prendre pour les puissantes fondations du monument détruit. Alors je me souvins qu'une opinion particulière avait placé le temple d'Hercule à la pointe du rocher où s'élève aujourd'hui le fort de Santi Petri. Un peu désappointé, je regagnai la voiture qui m'avait amené, ne rapportant de mon expédition hasardeuse que cette conviction que le temple d'Hercule a certainement existé, puisque des historiens dignes de foi ont assuré l'avoir vu, mais que, pour en découvrir les fondations, c'est dans l'histoire qu'il faut regarder, et non dans la mer qui efface et emporte tout.

A la Cortadura commence l'île de Léon proprement dite, l'île de San Fernando si l'on veut, ou tout simplement l'île, et, comme on parle ici, la Isla. Peu après la Cortadura, la route qui suit la chaussée se détourne à gauche, et court vers une ville qui porte habituellement les deux noms de l'île, San Fernando ou la Isla. Mais, au point où la route fait angle, elle laisse sur la mer une pointe avancée qui mérite d'arrêter un moment l'attention : cette pointe est celle de Torre-Gorda. Il y avait là, en effet, une grosse tour qui vient d'être utilisée, je crois, pour y placer un télégraphe, et qui ne date que du siècle dernier. Mais, dans les temps anciens, il y en avait une autre dont les fondations sont les mêmes, et qui était l'œuvre des Phéniciens. Celle-ci était un édifice mystérieux, sans portes ni fenêtres, et surmonté d'une idole de bronze; la main droite de l'idole, armée d'une clef, était tournée vers l'Occident comme pour en ouvrir les portes; sa main gauche, tendue vers l'Orient, semblait faire appel à des populations invisibles. Cette tour, dit un auteur arabe, Ibnu Ghalib, avait pour but d'arrêter les vents à l'entrée du détroit, ce qui prouve, pour le dire en passant, que la fantaisie humaine n'invente rien de nouveau; quelqu'un n'a-t-il pas écrit, de nos jours, que les pyramides d'Égypte ont été construites pour contenir les vents du désert? La preuve que donne Ibnu Ghalib paraît peu concluante: « Quand l'idole tomba, dit-il, l'enchantement fut rompu, et on vit la mer se couvrir impunément de bateaux; » ce qui prouve seulement que la tour était construite pour repousser les marins, et non les vents. Comment tombèrent la tour et l'idole? Un des émirs qui plus tard régnèrent sur ces côtes, s'imaginant que le mystérieux édifice cachait des trésors, le démolit pour fouiller ses flancs; mais il n'y trouva rien; et, par un juste châtiment de son avidité, ayant négligé de rebâtir la tour, la côte demeura sans défense. La ville de San Fernando n'a guère moins de vingt-cinq mille habitants, et elle est la capitale des établissements de marine qui se trouvent placés sous le commandement supérieur d'un capitaine général de département. L'Espagne maritime en forme cinq, et le chef-lieu de l'un deux est à San Fernando. La ville primitive s'est successivement appelée, dans l'antiquité, du nom d'Érithrée, de Junon, de Vénus. Elle avait ses racines en pleine mythologie. C'est de là, en effet, qu'Eurysthée aurait chargé Hercule de conduire à Argos les troupeaux de Géryon; ce qui démontre seulement une chose, c'est que, dès ces époques reculées, l'Andalousie avait de ces grands bœufs que nous admirons aujourd'hui. La rue principale de San Fernando, dans sa longueur demesurée, est bordée de belles maisons peu élevées, mais vastes. Je n'y ai guère remarqué qu'un édifice de quelque importance, l'Ayuntamiento.

Mais les véritables monuments de San Fernando, ce sont ses établissements publics. L'arsenal de la Carraca doit être nommé le premier. Ses vastes ateliers occupent un espace immense et forment sept rues entières; mais la plupart ne sont que des ruines. Le feu en a dévoré une partie, et les traces de l'incendie y sont encore toutes récentes; l'incurie en a laissé tomber une autre, et l'argent a manqué pour relever les murailles abandonnées. Je dis l'argent, pour ne pas dire ce souffle puissant qui, au seizième siècle, emportait si loin les grands navigateurs de l'Espagne, lesquels, partis inconnus, revenaient illustrés par la découverte de quelque empire nouveau. Par la grandeur des ruines de la Carraca, on peut juger de ce qu'a été la puissance maritime de l'Espagne. Dans un atelier, on me montra une chaîne rapportée de Lépante. Ce morceau de fer me remua le cœur, car il me rappelait que, quelques années auparavant, par une belle nuit de septembre, je passai devant le golfe immortel, en jetant aux mers de la Grèce les noms de Cervantes et de don Juan d'Autriche : ces deux noms me redisent aujourd'hui, comme alors, que tout n'est pas fini pour l'avenir maritime de l'Espagne, et que la Carraca peut sortir de ses ruines.

L'école des jeunes marins, qui est à deux pas de la Carraca, ranimait encore chez moi cette espérance qui déjà commence à se réaliser. C'est un bel édifice élevé, en 1845, sous le ministère du général Armero. Il contient environ cent élèves; ils y entrent à treize ans, en sortent à seize, mais pour continuer, pendant six autres années, sur les bâtiments de l'État, leur rude apprentissage. Je me réjouis de retrouver là les plus beaux noms de l'Espagne; mais ma satisfaction eût été plus complète si l'on m'eût appris que ces jeunes gens étaient arrivés à l'école par le concours, et si j'eusse vu sur leur uniforme de simples aiguillettes de laine. On étudie mal avec des galons d'or. A part ces deux réserves que je hasarde en passant, tout charme le regard, tout satisfait l'esprit dans ce bel établissement, surtout l'air modeste et grave de ces jeunes gens, l'irréprochable tenue de leurs officiers; rien ne manque de tout ce qui peut contribuer à l'instruction du marin. Je vis dans la chapelle, sur l'autel, la Vierge que don Juan d'Autriche portait à Lépante sur son navire; en cherchant bien, j'aurais retrouvé, parmi les plus jeunes de l'école, le dernier descendant de cet illustre Santa Cruz qui se fit une si belle part dans la gloire de cette journée.

A côté de l'école est une batterie modèle où se forment les artilleurs de la marine. De là, comme de l'école, on aperçoit la mer, et la mer, c'est le monde. Partout elle se montre à ces jeunes gens comme la prochaine récompense de leurs efforts, comme une carrière sans limite ouverte à leur patriotisme et à leur courage.

L'observatoire de San Fernando couronne cet admirable ensemble. Placé au centre de l'île, il la domine avec toute la majesté de la science; le plus complet de l'Espagne, l'Europe n'en possède pas qui soit mieux situé. Ici le ciel est si pur, l'horizon si étendu, qu'on se demande, en arrivant sur la dernière plate-forme, si l'œil a véritablement besoin de tant de secours artificiels pour s'approcher des étoiles et les interroger face à face. J'avoue qu'arrivé là je songeais moins aux étoiles qu'à l'admirable panorama qu'embrassaient mes regards; c'est une de ces cartes vivantes qu'il faut renoncer à décrire. Mais, pour ceux qui sont moins sensibles aux beautés de la nature qu'aux secrets et austères enchantements de la science, j'ajouterai que l'observatoire de San Fernando n'a rien à envier aux meilleurs de l'Europe pour le nombre et la précision de ses instruments, pour la savante organisation, pour les précieux résultats de ses travaux, enfin pour l'inépuisable obligeance avec laquelle les officiers qui président à ces travaux les suspendent pour faire aux étrangers les honneurs de ce bel établissement.

Mais revenons à San Fernando et à sa rue interminable; elle aboutit à un bras de mer auquel on a donné le nom de *Rio San Pedro*. Là commence l'île; du côté de la mer, l'accès de ce cours d'eau est défendu par le château de Santi-Petri, situé sur un îlot, et qui peut mettre en batterie jusqu'à trente pièces de canon.

Un beau pont jeté sur le San Pedro fait communiquer l'île à la terre ferme. Cette hardie construction de cinq arches porte le nom de *Suazo*. Voici comment ce nom lui fut donné. Il est permis de croire que la première pensée de ce pont remonte aux Phéniciens, et dans sa forme dernière il garde encore, sans nul doute, quelque chose des Romains, et plus tard des Arabes. Il est certain qu'Alphonse X, lorsqu'il reprit sur les Maures cette partie de l'Andalousie, trouva un pont à la place où nous en voyons un, car, pour le défendre, il fit construire, à l'ouest du pont, le château de San Romuald, qui tour à tour a été forteresse, paroisse et prison. Sous le règne de Jean II, le vieux pont menaçait ruine. Personne n'osait plus s'y aventurer; et, pour passer le fleuve, on avait établi un bac qui avait grand'peine à gagner l'autre bord. Le roi remit le soin de cette restauration à l'un des auditeurs de son audience, le docteur Juan Sanchez de Suazo, qui, ayant affaire à Rome, traversait alors l'Andalousie. Le docteur paraît s'être acquitté à merveille de sa mission; il en jugea ainsi tout le premier, car en récompense il pria le roi de lui octroyer l'île de Cadix, qu'il trouvait à son gré, et ce qu'il y a de plus étrange, c'est que le roi lui accorda sa demande, le 10 novembre 1408 : mais la ville ferma ses portes et résista si bien, que la donation fut révoquée. L'auditeur, ne se tenant pas pour battu, réclama de nouveau, et de nouveau le roi lui rendit la grâce qu'il venait de révoquer. Mais le vainqueur, usant modestement de la victoire, se contenta de la lieutenance du château: peut-être y aurait-il eu danger pour lui à s'aventurer plus loin. Nous avons vu ailleurs comment son fils vendit son droit d'aînesse pour un plat de lentilles, en cédant la souveraineté de l'île au marquis de Cadix pour des avantages plus matériels; mais il gardait le château, et le nom de l'auditeur demeura attaché au pont, qui le porte encore.

Ici, je devrais me jeter dans un des canots qui se trouvent amarrés sous le pont, et, remontant le San Pedre, entrer dans la baie de Cadix. Mais, puisque me voici sur la route de Chiclana, pourquoi ne pas poursuivre? Chiclana est inséparable de Cadix. C'est là que vont se reposer de leurs fatigues les riches commerçants de Cadix: ceux qui ne cherchent le délassement que dans le mouvement et le bruit vont de préference au Puerto Santa Maria. Chiclana est un lieu paisible, un lieu d'Eaux minérales, qui attire surtout les malades et ceux qui, comme les malades, ont besoin de silence, de paix et d'un air pur. Comme ce sont choses qui me plaisent, j'allai à Chiclana. J'avais remarqué, en me rendant à San Fernando, qu'à l'endroit où la route tourne tout à coup, elle traverse un large marais entrecoupé de petites lagunes égales. Ce sont des salines. Au commencement du printemps, on laisse entrer la mer dans ces petits canaux, où ensuite on prend soin de l'enfermer; un peu plus tard, le soleil fait évaporer l'eau, et le sel, resté à sec, est soigneusement recueilli et élevé en petites pyramides qui se détachent sur l'azur du ciel. De petites barques à voile, lancées ensuite sur quelques canaux ménagés dans le marais, viennent prendre le sel pour le porter à Cadix. A voir de loin ces blanches voiles glisser sur le marais, on les prendrait pour d'énormes papillons perdus sur les bruyères. Quand on a franchi le pont de Suazo, le marais est plus étendu, les salines plus nombreuses s'étendent de chaque côté de la route. L'œil suit avec intérêt ces patientes conquêtes de l'industrie de l'homme sur la stérilité de l'Océan, sans avoir le temps de se lasser de leur monotonie; car bientôt il se repose sur une suite de petites collines ombragées de pins d'Italie, qui laissent voir à mi-côte de jolies maisons de campagne : c'est le commencement de Chiclana. Au pied des collines et sur la lisière des pins, une belle avenue d'arbres conduit au village même. Quand Chiclana n'est pas en proie au *levante*, son ennemi de tout l'été, il a un air champêtre qui attire et réjouit l'œil. On y remarque quelques belles maisons, de frais jardins, d'où l'on embrasse une étendue immense ; une église, dont l'architecture n'est pas sans noblesse, et un établissement de bains dont le patio rappelle ceux de Séville.

Chiclana est la patrie ordinaire des grands toréadors de l'Andalousie. Les deux derniers, morts récemment, Montes et Redondo, étaient l'un et l'autre de Chiclana : Montes, le dernier représentant de l'ancienne école, grave, prudent et hardi tout ensemble ; maître de lui-même, et on pouvait dire maître de son taureau ; Redondo, ou, pour lui donner son vrai nom, son nom populaire, le Chiclanero, l'initiateur d'une école plus jeune, partant plus aventureux, plus brillant, et en apparence plus téméraire, mais chez qui l'audace était tempérée dans l'occasion par un sang-froid d'inspiration, et qui excellait à dissimuler sous les grâces naturelles de la jeunesse tous les artifices d'une habileté consommée ; jamais plus sûr de son bras, de son œil et de son épée, que lorsqu'il semblait se précipiter au-devant de l'inconnu. Avant ces deux maîtres de toutes les places de l'Espagne, Chiclana en avait produit un autre non moins remarquable, Candido. C'est à Chiclana que les Espadas aiment à recruter leurs quadrilles de picadors, de chulos et de banderilleros, les pesants hommes d'armes et les troupes légères de la course. A Chiclana, on naît torero; l'enfant cherche le taureau et court à lui dans la rue. Dans les grands villages, dans les petites villes de l'Andalousie, la meilleure fête qu'on puisse donner au peuple, c'est un taureau de corde. Comparé aux grands spectacles des grandes places, le taureau de corde, c'est la tragédie jouée dans une chambre d'auberge entre deux chandelles. On prend un jeune taureau ou une vache un peu méchante, qu'on lâche en pleine rue, sans autre précaution que de leur passer dans les cornes une longue corde qui ne sert guère qu'à les empêcher de retourner aux champs et à redoubler leur fureur contre ceux qui les provoquent. Au milieu d'un peuple dressé dès l'enfance à ces luttes dangereuses, ce genre de course a vraiment son prix. Il se révèle là, par les traits d'audace les plus imprévus, des vocations singulières. Cette parodie sérieuse de la grande course, pleine d'une variété attachante, n'est pas toujours sans danger. A Tarifa, par exemple, dans le Tarifa de Guzman el Bueno, on supprime la corde: on fait mieux encore, on ferme les portes de la ville, et, au lieu d'une vache, c'est cinq ou six taureaux qu'on lance par les rues: c'est alors un sauve qui peut général, une ivresse mêlée d'épouvante, une terreur pleine, à ce qu'on dit, d'émotions charmantes. Quand ces bêtes furieuses ont promené quelques malheureux sur leurs cornes et versé assez de sang pour refroidir un peu cet enthousiasme sauvage, on ouvre les portes de la ville, et les taureaux reprennent au grand trot le chemin de leur déhésa. A Chiclana, les choses se passent avec moins de rudesse. Je m'y trouvai un jour que, pour faire honneur à l'Infante qui, ce jour-là, visitait Chiclana, on donnait au peuple un taureau de corde. Sur le seuil de la maison d'où la jeune princesse devait assister à ce spectacle, j'avais entrevu, dans son costume andalous, l'élégant Chiclanero. J'étais curieux de voir de quel air le grand artiste accueillerait la bête irritée, quand elle passerait devant lui. Mais, quand le taureau vint, Chiclanero, las sans doute de l'attendre, avait disparu. En revanche, debout contre une porte voisine, le vieux Montes, enveloppé de son manteau, fumait tranquillement son cigare. Le vieil Entelle, alors riche et rassasié de gloire, mais à demi aveugle, se reportait sans doute, par la pensée, aux jours de son enfance. Oh! que sans doute il eût de bon cœur donné, pour y revenir, toute sa fortune et tous les applaudissements du cirque!

Mais il est grand temps d'entrer dans la baie. Au point où nous sommes, le plus simple est de la prendre à revers, c'est-à-dire en partant de ce dernier réduit que défend, du côté de Cadix, le château de Puntalès, et du côté de la terre le Trocadero. Au fond de cette partie intérieure de la baie se détache, comme un point lumineux, la jolie ville de Puerto Real. C'était autrefois le port de Cadix, *Portus Gaditanus*, et le second des Balbus, celui qui mérita les honneurs du triomphe, en fut le fondateur. Sur les ruines du port antique, les Rois Catholiques fondèrent la ville nouvelle, simple ville de pêcheurs, où la marine recrute de bons matelots, et où vont de Cadix respirer un air plus frais ceux qui trouvent Chiclana trop loin. Puerto Real a une population d'environ quatre mille âmes, une assez belle église, d'attrayantes promenades. La route qui de Puerto Real mène au Puerto Santa Maria, à travers un bois de pins qui souvent laisse apercevoir la mer, est, à mon gré, la plus agréable. Mais ce n'est pas celle-là que nous suivons en ce moment. En quittant Puerto Real, d'où trois fois le jour un joli bateau à vapeur va toucher à San Fernando et à Cadix, nous suivons, à droite, le contour de la baie, et la mer nous porte rapidement en face du Trocadero. Ce fort, dont on a tant parlé en France à une certaine époque, démantelé depuis 1823, ne sert plus que de magasin pour des agrès de navire. San Lorenzo del Puntal, qui s'élève en face, est encore un point redoutable de défense. Il a une bonne caserne et un puits d'eau presque douce. Durant la guerre de l'indépendance, et pendant les deux ans et demi que dura le siége de Cadix, il répondit au feu des assiégeants. Un maçon intrépide, aussi opiniâtre que les batteries, réparait d'heure en heure les brèches du canon ennemi, et durant ces trente mois, infatigable et serein, rien ne put le détourner de son héroïque labeur.

Après le Trocadero, la baie va s'élargissant, et bientôt nous arrivons à l'embouchure d'un fleuve; c'est le Guadalete, au dire de plusieurs, le Léthé des anciens. Sur sa rive droite, à quelque distance de l'embouchure, s'élève le Puerto Santa Maria, ou, pour parler comme tout le monde, le Puerto. Il communique avec Cadix par un service de bateaux à vapeur qui font le trajet plusieurs fois par jour, et suivant les heures de la marée : le seul obstacle qu'ils rencontrent est la barre du fleuve, dont la mobilité est quelquefois un danger pour les barques, mais ne saurait être qu'un embarras et un retard pour un bateau à vapeur.

Le port de Sainte-Marie apparaît déjà dans Ptolomée, sous le nom de *Port de Menestée*. Alphonse le Sage l'ayant repris aux Arabes, qui l'avaient en partie détruit, le restaura et lui donna, dès cette époque, le nom qu'il porte aujourd'hui. Vingt ans plus tard, en 1284, le roi don Sanche IV, en faisait don à l'amiral génois Benedetti Zacharias, à la charge par lui d'y entretenir, à ses frais, une galère toujours armée. Mais bientôt l'amiral s'en dégoûta, et rendit le port et la ville à doña Maria Aldonsa Coronel, femme de don Alonso Perez de Guzman, qui lui-même, en 1295, recevait l'investiture de toutes les côtes de l'Andalousie. En 1306, le port de Sainte-Marie entrait dans la dot que Leonor Perez de Guzman apportait, en se mariant, à Luis de la Cerda, duc de Medina Cœli. Les Rois Catholiques en firent le chef-lieu d'un comté, au profit de ses possesseurs. Philippe V, enfin, le fit rentrer dans le sein de la monarchie, et y résida lui-même durant trois mois. Telles furent les fortunes diverses du Puerto Santa Maria. Sa gloire, s'il en eut, fut de voir sortir de son sein, à différentes époques, diverses expéditions contre les Maures. En 1499, sur une petite escadre équipée par un ancien compagnon de Christophe Colomb, don Alonso de Ojeda, sortait, en qualité de simple marchand, le Florentin Americ Vespuce, géographe habile, qui, dans la carte qu'il dressa du nouveau monde, eut l'art de glisser son nom à la place de celui de Colomb. L'histoire a corrigé l'erreur dans ses annales, mais la cruelle méprise est restée sur la carte.

Puerto Santa Maria est aujourd'hui une ville de dix-huit à vingt mille âmes, ville de plaisir, de mouvement, de passage, pendant l'été, mais qui, durant les autres saisons, n'existe guère que de la vie qu'elle emprunte au mouvement commercial de Cadix et de la Isla. Il est cependant lui-même entouré de terres bien cultivées, et ce n'est pas sans fierté qu'il montre ses belles caves aux étrangers. Ses maisons ont un air de fête, ses rues sont propres, sa population est remuante et gaie. Outre un joli théâtre et une place de taureaux qui fait son orgueil, le Puerto a quelques autres monuments qui témoignent qu'il n'est pas une ville d'hier. Son église paroissiale offre de précieux détails de style gothique, et on admire dans l'intérieur un riche tabernacle de marbre et de jaspe. Parmi les monastères en ruines du Puerto, un couvent de minimes, celui de la *Victoria*, mérite d'être visité, surtout à cause de son patio en pierres de taille, luxe assez rare en Andalousie. La *Victoria* est aussi le nom d'une belle promenade où domine le parfum des orangers. Le *Vergel* en est une autre qui, plus petite, mais plus rapprochée du port, est partant plus fréquentée. Que de fois, dans les soirées embaumées de l'été, je me suis arrêté à quelques pas de cette allée d'arbres, unis plutôt que séparés par des bancs, pour entendre se mêler au son des guitares et des castagnettes le murmure des causeries, les petits cris, les frais éclats de rire, les soupirs à demi étouffés, les chansons cent fois interrompues et reprises cent fois; parmi ces chansons revenait souvent le refrain vif et original de celle qui a pour titre les *Taureaux du Puerto*. Elle a fait le tour de l'Europe, sans que l'Europe ait songé peut-être à demander le nom de l'auteur des paroles : c'est tout simplement un ancien président du conseil des ministres de la reine Isabelle, don Luis Gonzalez Bravo; tant il est vrai qu'en Espagne tout le monde tient à être Espagnol !

Mais souvent, tandis qu'accoudé sur le petit mur qui entoure le Vergel, je prêtais une oreille charmée à cette harmonie formée de tant de joyeuses dissonances, le terrible *levante*, arrivant sur toute cette joie comme le voleur de l'Écriture, enveloppait tout à coup le Vergel d'un tourbillon de poussière. Je n'entendais plus alors que l'aigre sifflement de la bise dans les rameaux tordus, et le grincement des lanternes secouées par l'ouragan. A la lueur effarée des réverbères, tout à l'heure éclatants de lumière, je voyais se disperser, silencieux et hâtifs, ces groupes naguère si animés. Moi-même, à demi aveuglé par le vent, je regagnais mon domicile, la main sur mon chapeau, et méditant cette éternelle image des joies de ce monde qu'un rien trouble et emporte.

J'ai parlé des taureaux du Puerto. Les courses du Puerto sont célèbres. Nulle part ce spectacle, partout si bruyant, n'est une plus grande fête pour le peuple. Quand vient la Saint-Jean d'été, il n'est bruit dans toute l'Andalousie que des courses du Puerto. Elles durent deux jours, et à la

Saint-Pierre elles recommencent. La veille et l'avant-veille, on voit les routes se couvrir de gens qui se hâtent. Tout ce qui marche, tout ce qui roule, est mis en réquisition. On ne voit que cavaliers fringants portant dames en croupe, calesas légères, lourdes berlines chargées de familles entières, chariots à bœufs, sur lesquels s'arrondissent des cerceaux, recouverts de draps, ornés de rubans et de fleurs, et d'où s'échappent des cris, des chansons, des bruits de guitares. Le bateau à vapeur se charge de passagers à sombrer, mais sans suffire au nombre des curieux; la mer se couvre de barques qui de Cadix, qui de Puerto Real, qui de Rota, qui de San Fernando, amènent des flots incessants. La place destinée à les recevoir est élégante et légère. C'est un édifice en bois, à deux étages, et si heureusement disposé, que, quand il se trouve plein, la charpente entière disparaît sous les spectateurs. C'est alors un ravissant coup d'œil. Ici la femme du peuple, laissant aux riches le luxe dispendieux de la mantille, la remplace par un châle de couleur éclatante qu'elle arrange avec coquetterie sur sa tête et d'où le regard s'échappe comme une flèche. Ce saisissant pêle-mêle de toutes les couleurs ajoute je ne sais quoi de plus vif encore au tumulte de la joie populaire.

Mais je me demande comment ceux qui ont bâti cette place si près de la mer ne lui ont pas donné la mer pour perspective. Il semble qu'on n'aurait qu'à faire tomber quelques planches pour donner à une partie des spectateurs le spectacle de la rade de Cadix et de Cadix elle-même. Cette vue merveilleuse, placée en face des Lanquettes qui sont au soleil, serait le dédommagement de ceux qui ne peuvent payer un siége à l'ombre. La nature doit et souvent elle donne aux pauvres, en ce monde, de ces charmantes compensations. La même réflexion m'était venue dans la place de Cadix, placée au bord même de l'Océan, et impitoyablement fermée, sinon à ses rumeurs, au moins à l'aspect de ses vagues tranquilles tour à tour ou soulevées. Si, à Antequerre, les montagnes qui entourent la ville dominent aussi la place de Taureaux, c'est qu'il n'a pas été possible d'élever cette place sur les montagnes mêmes. A Séville, une large brèche dans le cirque laisse en perspective la cathédrale et la Giralda. Mais je crois que les propriétaires de la place aspirent au moment où ils pourront, en fermant cette brèche, abaisser le rideau sur cette splendide décoration. C'est donc un parti pris. Mais quelle en est la raison? Partout la même, je crois, et rien ne montre mieux à quel point règne en Espagne la passion des courses de taureaux. C'est que le spectateur n'éprouve en aucune façon le besoin de ce supplément de spectacle. Les yeux attachés sur la place par une sorte de fascination irrésistible, ou il ne verrait rien des merveilles de la nature, ou il s'en détournerait avec impatience comme d'une importune distraction. Pour lui la nature n'a produit qu'un chef-d'œuvre digne d'être regardé, c'est le taureau impassible devant le matador. L'humanité n'a produit qu'un héros qui mérite d'être applaudi, c'est le matador impassible devant le taureau.

Cette vue de Cadix et de sa baie, que je regrettais si fort, et que seul, peut-être, je regrettais dans la place du Puerto, nulle part je ne la retrouvai plus magique que d'un bois de pins qui a poussé dans le sable à quelque distance de la place. Pendant que je gravissais avec effort ces mamelons de sable, je voyais la mer s'approcher, et Cadix avec ses monuments, sa grande muraille, sa ceinture de navires, sortir peu à peu de la vapeur lumineuse du soleil. A mesure que les bouquets d'arbres devenaient plus rares, je voyais le panorama s'étendre, et, quand j'arrivai sur la lisière du bois, toute l'île m'apparut nettement détachée sur l'azur du ciel, comme une magnifique carte en relief. J'avais à mes pieds un fortin en ruines, où, par la porte brisée, j'apercevais un ou deux carabiniers en guenilles raccommodant eux-mêmes leurs habits, contraste saisissant de la misère de l'homme et de la splendeur de la nature. Après avoir rassasié, enivré mes regards de l'incomparable beauté de ce spectacle, après en avoir pour ainsi dire recueilli dans ma pensée tous les traits merveilleux, je me retournai vers le Puerto. Le paysage, de ce côté, accompagnait dignement la lointaine perspective : à ma gauche s'étendaient les blanches maisons du Puerto, à mes pieds quelques essais de culture disputés par la faim et par l'industrie de l'homme à la stérilité des sables et à la dévorante ardeur des vents de la mer. Plus loin, quelques citernes avec leur auge de pierre me faisaient penser aux chameaux d'Éliézer. Deux beaux palmiers, qui s'élevaient, solitaires, à quelque distance, ajoutaient un trait de plus à mon rêve d'Orient. Je marquai cette place pour y revenir un jour. Mais que de places j'ai marquées ainsi sur cette terre que mes yeux n'ont jamais revues, qu'ils ne reverront jamais! Quand je revins au Puerto, deux ans plus tard, les deux palmiers avaient été coupés, leur absence avait pour moi décoloré le magique point de vue, et je n'y suis plus retourné. Que de mécomptes, dont celui-ci n'est qu'une faible image, je trouverais sans doute à Athènes, à Smyrne, à Constantinople, où a passé la guerre, et au bord du Nil où s'est abattue sur les Pyramides, une légion de ces oiseaux de proie que l'on appelle, avec un orgueil qui ne me dit rien de bon, les pionniers de l'industrie!

On va, ai-je dit, du Puerto Santa Maria à Cadix sur un petit bateau à vapeur qui fait la traversée en moins d'une heure. Lorsque le temps est beau et la mer calme, c'est une agréable promenade, surtout si quelque pauvre joueur de guitare vient encore l'égayer par ses chansons. Je n'oublierai jamais celui que j'y rencontrai au mois d'août 1854, et je demande au lecteur la permission de retracer ici cette petite scène telle que je l'écrivis en quittant le bateau. Je m'étais souvenu, ce jour-là, que j'avais été poëte dans ma jeunesse :

LE GUITARERO

De Cadix au Puerto je retournais un soir.
Un homme sur l'avant était venu s'asseoir,
Jeune encor, mais aveugle; une femme timide,
Portant une guitare et lui servant de guide,
L'avait conduit à bord, et, d'un soin tout charmant,
L'avait à son côté fait placer doucement.

Mais, lorsque le bateau sillonna l'onde amère,
Se levant tout à coup, cette sœur (cette mère!),
Amena près de nous l'aveugle par le bras,
Lui remit la guitare et lui parla tout bas.
Alors sous ce beau ciel, sur cette mer unie,
Comme eût fait autrefois l'aveugle d'Ionie,
Le nôtre chanta, non Achille courroucé,
Qui rugit de douleur, comme un lion blessé,
De voir Agamemnon lui prendre sa captive,
Mais la bohémienne à la danse lascive,
Le muletier conteur et son hardi propos,
Et depuis l'Aguador jusques aux Serenos,
Tout le romancero de cette Andalousie,
Où plus et mieux qu'ailleurs tu mens, ô poésie!

Nous faisions cercle autour; mais deux belles surtout,
Deux filles de Cadix, deux vrais lutins, debout,
Riaient, se pâmaient d'aise aux chansonnettes folles,
Et leur joie éclatait en naïves paroles;
Et l'aveugle, ravi, palpitant, transporté,
En elles, sans les voir, devinant la beauté,
Et s'animant au jeu de la douce satire,
Souriait en chantant, à les entendre rire.
Et, lorsque près du port, se levant de nouveau,
La femme, en demandant, fit le tour du bateau,
Lui, calme, indifférent à l'aumône trop rare,
Comme pour rendre grâce à sa pauvre guitare,
Caressait de la main l'instrument favori;
Ses chants étaient payés : les belles avaient ri.

J'ai entendu depuis les mendiants de l'Écosse jouer leurs airs tour à tour mélancoliques ou rapides, tantôt sur leurs lacs, tantôt entre les rives verdoyantes du Calédonian, ou sur la mer orageuse qui mène à la grotte enchantée de Fingal, et, sous des cieux si différents, je retrouvais les mêmes impressions : c'est qu'au fond du cœur de l'homme c'est toujours la même corde qui vibre.

Mais nous voici loin de Cadix. Reprenons l'harmonieux contour de sa baie et dirigeons-nous vers Rota. Nous effleurons, chemin faisant, quelques batteries démontées, quelques forts démantelés. Peu à peu on voit sortir des eaux, un peu avant le large passage par lequel le Guadalquivir entre dans l'Océan, l'écueil qui porte Rota. Cette petite ville de pêcheurs et de vignerons se présente, du côté de la mer, serrée dans une cuirasse de murailles, qui, tout écroulées qu'elles sont, gardent encore je ne sais quoi de cyclopéen. Du côté de la terre, elle a pour défense le désert, qui aux riches, mais trop rares vignobles, fait presque aussitôt succéder ses sables hérissés de palmiers nains. De loin en loin quelques grands troupeaux animent seuls ces solitudes. Le jour où j'allai de San Lucar à Rota, je ne rencontrai guère dans l'étroit sentier qu'un ou deux cavaliers taciturnes, et, quand j'entrai dans la ville, tous les habitants, accourus sur le seuil de leur demeure, regardaient passer ma calesa, comme quelque chose d'inaccoutumé. Le premier enclos que l'on aperçoit, c'est le cimetière, et il est à peine plus silencieux que la longue rue par laquelle on descend dans Rota. Je la suivis jusqu'au centre de la ville. Là, une jolie place, plantée d'arbres, et dans laquelle vous introduit une arcade pittoresque, des rues qui se coupent, se croisent, s'entremêlent avec une sorte de mystère oriental, et où l'herbe pousse à plaisir, une population éparse et qui n'a rien de cet empressement qui parfois met à l'épreuve la patience du voyageur, me firent penser à certaines petites villes du nord de l'Italie. L'Italie ne désavouerait pas non plus l'église de Rota, sa façade majestueuse, sa voûte hardie, ses dalles de marbre, ses chapelles élégantes et riches sans profusion. Mon imagination replaçait aussi sans effort quelque drame de l'histoire de l'Italie au moyen âge dans les quatre grosses tours du château fondé par les ducs d'Arcos. Tout en regardant de côté et d'autre, j'arrivai à une seconde arcade qui mène droit à la mer. De l'étroite jetée qui s'avance entre les vagues et sépare deux petites criques, l'une à gauche, abritée, toujours unie et paisible, l'autre plus bruyante, à droite, et incessamment tourmentée par le choc des lames contre les rochers, Rota regarde Cadix qu'elle toucherait, ce semble, du bout de sa rame, si elle voulait bien. Mais le spectacle des richesses d'autrui ne trouble pas le cœur de ses pacifiques enfants. Ils ne sauraient mener loin la petite escadrille qui se balance le long de la jetée; ils ne savent s'en servir que pour aller vendre à l'opulente voisine le produit de leurs terres.

Ces terres sont à une lieue du Puerto Santa Maria, à deux heures de San Lucar ou de Chipiona. Mais le *Roteno* ne se met nullement en peine d'aller voir si les vignes des autres sont aussi belles que les siennes. Cet isolement au bord de la mer, cette vie toute rustique, en face de Cadix, donnent à Rota une physionomie à part entre les peuplades semées au bord de la baie. Il y a là un reflet de la vie patriarcale. Rota est pauvre, mais il n'entre aucune amertume dans le sentiment de sa pauvreté. Cette bonhomie n'est pas appréciée de tout le monde, et les railleurs des environs appelleraient volontiers le Roteno le Béotien de l'Andalousie. Les bons mots, les épigrammes, les contes facétieux, ont poursuivi de tout temps les bonnes gens de Rota. Plus fiers encore, dit-on, de leurs tomates que de leur vin, ils se demandent quelquefois pourquoi on n'en mettrait pas dans le chocolat, et on raconte qu'un jour, ayant voulu escalader le ciel (d'où leur était venue cette pensée folle?), ils élevèrent une autre tour de Babel, en entassant, l'un par-dessus l'autre, les paniers de joncs dont ils se servent pour porter leurs tomates au marché. Déjà ils atteignaient presque à la voûte du firmament; un panier encore, et ils la toucheraient. Mais ce panier, où le prendre? Rien de plus simple: on retire celui qui servait de base à tous les autres. On voit d'ici l'événement. Rota faillit demeurer ensevelie sous ses paniers; elle en sortit cependant, et je doute que pour tout l'esprit de ces railleries elle donnât ses tomates et son vin.

En recherchant les origines de Rota, on ne peut guère faire remonter son histoire plus haut que l'invasion des Arabes. Lorsque, vers le milieu du treizième siècle, se montra de ce côté Alphonse le Sage, maître déjà d'une partie de la contrée, les Maures de Rota ne l'attendirent pas; ils abandonnèrent leur ville qui, dès 1264, devint espagnole et chrétienne. Elle vécut depuis sagement et sans beaucoup faire parler d'elle, sous la protection des ducs d'Arcos. Elle était une des sept villes qui leur furent données en échange de Cadix. En 1702, les Anglais s'en emparèrent, la saccagèrent, et pendant vingt-deux jours la traitèrent en ville conquise. Pendant la guerre de l'indépendance, les Français, à leur tour, trouvant la position bonne, s'y établirent. Mais, dans la nuit du 5 au 6 mai 1811, don Ignàcio de Fonnegra les surprit dans leurs batteries qu'il détruisit après les en avoir chassés, et arbora de nouveau sur les tours du château les couleurs de l'Espagne. Rota, cette nuit-là, se souvint sans doute avec orgueil de la merveilleuse coulevrine qu'elle avait gardée longtemps sur sa muraille et qui portait si loin, à en croire cette fière inscription : « Quiconque offense mon roi, je l'atteins à trois lieues en mer. »

Le territoire de Rota contient environ huit mille âmes, et produit, année moyenne, deux ou trois mille tonnes de ce précieux *Tintilla* dont les estomacs affaiblis savent si bien apprécier la généreuse douceur.

Rota n'a enfanté, Rota n'a vu sortir de la petite baie qu'elle appelle son port aucun de ces navigateurs célèbres qui ont ajouté un lambeau de terre aux domaines de l'Espagne dans le nouveau monde. Mais elle a donné le jour à Ramon Luis de Velarde, qui a écrit l'histoire de ces domaines. Il doit y avoir dans la mémoire des hommes une petite place pour ceux qui racontent leurs conquêtes : ces récits sont quelquefois tout ce qui reste de ces lointaines aventures.

Avant de m'éloigner de Rota, je jetai, par une brèche de sa muraille, un dernier regard sur Cadix. Le mouvement et l'éclat de la grande ville, éclairée en ce moment d'un beau rayon de soleil, prêtait pour moi un charme de plus à la petite ville paisible, solitaire, et à demi dérobée dans l'ombre.

V

JEREZ DE LA FRONTERA

Ses origines. — Son histoire. — Ses vignes. — Ses caves. — Ses monuments. — La Chartreuse. — Le champ de bataille du Guadalete. — Légende du roi don Rodrigue et de la Cava, d'après l'histoire, les chroniques, le Romancero et la poésie moderne.

J'ai raconté une excursion à Utrera, la ville des laboureurs; on s'attend naturellement à me voir mettre en regard Jerez, la cité des vignerons, Jerez de la Frontera, comme on dit, pour le distinguer d'un autre Jerez, situé dans l'Estremadure. Mais, quand on a traversé ses beaux vignobles, visité ses immenses *bodegas*, où huit, dix, quinze mille tonneaux, rangés en bon ordre, étonnent, et on pourrait dire enivrent le regard, lorsqu'on s'est promené dans ces larges rues de Jerez, l'imagination, moins satisfaite que les yeux, se surprend à désirer autre chose. On aime à se souvenir que Jerez a, dans son antique domaine, quelque chose de plus attrayant pour l'esprit que ses vins admirables : c'est son histoire, histoire toute remplie des incidents de ce combat acharné que les chrétiens et les Maures se livrèrent durant tant de siècles sur le sol de l'Espagne. Il y a surtout dans cette histoire un jour cruellement mémorable : celui où l'Espagne tomba au pouvoir des musulmans. La ville, qui n'était pas encore Jerez, mais qui allait le devenir, assista à ce jour néfaste. Cette dernière bataille, où périt la fortune des Goths, fut livrée et perdue sur les bords du Guadalete, et le Guadalete coule à une demi-lieue de Jerez. Ce que je cherchai d'abord à Jerez, ce fut ce champ de bataille où Rodrigue laissa sa couronne et même sa vie, au dire des auteurs arabes, qui se soucient peu de la tradition et des chroniques espagnoles. Je suis souvent allé à Jerez ; mais, chaque fois, et que ses gracieuses habitantes me le pardonnent ! je traversais rapidement la ville pour courir, au bord du Guadalete, jeter un regard sur la vaste et mélancolique plaine où gisent ensevelies une couronne, une monarchie, presque une race.

Du Puerto Santa Maria à Jerez la route est charmante. Elle monte d'abord pendant une lieue, et, en la suivant, on est sans cesse tenté de se retourner pour voir encore la baie de Cadix, et, dans le lointain, Cadix elle-même.

Arrivé sur le plateau le plus élevé, on prend congé une dernière fois de ce magique spectacle. Le tableau de l'autre versant n'a rien qui le rappelle : d'immenses champs de vignes, voilà tout. Ces champs sont séparés par des haies d'aloès et de figuiers de Barbarie, dragons hérissés, préposés à la garde de ces autres jardins des Hespérides. Cependant une petite rivière, dont mon œil s'amusait à suivre, à droite, dans la plaine, les capricieux détours, se rapproche tout à coup et vient au bord de la route même former une espèce de port dont les ouvrages sont de bois. Cette mince rivière, c'est le Guadalete; ce port en miniature, qui n'est, après tout, qu'un débarcadère, prend aux yeux du voyageur d'autres proportions, quand on vient à reconnaître que là, en définitive, s'embarquaient encore, il y a deux ans à peine, tous les vins de Jerez; que le territoire de Jerez n'a pas moins de cinquante lieues carrées, et qu'il produit, année commune, cinquante mille tonneaux de vin. Tout récemment, un chemin de fer, établi entre Jerez et le Puerto, a rendu inutiles la rivière et l'embarcadère.

Jerez apparaît bientôt, mais tellement enseveli encore dans les plis du terrain, que je me demandai si Jerez n'était pas lui-même, comme l'ancien port du Guadalete, une très-petite chose consacrée à l'exploitation d'une très-grande. Non; il en sera de Jerez comme de ces énormes fortunes qui dédaignent de briller de loin et qui semblent craindre d'attirer l'envie. Devenu riche, il aura gardé les apparences de sa pauvreté première. Mais à mesure que j'approchais, je voyais la ville grandir et s'étendre. Chaque coude du chemin ouvrait à mes yeux une perspective nouvelle. Assis à mi-côte de ses opulentes collines, Jerez se resserre ou s'étend selon le point de vúe où l'on se place pour le voir. Ce ne fut qu'en y entrant que je parvins à me convaincre que j'avais réellement affaire à une ville importante.

La population est vive, animée, active. Tout ce mouvement, l'élévation des maisons, l'éclat des façades, et surtout le nombre et la beauté des équipages, donnent à Jerez un air de grandeur que peu de villes ont en Espagne. Le commerce qui, en général, dans la Péninsule, est modeste et peu bruyant, ici, au contraire, est fastueux et mène grand train. Il est anglais, il est français, et il prend volontiers les allures des cités opulentes qui achètent et boivent ses vins.

Si une telle ville méritait un théâtre de meilleur goût, elle a du moins une jolie place de taureaux, et on voudra bien se souvenir qu'en Espagne le premier des théâtres, c'est une place de taureaux.

Plusieurs églises offrent d'heureux détails d'ancienne architecture; mais de tous les monuments de Jerez, d'ailleurs peu remarquables dans leur ensemble, un seul, l'Alcazar, commande l'attention, moins cependant par ce qui en reste qué par les souvenirs qui s'attachent à ses débris mêmes.

L'Alcazar était l'ancienne citadelle de la place; sa muraille démantelée domine un côté de la plaine, et n'a pas achevé de perdre sa physionomie arabe. Il a sa tour de l'Or et sa tour de l'Hommage, masses crénelées qui se dressent aux deux angles d'une courtine en partie encore dentelée. Cette redoutable enceinte sert de clôture à un jardin. L'intérieur n'offre qu'une succession de chambres délabrées, sauf un assez grand salon, dont la nudité est à peine dissimulée par quelques jolis miroirs dans le goût Louis XV.

Quant à l'histoire de Jerez, constamment mêlée à celle de l'Andalousie et de l'Espagne elle-même, elle se détache, çà et là, du groupe héroïque par quelques brillants épisodes qui, dans la destinée nouvelle de la ville, apparaissent comme ces tronçons de murs crénelés qui, de loin en loin, entrent dans ses constructions modernes. Résumons rapidement cette histoire.

Jerez, comme Cadix, eut pour fondateurs des Phéniciens que leur humeur aventureuse entraîna sur ces plages fertiles, et qui remontèrent aussi loin qu'ils purent dans les fleuves, alors inconnus, qui apportent leurs ondes à l'Océan. C'est peut-être un souvenir de ces origines phéniciennes qui survit encore dans le nom d'une ville voisine Medina Sidonia.

Avant l'époque romaine, le nom de Jerez aurait été Munda suivant les uns; d'autres renvoient Munda à quelques lieues de Cordoue, et Asta est le nom qu'ils donnent à Jerez. Ce nom grec prouverait qu'ici, comme en tant d'autres contrées, les Grecs suivirent de près les Phéniciens. Cette opinion a été celle des écrivains romains et se retrouve chez les historiens comme dans les poëtes, chez Pline et Strabon comme dans Silius Italicus. Les uns et les autres ont fait à l'ancienne Asta l'honneur de croire qu'Homère lui-même l'avait désignée dans ses vers. Ils voient dans le Guadalete l'antique fleuve d'Oubli. Mais, si ce poétique fleuve a une source cachée dans l'Élysée mythologique, il en a plus sûrement une autre dans les sierras de Ronda.

Au second siècle, une grande bataille, livrée aux Carthaginois par les Romains, dans le voisinage d'Asta, fit tomber cette ville aux mains de ces derniers, qui l'entourèrent de murailles. Mais, phénicienne ou grecque, Asta garda sans doute ses sympathies naturelles; car, à l'époque de Viriate, on voit Rome lui accorder certains priviléges, comme pour raffermir une fidélité chancelante. Plus tard, Asta se déclara contre César en faveur de Pompée, ensuite pour ses fils. Elle passa aux Goths avec le reste de l'Espagne. Avec l'Espagne, elle leur échappa au huitième siècle, et, comme toute l'Andalousie, elle devint musulmane. Suivant la fortune du midi de l'Espagne, elle dut, comme lui, à saint Ferdinand le commencement de sa délivrance. En 1252, une nouvelle bataille du Guadalete, mais dont il n'est parlé que dans la chronique du saint roi, rendit une fois encore toute la contrée au christianisme. L'honneur principal du combat fut pour les deux vaillants frères, Diego Perez et Garci-Perez de Vargas. L'un tue, de sa main, le petit roi des Maures; le second, ayant perdu son épée, arrache un tronc d'olivier, et se remet à combattre; à ce récit d'une chronique j'en préfère un autre qui dit un cep de vigne. Avant la bataille, et pour se conformer au précepte de l'Évangile, tous ceux qui, dans le camp chrétien, se haïssient, s'étaient hâtés de se pardonner mutuellement leurs offenses. Diego Perez avait aussi un ennemi : c'était son beau-frère, Pedro Miguel, avec qui il voulut se réconcilier. Les moines s'entremirent. — « Je consens, dit enfin Pedro Miguel, nous nous embrasserons. » Mais Perez savait à quoi s'en tenir sur les embrassements de son beau-frère : il eut peur d'être étouffé et refusa net. Furieux de se voir deviné, Miguel se jeta au plus fort de la mêlée, et il alla si loin qu'on ne le retrouva ni mort, ni vivant. Cette victoire n'ouvrit cependant pas aux chrétiens les portes de Jerez ; ce fut Alphonse X qui eut la gloire d'y entrer le premier.

Il y laissa pour la défendre un vaillant homme, appelé Garci Gomez Carillo; mais à peine le roi fut-il retourné en Castille, que les Maures revinrent en grand nombre assiéger Jerez. Ils ne se résignaient pas à laisser en mains chrétiennes cette antique et précieuse conquête de leurs armes. La place fut défendue pied à pied ; assiégé jusque dans l'Alcazar, Garci Gomez Carillo se retira de tour en tour, et s'enferma dans la dernière avec cinq ou six écuyers. Les Maures, arrivés à ce réduit, mirent le feu sous la porte et brûlèrent ou tuèrent cette poignée de héros. Mais, pénétrés d'admiration pour le courage de Garci Gomez, ils résolurent de l'épargner à tout prix. Voulant donc le prendre vivant, et n'osant le joindre, ils jetèrent sur lui des crampons de fer. Ils l'eurent ainsi à la longue, mais lambeau par lambeau. Qui lira cette magnifique défense, et pourra ensuite trouver lourde et sans grâce cette vieille tour de l'Alcazar ?

En 1284, les chrétiens reprirent Jerez. Pendant des siècles encore, ce nom tient une place honorable dans les fastes de l'Espagne chevaleresque. C'est dans ce même Alcazar de Jerez qu'une tradition fait mourir la reine Blanche de Bourbon, l'épouse délaissée dont la pâle et douce figure accuse encore devant la postérité la justice de don Pèdre. Ce qu'il y a de certain, c'est qu'elle fut enterrée à Jerez, dans une chapelle du couvent de San Francisco. Isabelle, la Reine Catholique, la fit transporter au maître autel et placer dans un cercueil de marbre, hommage d'autant plus digne d'attention qu'il est plus tardif, et qu'il réhabilite autant la femme que la reine.

Jerez, qui jadis avait pris parti pour Henri de Transtamare, se déclara également pour Philippe V. Depuis cette époque, Jerez devenant chaque jour plus pacifique, se montre de plus en plus uniquement occupé de la culture de son futile domaine. Adieu les luttes guerrières, adieu les beaux coups de lance! Il ne s'agit plus que de savoir si aux eaux du Guadalete on pourra, par un canal, réunir les eaux voisines du Salado. Serait-il plus profitable de détourner le cours du Guadalete et de l'amener sous les murs mêmes de Jerez? Ne pourrait-on encore, au moyen d'une large saignée, jeter le Guadalete dans le cours du Guadalquivir, et par là éviter aux bateaux qui se rendent à Séville le dangereux passage de la barre de San Lucar? Toutes ces questions, qui avaient leur gravité il y a un demi-siècle, se trouvent singulièrement amoindries par l'invention des chemins de fer.

Mais sortons de Jerez et allons au-devant du Guadalete,

puisqu'aussi bien il faut renoncer à le voir venir à nous.

A mi-chemin on rencontre la belle Chartreuse, bâtie au quinzième siècle par un descendant des Fiesque de Gênes. Espagnol par sa mère, Alvaro Overto y Valeto mit l'écusson maternel de préférence à celui des Lopez de Morla, sur les murs de son monastère; et ces armes sont encore celles de cette noble famille dont le chef est aujourd'hui le comte de Villacreces. Alvaro n'avait voulu d'abord fonder qu'un ermitage, avec une pièce de vignes et quelques arbres fruitiers. Il avait acheté l'humble domaine au mois de septembre 1475; mais dès le mois suivant, on le voit attirer vers lui cinq ou six moines de la Chartreuse de Séville. L'ermitage devenait une autre Chartreuse. Le saint homme mourut en 1482, et la reconnaissance des moines l'ensevelit dans le chœur même de l'église, devant le maître-autel, où, sur une belle dalle de marbre, on le voit encore revêtu de son armure de chevalier et la main sur la garde de son épée; mais la tête mutilée ne laisse plus distinguer les traits du visage. La Chartreuse de Jerez a été longtemps célèbre, et ceux qui ont eu la bonne fortune de la visiter avant 1834 l'ont encore vue dans sa splendeur. De loin, quand la première fois j'aperçus ses vastes ruines, je fus tenté de les prendre pour celles d'une ville. Le chemin qui y conduit est profondément encaissé dans une étroite ornière, bordée d'aloès et de figuiers, au sortir de laquelle le regard est brusquement arrêté par la façade du monastère, ou, pour mieux dire, de l'église. Après qu'on eut arraché les sculptures et les tableaux, fouillé et pillé les sanctuaires, il fallut bien se résigner à laisser les murailles tomber d'elles-mêmes, et, tant que la masse de l'édifice, encore debout, gardera son grand air, les voyageurs feront bien de l'aller voir.

En poussant la porte entr'ouverte d'une première clôture, je me trouvai dans une longue avant-cour dallée et entourée d'une haute muraille dont la crête était légèrement ornée. La porte principale de l'église s'ouvre à l'extrémité de cette cour. L'église présente un grand vaisseau d'une assez belle ordonnance, et le chœur a gardé ses boiseries ciselées. De la sacristie on passe dans un patio gothique d'un caractère religieux; un figuier, dont les branches ont percé la muraille, anime la solitude du lieu, et d'une ruine d'hier fait une ruine presque ancienne. Ce patio mène à un second où se voyait peinte à fresque sur les quatre faces toute l'histoire de saint Bruno; sous la couleur dévorée par le soleil on suit encore les lignes du dessin, on devine les personnages qui sont aujourd'hui les seuls habitants de la Chartreuse. Vainement en chercherait-on d'autres dans les cellules abandonnées. Ces cellules étaient vastes et ordinairement composées de trois pièces. Sur la porte d'entrée s'ouvrait le guichet par où le Chartreux recevait sa maigre pitance de chaque jour. Environ quatre-vingt de ces cellules étaient rangées sur les quatre côtés du cloître principal; rien de plus majestueux que ce cloître. Au centre de la quadruple galerie se dressaient quelques cyprès, et l'épaisse verdure qui couvre le sol fait souvenir que là les Chartreux creusaient eux-mêmes leur sépulture.

La cellule du prieur ne se distingue des autres que par un petit jardin où il n'y a guère place que pour un banc et quelques orangers. Ce jardin est borné au sud par un mur de quelques pieds contre lequel s'appuie en montant un étroit escalier. La dernière marche forme une espèce de plate-forme d'où la vue s'étend jusqu'à Cadix. Mais le bon père avait plus près de lui de poétiques distractions aux austères pensées du cloître. Il lui suffisait de suivre des yeux le cours du Guadalete, qui venait effleurer la muraille du couvent, et mêler au chant des psaumes le murmure de ses longs roseaux.

D'un côté, le fleuve paresseux s'en va, oubliant Jerez à sa droite, recevoir dans cette espèce de port dont j'ai parlé tous les vins de la contrée, auxquels le couvent ajoutait le produit de ses belles vignes, qui revenait ensuite grossir dans sa main, en onces d'or, l'inépuisable trésor de l'aumône. A gauche, le flot contournait, comme à regret, le champ de bataille de don Rodrigue, pour aller ensuite se perdre dans la Serrania de Ronda, pleine aussi du souvenir des Maures. Quand on a mesuré ces plaines sévères, et exhumé du regard et de la pensée, comme dans une autre Josaphat, toutes les générations qui y sont ensevelies depuis tant de siècles, l'habitation du bon prieur ne paraît plus si étroite, et on la retrouve agrandie de tout l'espace que l'imagination a parcouru.

Je terminai mon pèlerinage par un dernier patio entouré de colonnes de marbre. Tout à côté, une petite huerta d'orangers se trahit au parfum qu'elle exhale. C'étaient le patio et le jardin des novices. La blancheur du marbre et l'or des oranges étaient sans doute destinés à marquer pour ces âmes encore tendres la transition du monde à la solitude du cloître, et à les préparer par degrés aux dernières privations.

La salle du réfectoire était l'une des plus vastes du couvent. La table en était de marbre, et la chaire sculptée du lecteur témoigne encore de la magnificence de cette pièce. On y remarque aussi une fresque à demi effacée, représentant la Vierge avec l'enfant Jésus dans ses bras, et les derniers vestiges de la vie de saint Bruno. C'est tout ce qui reste à la Chartreuse des chefs-d'œuvre, aujourd'hui épars ou détruits, que Zurbaran, Alonso Cano et d'autres maîtres illustres avaient scellés dans ses murailles. Quatre de ces grandes toiles, toutes quatre de Zurbaran, font maintenant partie de la collection de San Telmo. M. le duc de Montpensier les a rachetées à tout prix. Il n'y avait que cette manière de les rendre, aux Chartreux, non, mais à l'Espagne.

Pendant cette longue visite, j'avais vainement cherché si dans quelque coin je n'apercevrais aucun des anciens moines revenu en secret pleurer sur ces chères ruines. J'allai jusqu'à me demander si le bonhomme qui, chargé d'un trousseau de clefs, me faisait les honneurs du couvent n'était pas ce dernier survivant des âges écoulés, ce pieux gardien d'une gloire à jamais éteinte, ce dernier consolateur des sépultures abandonnées ; mais rien dans son air, rien dans son langage, n'encourageait l'illusion. Cet homme ne gardait que des murailles à demi écroulées.

En repassant par la première cour, on remarque sur les dalles un grand dessin au trait : c'était le plan d'une chapelle que l'on m'avait montrée à l'horizon sur une colline éloignée, et qui porte le nom pittoresque de *Salta al cielo*. Au moyen âge, le château fort aimait à se voir entouré de manoirs, le couvent de chapelles. Salta al cielo était une dépendance de la Chartreuse. Propriétaire de la riche plaine qu'elle domine, celle-ci avait sans doute élevé la chapelle comme une sentinelle avancée et pour avoir un œil toujours ouvert sur cette partie écartée de son riche domaine.

Laissant la Chartreuse à droite, je pris un sentier rocailleux qui descend au Guadalete. A gauche de la route se dressent trois collines, dont la plus haute est couronnée des restes d'un petit fort. Pendant la guerre de l'indépendance, le maréchal Soult l'avait bâti pour protéger une partie de sa cavalerie, logée dans le couvent même. Mais le souvenir d'une guerre injuste n'avait rien qui pût toucher mon amour-propre national ; je me hâtai de courir à la scène épique dont les souvenirs m'attendaient plus loin. Je ne m'arrêtai qu'au pont solide jeté sur le Guadalete pendant le règne de Philippe II. Ce pont sépare le territoire de Jerez de la plaine même où fut livrée la bataille. Le fleuve, peu profond en cet endroit, coule d'un cours égal et silencieux et comme il convient au fleuve d'oubli. J'eus la fantaisie de goûter ses eaux, qui sont douces et sans aucun mélange du sel de la mer, déjà cependant si voisine. Le côté de la plaine que n'embrasse pas le cours du fleuve a pour limites, à l'horizon, des collines assez élevées. L'une d'elles porte à son sommet un petit lac d'eau saumâtre; une autre, la ville de Medina Sidonia.

Cette plaine du Guadalete est un de ces cirques qui semblent formés de toute éternité pour voir se dénouer, à un jour donné, quelques-uns de ces drames immenses qui marquent les phases de l'histoire. Arrêtons-nous donc un moment devant cette date fatale de 711, et devant cette grande catastrophe qui tient tant de place dans les annales de l'Espagne, et voyons comment la racontent, chacune à sa manière, la tradition, l'histoire et la poésie.

Comment l'histoire a-t-elle raconté cette brusque fin de la domination des Goths? Je dis l'histoire, et non les historiens; car, si les modernes, instruits à l'école d'une critique plus difficile, d'une science plus exacte, ont rigoureusement écarté la légende, les anciens laissent voir moins de scrupule. Mariana, par exemple, ce bel écrivain, bien espagnol, ce que je regarde comme une grande qualité chez un historien de l'Espagne, Mariana ne dédaigne nullement ce que l'imagination un peu crédule de ses compatriotes a successivement ajouté au primitif récit de la chute de don Rodrigue. Mais Antonio Conde, plus rapproché de nous, et qui, le premier, est allé demander aux auteurs arabes les éléments de sa narration, ne nomme même pas la fille du comte Julien. Depuis Conde, le dernier historien qu'ait eu l'Espagne en France, M. Rossew Saint-Hilaire, dans son beau livre, et celui qui, en Espagne même, au moment où j'écris, élève à son pays un monument dont chaque partie nouvelle étend et consacre l'autorité, don Modesto Lafuente, rappellent la tradition, mais en s'en tenant d'ailleurs, comme Conde, aux causes authentiques et aux faits incontestables. J'aurais mauvaise grâce à ne pas suivre de tel exemples, sauf à mettre plus tard la tradition en regard de l'histoire, et à y rechercher la part de vérité qui, à quelque degré, se mêle toujours à la fable.

Qui ne sait d'ailleurs que, si les causes générales préparent sourdement, de génération en génération, et rendent inévitables, au jour marqué par Dieu, les révolutions des empires, quand ce jour est venu, c'est un fait pour nous en apparence sans portée, un événement en lui-même insignifiant, moins que cela, un simple jeu du hasard, quelque chose de local et de purement accidentel, qui précipite la catastrophe, et lui donne, si on ose parler ainsi, sa couleur populaire, sa forme dramatique: le grain de sable de Cromwell, l'enlèvement d'Hélène, le viol de Lucrèce, et j'ajoute ici avec les poëtes, la passion de don Rodrigue pour la fille du comte Julien.

Roderic, donnons-lui ici son véritable nom, avait remplacé Witiza sur le trône des Goths, à la suite d'une révolte suscitée par lui pour venger le meurtre de son père. Witiza avait deux fils, qui, dit-on, se réfugièrent en Afrique, auprès du comte Julien, gouverneur de Ceuta. S'ils n'avaient pu rassembler en Espagne un parti assez fort pour soutenir ouvertement leur cause, ils emportaient du moins la consolation de laisser derrière eux de nombreux mécontents, et à leur tête un homme dangereusement habile, l'archevêque Oppaz, métropolitain de Séville. La race des Goths, tout à coup arrêtée dans ce fertile domaine de l'Espagne, avait, au midi surtout, laissé dégénérer en elle sa vigueur primitive. Chef d'une race amollie par trois siècles d'une possession corruptrice, Roderic précipita par ses propres emportements cette rapide décadence. Witiza, effrayé du débordement des mœurs, avait bien, par des lois sévères qui atteignirent l'Église même, essayé, mais sans succès, de le contenir ; mais Roderic n'était pas l'homme qui pouvait mettre un frein à des vices qui étaient les siens comme ceux de tout son peuple.

Or, pendant que ce relâchement universel et désormais sans remède faisait de l'Espagne une proie livrée d'avance au premier conquérant qui se présenterait, l'impétuosité musulmane arrivait sans avoir encore épuisé son élan, sur la côte de l'Afrique qui fait face à l'Espagne, et chefs et soldats ne détachaient plus leurs regards de ces terres opulentes, seulement séparées d'eux par un détroit de quelques lieues. Muza commandait alors en Afrique pour le kalife de Damas. Les récits que lui faisaient chaque jour de nouveaux fugitifs de l'incurable affaissement des Goths et de la molle résistance qu'ils opposeraient à un ennemi décidé trouvaient Muza déjà gagné par les séduisantes descriptions, qui lui venaient d'ailleurs, de ce paradis de l'Espagne. Particulièrement les gens de Tanger, qui entretenaient de fréquentes relations avec la côte voisine, ne se lassaient pas d'en vanter les délices et les ressources infinies. « L'Espagne, disaient-ils, est une autre Syrie pour la beauté du ciel et la fécondité de la terre ; un autre Yemen, une autre Arabie heureuse pour la douceur du climat; une autre Inde pour les parfums et les fleurs ; une autre Hegiaz pour l'abondance de ses fruits et de ses productions. Le Catay et la Chine n'ont pas des mines plus riches; Aden des côtes plus précieuses, des ports plus sûrs. Il y a en Espagne des cités et des monuments magnifiques élevés par les anciens rois et par les Grecs, ce peuple si ingénieux, etc. » Surtout un vieux chrétien de Tanger rendait encore la tentation plus forte, en prodiguant à l'émir tous les renseignements dont il aurait besoin pour s'emparer de ces merveilleuses contrées. Les Juifs, de leur côté, n'épargnaient rien pour irriter dans Muza la soif d'une conquête si facile par elle-même. Quelques-uns d'entre eux, chassés de l'Espagne, s'étaient arrêtés tout à coup au moment de repasser la mer, avertis que les lois rendues contre eux, et adoucies par Witiza, seraient exécutées par Roderic dans toute leur rigueur. S'ils ne devaient pas attendre des Musulmans un meilleur traitement, au moins auraient-ils la joie de se sentir vengés d'un ennemi implacable. Muza, ayant épuisé toutes les objections que la raison et la prudence d'un chef pouvaient opposer à l'impatience avide d'une armée qui est encore un peuple, en était venu à ce moment suprême où la passion, déjà impuissante à se contenir, n'attend pour s'abandonner qu'une dernière impulsion de la fortune; elle lui vint d'un chrétien même, le comte Julien. Le gouverneur de Ceuta offrait à Muza de l'aider dans une entreprise à laquelle tout d'ailleurs le conviait, et, comme gage de sa parole, il apportait à l'infidèle les clefs d'une place qu'il avait jadis vaillamment défendue contre les Maures et dont la garde lui était confiée. L'ambition suffit-elle pour expliquer la trahison du comte? Il est permis de supposer qu'il s'y mêlait le ressentiment de quelque injure personnelle; mais, disons-le, rien de pareil ne résulte d'aucune histoire, d'aucune chronique contemporaine.

Cependant Muza, prudent jusqu'au bout, se souvenant que, sous le roi Wamba, une première tentative d'invasion avait eu lieu, mais sans succès, ne voulut pas cette fois se jeter aveuglément sur une proie trop facile, en apparence, pour ne pas couvrir quelque piége. A l'irrésistible élan des premières bandes de Mahomet avait succédé une ardeur encore formidable, mais où déjà il entrait un peu de réflexion. Muza commença donc par envoyer quelques centaines d'hommes dans des barques. Cette petite troupe débarqua sans obstacle, et put, sans rencontrer de résistance, ravager une assez grande étendue de côtes. Le butin qu'elle rapporta augmenta encore la confiance de l'émir et lui fit prêter une oreille plus attentive aux propositions du comte Julien.

Cependant Muza n'était que le lieutenant du kalife; il se décida enfin à informer ce dernier de l'état des choses. Le kalife permit l'entreprise, mais en conseillant la prudence. Cette première reconnaissance de la côte avait eu lieu au mois de juillet 710, moins d'une année avant l'invasion qui devait se terminer par la conquête.

L'invasion, en effet, s'effectua à la fin d'avril de l'année suivante. Douze mille hommes, sous les ordres du comte Julien, disent quelques-uns, mais plus vraisemblablement sous le commandement de Thareck-ben-Zain, qui, en passant, laissa son nom à Gibraltar, débarquèrent aux environs d'Algéciras, où Téodmir, lieutenant de Roderic, n'avait à lui opposer que 1700 cavaliers. Il y avait justement trois siècles que, par la frontière opposée, les Goths avaient fait irruption dans cette Espagne que maintenant ils allaient perdre.

Téodmir eut le pressentiment du danger immense qui menaçait l'Espagne, et, aussi effrayé qu'avaient dû l'être, à l'arrivée des Goths, ses anciens habitants, il écrivit à Roderic : « Seigneur, il nous est tombé ici, du côté de l'Afrique, des ennemis venus je ne saurais dire si c'est du ciel ou de la terre. Je leur ai disputé de toutes mes forces l'entrée du pays; mais il a fallu céder au nombre et à l'irrésistible impétuosité de ces bandes. Maintenant, à mon grand chagrin, ils campent sur notre sol. Je vous prie, seigneur, puisque aussi bien c'est votre obligation, de venir nous secourir en toute diligence, et avec tout le monde que vous pourrez amener. Venez vous-même, seigneur, venez en personne, ce sera le mieux. »

Cette lettre ou plutôt ce cri de désespoir surprit Roderic guerroyant dans le Nord contre les partisans des fils de Witiza. Il essaya aussitôt de les rallier contre ceux que, dans son ignorance de la trahison, il appelait l'ennemi commun. Les révoltés l'écoutèrent d'assez bonne grâce, sans doute pour dissimuler une complicité qui pouvait encore avoir ses dangers. Cependant Roderic envoya à la hâte tout ce qu'il avait de cavalerie sous la main pour renforcer l'insuffisante troupe de Téodmir. Mais ce secours trop faible en lui-même arriva d'ailleurs épuisé de fatigue, et hors d'état d'arrêter des incursions qui déjà avaient atteint jusqu'à Medina Sidonia.

Bientôt Roderic accourut lui-même. Il n'avait pris que le temps de réunir autour de lui tout ce qu'il put entraîner de ses Goths. Il avait environ quatre-vingt-dix mille hommes, mais une multitude plutôt qu'une armée. Aux douze mille hommes qui avaient suivi Thareck étaient venus tout récemment se joindre cinq mille cavaliers que Muza envoyait d'Afrique. Mais cette petite armée portait en elle l'audace de la conquête et la confiance de la victoire. Pour lui ôter d'ailleurs toute pensée de retraite, Thareck brûla les navires qui l'avaient amenée. Comment n'eût-elle pas vaincu, ayant l'Espagne devant elle, et derrière elle n'ayant plus l'Afrique?

Le 25 ou 26 juillet 711, les deux armées se trouvèrent en présence sur les bords du Guadalete, près du lieu où, depuis, s'éleva Jerez. Le lieutenant de l'émir, dans une lettre qu'il adressait à Muza après la bataille, raconte que Roderic s'avançait au combat sur un char orné d'ivoire et traîné par deux mules blanches. Il avait sur la tête une couronne de perles, et sur les épaules un manteau de pourpre brodé d'or. On sait le goût des barbares pour le faste, et ce détail n'a rien de trop invraisemblable.

La bataille s'engagea au point du jour, et avec une grande furie de part et d'autre. Sous les yeux de leur roi qui, les historiens s'accordent à le dire, n'était pas dépourvu d'une certaine grandeur personnelle, les Goths retrouvèrent leur ancienne énergie. Cette multitude, au sein de laquelle s'agitaient tant de passions contraires, oublia tout à coup ses divisions intestines et eut comme le sentiment confus de la grande querelle qui se décidait. Elle fit un suprême effort, mais il était trop tard. La race dégénérée des Goths ne pouvait d'un bond remonter du fond de l'abime dans lequel la corruption l'avait précipitée. Vieillie avant l'âge, elle devait laisser la place à une race plus jeune, plus guerrière, et animée d'une foi ardente. Toutefois le nombre et les armes pesantes des Goths rendirent longtemps la victoire incertaine. Le burnous flottant et l'arc résistaient difficilement à la hache et à la lance. Mais résister longtemps avec de si faibles armes, c'était, à la longue, s'assurer la victoire. Durant la première journée, on ne remarqua de part et d'autre aucun signe de faiblesse. Au coucher du soleil, les combattants se séparèrent comme d'eux-mêmes et par l'effet de la fatigue, comme de robustes moissonneurs qui laissent tomber la faux au milieu des gerbes coupées. On passa la nuit sur le champ de bataille, et le lendemain, on se remit à l'œuvre avec le même courage, « et le four du combat, dit énergiquement Conde, demeura allumé depuis l'aurore jusqu'à la nuit. »

Le troisième jour, les Arabes semblèrent fléchir; mais Thareck, s'apercevant que la victoire allait lui échapper, se dressa sur ses étriers, et cria à ses soldats : « Conquérants du Maugreb, où allez-vous? où vous mène cette fuite honteuse et imprudente? devant vous est l'ennemi, et derrière vous vous n'avez que la mer. L'unique refuge est dans votre courage et dans l'aide de Dieu. Faites, Musulmans, comme vous me verrez faire; » et, en achevant ces paroles, il poussa son cheval dans les rangs ennemis, cherchant et appelant Roderic de ses fiers regards. Le roi, de son côté, était descendu de son char et s'était fait amener son cheval Orelia. Mais, si l'on en croit les historiens arabes, il eut à peine le temps de se mettre en défense : Thareck, arrivant sur lui de toute l'impétuosité de son cheval, le perça de sa lance, et, l'ayant jeté à terre, lui coupa la tête qu'il envoya à l'émir comme gage de sa victoire. Les Maures, à son exemple, revinrent sur les chrétiens avec une furie nouvelle, et en firent un affreux carnage : « Longtemps, dit l'historien arabe, cette terre demeura couverte d'ossements blanchis. »

Que s'était-il donc passé entre les deux premiers jours et le troisième si différents des autres? Est-ce seulement que, à la longue, les Goths avaient perdu courage? On assure que, durant la nuit qui précéda la troisième journée, le comte Julien entra secrètement dans le camp de Roderic et eut un entretien avec les fils de Witiza. Mais comment les fils de Witiza se trouvaient-ils là? Étaient-ils donc, en apparence, demeurés fidèles au meurtrier de leur père? Roderic les retenait-il comme otages? Comment étaient-ils revenus de Ceuta? mais y avaient-ils jamais été? Quelle influence eut enfin cette conférence nocturne, si, en effet, elle eut lieu, sur les événements du lendemain? Tout ce qui regarde les fils de Witiza est resté obscur dans l'histoire.

Ainsi finit la bataille du Guadalete, ainsi finit la monarchie des Goths en Espagne; dirons-nous, avec M. Rossew-Saint-Hilaire, ainsi finirent les Goths eux-mêmes? Ce qu'il y a d'étrange, en effet, c'est qu'il semble, à cette époque, que la terre les ait tout à coup dévorés. Le silence se fait sur cette race. Il semble aussi qu'il se soit écoulé un siècle entier entre le jour où Pélage s'est caché dans les rochers des Asturies et celui où il en sort, quelques années à peine après le désastre du Guadelete. Le fils de Favila, fuyant pour se dérober aux meurtriers de son père, est encore un Goth; mais, durant ce mystérieux exil, il se retrempe au sein de la vieille race espagnole, et, quand il reparaît, c'est surtout aux opprimés de l'antique race qu'il fait entendre l'appel de la religion et de la patrie. La chute des Goths n'est que d'hier, leur sang coule encore, mêlé aux eaux du Guadalete, et cependant il ne s'agit plus d'eux, et c'est quelque chose de plus ancien qui recommence avec Pélage.

Mais nous n'en sommes encore qu'aux jours de la catastrophe. Le roi Alphonse le Sage, après l'avoir racontée, s'écrie dans la douleur du patriotisme vaincu :

« L'Espagne, en d'autres siècles, blessée par l'épée des Romains, puis guérie et régénérée par le courage des Goths, l'Espagne se sentit frappée à mort le jour où elle vit couchés à terre tous ceux qu'elle avait nourris. Elle a oublié ses chansons, et sa langue s'est changée en une langue étrangère. Sa voix résonne comme de l'autre côté de ce monde ; elle semble sortir de la terre et dire avec grand émoi : Hommes qui passez par le chemin, regardez et voyez s'il est une douleur égale à ma douleur... L'Espagne éclate en gémissements et en cris de désespoir ; toutes ses demeures sont désertes et abandonnées ; son honneur et sa gloire ne sont plus que confusion depuis que ses fils et ses serviteurs ont péri par l'épée. Les nobles tombèrent en captivité, et ceux qui auparavant étaient libres, alors se virent esclaves. Le fort et le courageux sont morts dans la bataille ; il n'est pied assez léger pour dérober celui qui fuit aux flèches de l'ennemi. Ah ! qui me donnera de l'eau afin d'en arroser ma tête, et faire de mes yeux deux sources de larmes impérissables pour pleurer la perte de ceux d'Espagne et la chute misérable des Goths ! »

Ne sent-on pas dans cette espèce de cantique, sous la couleur biblique dont il est revêtu, je ne sais quel accent filial qui prouverait que cinq siècles après l'invasion des Maures l'Espagne sentait encore dans ses veines couler le sang des Goths ? Dans l'abaissement commun toutes les races vaincues s'étaient réconciliées, l'unité nationale s'était retrempée et affermie dans la foi, et, Goths ou Espagnols, ce furent surtout des chrétiens qui, par l'épée de celui qui déplore si éloquemment le malheur de l'Espagne, prirent, sous les murs même de Jerez et au bord du Guadalete, une revanche passagère encore, mais éclatante, de la défaite de Roderic.

Que manque-t-il maintenant à cette grande page de l'histoire de l'Espagne ? Ne reconnaît-on pas dans la succession des événements l'implacable logique des affaires humaines ? La main toute-puissante qui, à son gré, élève ou abaisse les empires ne marque-t-elle pas assez dans la chute profonde des Goths, comme dans leur rapide élévation, son ineffaçable empreinte ? Encore une fois que manque-t-il au drame ? quelque chose sans doute, puisqu'après quatre siècles l'imagination populaire, pas plus chez les Maures que chez les chrétiens, ne s'est montrée entièrement satisfaite et a demandé plus. Mais quoi ? ce qui manquait au drame, c'était pour ainsi dire le drame lui-même : ce rien qui donne le signal, ce petit incident qui déconcerte en un instant l'œuvre majestueuse des siècles, cet élément vivace, passionné, qui est plus particulièrement de l'homme et de sa fantaisie du moment, et dont l'intérêt s'empare aussitôt des âmes ordinaires, et éclaire tout à coup pour elles les sinistres profondeurs de l'histoire ; qui n'est ni toute l'histoire, ni même proprement l'histoire, mais qui, renfermé dans de justes limites, doit avoir sa place dans toutes les transformations de la vie des peuples. Cet incident, ici, c'est la tradition de Florinde et des amours de Roderic.

Cette tradition précéda sans doute le onzième siècle ; mais on ne la trouve écrite qu'à cette époque, et on la lit pour la première fois dans une chronique attribuée à un moine de Santo Domingo de Silos, qui, à son tour, paraît l'avoir empruntée d'un historien arabe, Ben-al-Enthya ; et, pour ne rien cacher, disons vite que cet auteur arabe jouissait, même parmi les siens, d'un assez mince crédit. Depuis lors cette légende fut accueillie par la plupart des historiens qui ont écrit dans l'une et l'autre langue. On la retrouve surtout et avec tous ses détails dans une chronique espagnole du roi don Rodrigue, imprimée en 1527 à Valladolid, et la même année à Séville, mais, selon toute évidence, écrite antérieurement à cette date. C'est un récit romanesque sur beaucoup de points, mais qu'on peut regarder comme le dépôt et le résumé de tout ce que la tradition avait successivement ajouté à la primitive histoire du dernier roi des Goths.

Donc, quatre siècles après la bataille du Guadalete, voici ce qui se racontait dans les veillées, ce qui se chantait sur la guitare, sur la mandoline, ce qui peu à peu s'introduisait si bien dans l'histoire, qu'aujourd'hui encore on a bien de la peine à l'en séparer.

Il y avait à Tolède un ancien palais bâti, disait-on, par Hercule, et où, depuis la mort du héros, nul n'avait osé pénétrer. On assurait que de grands malheurs seraient le châtiment de quiconque serait assez téméraire pour violer ce redoutable asile, et retomberaient sur les peuples qui auraient vu, sans l'empêcher, un tel sacrilége. Aussi était-il d'usage que chaque roi, au commencement de son règne, vînt solennellement ajouter un cadenas à la porte du palais. Vainement pressait-on Rodrigue d'y mettre le sien, une pensée toute contraire assiégeait depuis longtemps l'imagination du vainqueur de Witiza. Il voulait, à tout prix, pénétrer dans le palais et s'emparer des richesses qu'il y croyait accumulées. Il se présenta donc à l'entrée, accompagné de ses chevaliers, et, au lieu de mettre à la porte un nouveau cadenas, comme on s'y attendait, il commanda impérieusement que l'on ouvrît ceux de ses prédécesseurs. A cet ordre inattendu, tous les assistants pâlirent; longtemps ils supplièrent Rodrigue de renoncer à son dessein, mais sans pouvoir rien obtenir. Il fallut ouvrir toutes ces serrures, ce qui ne laissa pas que d'être long. Enfin la dernière était ouverte, Rodrigue entra, suivi de tous les siens. Il se virent d'abord dans une salle immense où, sur un lit richement orné, était étendu un homme de haute stature, avec un papier à la main. Le roi s'empara du papier, l'ouvrit, et y lut tout haut les paroles suivantes : « Toi qui seras assez audacieux pour lire cet écrit, apprends ta destinée et le mal qu'elle te condamne à faire. Cette Espagne, que j'ai conquise et peuplée, par toi sera dépeuplée et perdue. » A mesure que le roi lisait, son visage se troublait, et il eût donné beaucoup pour n'avoir point fait le premier pas; mais bientôt, retrouvant son audace, il dit que le vrai Dieu savait seul l'avenir, et il passa outre. Les chevaliers le suivirent, mais plus préoccupés des terribles prédictions qu'ils venaient d'entendre qu'attentifs aux merveilles qu'ils avaient sous les yeux. Je me dispenserai de les décrire, et ferai comme Rodrigue, qui, au lieu de s'arrêter à considérer chaque salle et ce qu'elle contenait, semblait comme poussé en avant par le doigt de la fatalité. Il ne s'arrêta que devant un petit coffre azuré, relevé d'or, et orné de pierres précieuses; il était fermé d'un cadenas en nacre de perles, et sur ce cadenas on lisait en lettres grecques : — « Le roi qui ouvrira ce coffre verra bien des choses avant sa mort; c'est par là qu'Hercule, seigneur de Grèce et d'Espagne, apprit à lire dans l'avenir. » — « Voilà ce que je cherche, s'écria don Rodrigue avec une joie sombre, et je comprends maintenant pourquoi Hercule interdisait l'entrée de ce palais. » Et il commanda qu'on ouvrît le cadenas; mais, comme ses serviteurs y mettaient peu d'empressement, il le brisa lui-même de sa main. Que trouva-t-il au fond du coffre mystérieux? un morceau de toile blanche plié entre deux tables de cuivre. Le roi, l'ayant déplié, y vit représentés des hommes avec des turbans, leurs épées pendues au col, et leurs arcs attachés à l'arçon de la selle, qu'on reconnut plus tard pour être des Arabes: au-dessus de ces figures une inscription disait: « Quand cette toile aura été déployée, quand ces figures auront vu la lumière, des hommes armés comme ceux-ci entreront en Espagne et s'en rendront les maîtres. » Rodrigue, à cette lecture, se troubla plus encore que la première fois; mais il ne tarda pas davantage à reprendre sa tranquillité première, et, aux reproches que les siens s'enhardirent à lui adresser, il répondit avec une fermeté mélancolique, et où perçait déjà le sentiment de sa chute prochaine, que, si les choses devaient arriver comme il venait d'être prédit, il était également dans l'ordre de la destinée qu'il se vît condamner à ouvrir ce palais d'Hercule; que, quant à lui, il ferait de son mieux pour rendre la prédiction vaine, et que, si tous faisaient comme lui, il doutait que le monde entier parvînt à lui arracher la domination de l'Espagne; mais qu'au surplus, s'il entrait dans les desseins de Dieu qu'il en fût autrement, il n'y avait ruse ni violence qui pût empêcher sa volonté de s'accomplir.

Ce disant, il recommanda le secret à ses serviteurs, et fit remettre toutes les portes dans l'état où il les avait trouvées : inutile précaution; car à peine venait-on de refermer la dernière, qu'un aigle, qui semblait descendre du ciel, avec un tison enflammé dans les serres, déposa ce tison sur le toit du palais, et se mit à agiter l'air pour attiser le feu avec le battement de ses ailes. En un instant l'édifice parut en flammes, et ne fut bientôt qu'un amas de cendres. Il s'éleva aussitôt après un tourbillon de petits oiseaux noirs, qui dispersèrent les cendres par toute l'Espagne. Tous ceux qu'elles touchèrent périrent depuis dans la bataille contre les Maures.

Lorsqu'on demande, à Tolède, les ruines, non, mais l'emplacement d'un monument qui ait porté le nom d'Hercule, on s'accorde à vous dire qu'il y eut jadis un temple de ce dieu, au nord de la ville, là où gisent encore quelques débris de monuments romains, et où se voit le bel hôpital du cardinal don Juan de Tavera. Mais le temple d'Hercule doit-il être confondu avec le palais dont nous venons de raconter les enchantements? Le temps et les petits oiseaux noirs ont si bien dispersé les cendres de l'édifice, qu'il est difficile de se faire une conviction à cet égard. Aussi la tradition, ne sachant ici où se prendre, s'est-elle rejetée sur une autre ruine de Tolède, la cave d'Hercule, antre mystérieux, dont l'ouverture se trouve dans l'antique église de San-Gines, sur le point le plus élevé de la ville. Fouillé à différentes reprises, ce souterrain a été, selon l'époque, un sujet d'épouvante ou de raillerie, pour venir aboutir, dans notre âge prosaïque, à ne paraître qu'un de ces égouts qui comptent encore cependant parmi les plus imposants témoignages de la grandeur romaine.

Quoi qu'il en soit, tel fut le premier signal qui avertit Rodrigue de la sentence portée contre lui et contre la race des Goths. Depuis ce jour, on le vit en proie à une morne et sauvage tristesse, et comme paraissant chercher à l'horizon les prodiges avant-coureurs de la terrible prédiction. Une fois livré à ce sombre pressentiment d'un inévitable avenir, l'avenir sembla se hâter à proportion de l'effort même qu'il fit pour l'écarter. C'est Dieu qui mène le drame, et par des sentiers ignorés de celui-là même qui doit y jouer le principal rôle.

Rodrigue avait, à Tolède, un palais dont les jardins descendaient jusqu'aux bords du Tage. Un jour que, sans être vu, il regardait de l'une des fenêtres, il aperçut les filles d'honneur de la reine qui se divertissaient sur la rive du fleuve. Ne soupçonnant pas qu'aucun œil pût les voir, elles mesuraient leurs pieds avec un ruban, et comparaient la blancheur de leurs jambes. Or sachez que c'était le diable qui était venu en personne arranger cette petite scène, et qui avait amené Rodrigue à la fenêtre; je croirais même volontiers que c'est lui aussi qui tient la plume dans tout ce récit, à lire les détails où se complaît l'imagination un peu libertine du bon chroniqueur.

Or, parmi ces jeunes filles, aucune n'égalait en beauté la fille du comte Julien; elle avait nom Florinde. Le roi ne pouvait détacher d'elle son regard, et le diable prenait un soin inutile en lui détaillant toutes ses grâces. Rodrigue se retira, emportant dans le cœur la fatale passion qui devait bientôt perdre l'Espagne. Souvent, à Tolède, me promenant à l'une des portes de la ville, sur les bords du Tage, j'apercevais à l'autre rive une tour en ruines, qu'on appelle depuis des siècles les *bains de la Cava*. J'abandonne pour ce qu'elle vaut la tradition qui prête un rôle à cette tour dans la vieille histoire. Mais toute tradition a son importance, moins par ce qu'elle prétend dire que par ce qu'elle dit en effet. Quoi qu'il en soit des bains de la Cava, depuis le jour où Rodrigue avait aperçu Florinde dans les jardins du palais, déclarations d'amour, promesses, tendres supplications, tentatives de toutes sortes, les piéges mêmes, rien ne fut épargné pour mettre à mal la vertu de la jeune fille. Résiste-t-on éternellement à un roi? On voudrait du moins que Florinde eût fait une défense plus longue et plus résolue. On se demande si ce n'est pas à cette molle résistance, plus encore qu'à la trahison de son père, qu'elle dut ce nom de Cava que lui ont donné les auteurs arabes, et qui, dans leur langue, signifie une femme de mauvaise vie. Il faut bien convenir que Florinde n'opposait au roi que d'assez pauvres raisons. Mais, réduite par la force ou vaincue par sa propre faiblesse, elle retrouva tout à coup dans la conscience de sa défaite l'indignation de l'honneur outragé. Accablée d'une langueur mortelle, elle perdit peu à peu cette dangereuse beauté qui l'avait perdue elle-même. Ses compagnes s'étonnent et l'interrogent. Pressée enfin par sa douleur, elle dit tout à l'une d'elles, qui l'encourage à confier sa honte à son père. On trouvera sans doute que c'était un peu tard. On se demandera pourquoi maintenant cette confidence, qui, si naturelle au lendemain de l'offense et dans le premier emportement du désespoir, pourrait bien avoir aujourd'hui pour mobile le ressentiment d'une seconde offense, l'abandon et le dédain du roi, par exemple. Je me reproche, en écrivant ceci, d'aggraver une infortune déjà assez grande par l'injure imméritée peut-être d'un tel soupçon. Mais je cherche comme je peux à m'expliquer ce surnom de Cava si obstinément attaché à la mémoire de la fille du comte Julien, surnom trop sévère si dans la faute il n'y avait eu que la faute même.. Je citerai textuellement la lettre de Florinde à son père. Je crains qu'elle ne démente aucune de mes conjectures.

« A mon honoré, prudent, illustre et redouté seigneur et père, le comte Julien, seigneur de Ceuta, moi la Cava, votre fille déshonorée, je me recommande à vous et à votre véritable amour, comme celle qui pour son malheur est la honte du meilleur des pères. Monseigneur et père, je veux que vous sachiez comment vous avez cru parfaire notre honneur, en m'envoyant à la cour du roi don Rodrigue, et comment, au contraire, c'est notre déshonneur que vous avez parfait, et ma plus grande perte; qui est que le roi, sans mon consentement, s'est rendu maître de ma personne et a fait de moi à sa volonté, et, du grand chagrin que j'ai de me voir ainsi abusée, si je reste plus longtemps dans sa cour, je n'ai qu'à attendre la mort avec grande amertume. C'est pourquoi, mon seigneur et père, je vous prie d'envoyer pour moi, au plus vite, et d'avoir pitié de la pauvre désolée qui naquit dans un jour néfaste, sinon je me laisserai mourir ; car, si je vis encore, ce n'est pour autre chose que pour voir ma mère une dernière fois. »

A cette lettre aussi touchante que simple, le père Mariana a substitué une éloquente amplification à la manière des historiens de l'antiquité, qui se termine par une provocation directe à la vengeance et à la trahison.

A peine informé de l'outrage, le comte accourut à Tolède; mais, couvrant d'un masque son ressentiment, il n'épargna rien pour se faire bien venir du roi; seulement il profita de la faveur qui ne pouvait lui être refusée pour donner au roi le plus dangereux conseil, qui, étant suivi, devait sous peu de temps, entraîner la perte de l'Espagne. Quand il eut bien endormi sa victime, il se remit en route pour Ceuta, prenant avec lui sa fille, sous prétexte de la ramener auprès d'une mère mourante, ce que le roi lui accorda avec un empressement qui ajoute encore à la vraisemblance de nos conjectures. Un blanc-seing que le roi lui remit avec l'imprévoyance de l'homme aveuglé par sa destinée, et qu'il remplit de l'ordre de faire périr ses principaux officiers, lui servit à exercer contre Rodrigue son implacable colère ; tout était mûr pour la trahison. Vainement un brave chevalier, égaré parmi les traîtres, essaya-t-il de les contenir; ces résistances morales ne tinrent pas contre les clameurs de la comtesse, et Julien sortit de Ceuta pour se rendre auprès de Muza.

J'ai hâte maintenant d'en venir à la bataille. Dans la tradition ce n'est pas trois jours qu'elle dure, mais huit, et Muza, en personne, commande l'armée des infidèles. Un si grand coup ne pouvait être porté par un simple lieutenant. Je laisse de côté une multitude d'incidents chevaleresques ou romanesques, comme on voudra. Je me borne à citer, dans la quatrième journée, certaine charge d'évêques qui a bien sa grandeur épique. Il y a surtout un évêque de Cordoue qui s'escrime de la lance avec une merveilleuse vigueur. Mais, à côté de ces intrépides champions de la foi chrétienne, on voit sans cesse se glisser dans l'ombre pour faire le mal, ce métropolitain de Séville, Oppaz, qui joue ici le même rôle que dans l'histoire, s'ingéniant en secret à faire échouer toutes les sages dispositions que prend Rodrigue, et à rendre inutile la valeur des Goths. Le jour on se battait; mais, le soir venu, c'étaient sans cesse de nouveaux conseils, où le traître Oppaz, artisan de ruses perfides, prenait de fatales revanches contre les prouesses du matin. Cet évêque Oppaz, dit la chronique, avait un diable dans le corps; mais ce diable se laissait voir parfois, et alors il se trouvait quelque bon clerc qui menaçait tout haut de tuer l'évêque de sa main. Le roi intervenait et retrouvait dans ces occasions une singulière dignité. Tant de courage d'abord, et ensuite tant de sagesse, joint au pressentiment que tout cela était en pure perte, rend au monarque condamné quelque chose de la grandeur morale que le crime lui a ôtée et prépare dignement les scènes touchantes de sa pénitence dernière.

A la veille de la huitième journée, les pressentiments du roi devinrent plus manifestes. Il eut comme une vision de sa vie entière, et de grandes larmes tombèrent de ses yeux : « Il resta ainsi plus d'une heure, dit la chronique, à ne faire autre chose, et tous autour de lui se taisaient. » Puis tout à coup, sortant de sa stupeur, il donna ses ordres comme de coutume. La veille il avait dit à l'évêque de Jaën : — « Ami évêque, je sens que ma fin est très-prochaine, et Dieu a grande raison de ne pas s'inquiéter s'il m'arrive bien ou mal. Si le sort est contre moi, les choses ne peuvent aller que de mal en pire, et il me faut, de toute nécessité, être détruit et perdu. Mais, jusqu'à ce que Dieu ait prononcé, il faut que je fasse ce qu'un bon chevalier est tenu de faire. Ah ! si Dieu seulement permettait que seul je portasse le poids de mes graves péchés, au lieu de les faire retomber sur mon peuple, j'en aurais une grande joie. Mais je crois que cela ne peut être. » Se tournant ensuite vers ses chevaliers, il les encouragea pieusement à marcher à la bataille comme au martyre, et à demander à Dieu qu'il voulût bien recevoir leurs fatigues et leurs dangers en expiation de leurs péchés. Lui-même confessa les siens à l'archevêque de Tolède, pleura et communia, puis s'arma, mais avec une grave lenteur et comme un homme qui se dispose à mourir.

L'aube du huitième jour trouva l'armée chrétienne rangée en bataille dans l'ordre que le roi avait marqué ;

la mêlée fut terrible, et plus d'un s'écria en mourant : « qu'à la malheure était née la Cava, fille du comte Julien. » Les Goths tinrent bon jusqu'au moment où éclata la trahison d'Oppaz. Le traître entraîna avec lui presque toute une bande qu'il tenait prête et avertie. Le petit nombre de ceux qui, se refusant à le suivre, échappèrent à ses coups accourut se ranger autour du roi, et lui dit que l'évêque s'était fait Maure. Rodrigue fut longtemps sans pouvoir proférer une parole et se disait intérieurement que l'heure sans doute était venue ; il en douta moins encore quand il vit les chrétiens qui de toutes parts faiblissaient. Alors il quitta l'habit éclatant auquel on pouvait le reconnaître, le remit à un page, et se rejeta dans la mêlée, pour faire jusqu'au bout son devoir de soldat et de chrétien ; il ne cherchait plus que la mort ; la victoire avait décidément passé aux infidèles. Séparé des siens par le hasard de la lutte, le roi fit d'inutiles efforts pour les rejoindre. Quand il eut vu que tous étaient morts ou en fuite, il s'en alla lui-même du côté opposé, et gagna seul une colline qui dominait toute la plaine. De là, promenant ses regards sur le champ de bataille, il chercha d'abord par où il pourrait y rentrer ; mais, aussi loin que sa vue put s'étendre, il ne vit debout aucun des siens. Il reconnut alors que c'en était fait de la fortune des Goths, et, déplorant amèrement leur destinée, la sienne et celle de l'Espagne, il abandonna la bride à son cheval Orelia. Le bon serviteur, accablé du poids de son maître et de celui de son armure ensanglantée, suivait languissamment les bords du Guadalete. Un ermite passa, qui, touché de la détresse du roi, lui conseilla de se résigner à la volonté de Dieu. Le roi ne pouvait y parvenir tant qu'il entendait encore le bruit lointain de la bataille. Mais, à mesure que ces rumeurs allaient s'affaiblissant, devenu plus attentif aux sages paroles de cet ermite, il se laissa convaincre que le meilleur parti qu'il eût à suivre, c'était de faire du reste de sa vie une sévère expiation du passé. Il reprit ensuite son chemin, et l'ermite le vit, à quelque distance, descendre de cheval, et, laissant dans un marais voisin son cheval, sa couronne, ses armes magnifiques, ses harnais couverts d'or et de pierreries, toutes les marques extérieures d'une royauté dont la réalité l'avait déjà quitté, s'enfoncer seul dans les ténèbres commençantes de la nuit. Ce cheval, percé de coups, et ces riches dépouilles éparses au bord du Guadalete accréditèrent l'opinion que le roi avait péri en traversant le fleuve.

Ici le chroniqueur, en vrai romancier qui connaît les ruses de l'art, abandonne Rodrigue pour peindre le désespoir de la reine, surprise au milieu de ses femmes par la nouvelle de la catastrophe. C'était une de ces douces figures comme Dieu et l'histoire ne manquent jamais d'en placer quelqu'une auprès de ces rudes personnages. Mais le cœur humain est fait de telle sorte, que j'ai grand'-peur que le lecteur ne s'impatiente et ne me demande plutôt ce que devenait la Cava. La Cava? Elle s'absolvait de sa faute par les larmes qu'elle donnait à sa patrie, et par là elle attirait sur elle le courroux de sa mère, qui lui reprochait, comme nous peut-être, qu'il fallait bien qu'elle eût consenti à son déshonneur pour qu'elle pleurât celui qui, vivant, l'avait déshonorée. Mais ce n'est pas le roi que pleure la Cava, c'est l'Espagne tombée avec lui, c'est l'honneur de son père plus compromis cent fois par sa trahison que par la honte et le malheur de sa fille. « Voilà, s'écrie-t-elle, ce qui fait que je pleure; c'est que je serai tenue dans le monde entier pour la pire femme qui jamais ait vu la lumière. Je ne voudrais pas que tous ceux qui sont nés ou à naître eussent à maudire en moi, infortunée que je suis, la cause de tout le mal. Si le roi m'a ravi l'honneur, tout le sang qu'on vient de répandre me l'a-t-il rendu? Hélas! ce n'est qu'un mal ajouté à un mal. Ma vie, pour longue qu'elle soit, ne durera pas cent années; mais, à cause de tous les fléaux qui en sont sortis, ma mauvaise renommée durera autant que ce monde et l'autre. » Et, en parlant ainsi, la pauvre Cava raisonnait mieux que le jour où, pure encore, elle opposait à la passion du roi de si frivoles arguments.

Elle écrit encore à son père pour l'apaiser : « Mettez un frein à ce courroux terrible qui, par votre épée, a donné la mort à tant de nobles guerriers d'Espagne. Celui qui commit le crime en a reçu le dur, mais juste châtiment; n'appesantissez pas tout le poids de votre pouvoir sur de pauvres gens vaincus et anéantis par vous, qui aviez, au contraire, reçu mission de les garder et de les délivrer. » Et elle termine en exprimant d'une manière touchante le même souci de sa renommée. Florinde, on le voit, pour rendre des sentiments justes et vrais, sait trouver, au besoin, une simplicité pathétique. Mais, comme le Comte ne lui répond qu'avec un emportement sans mesure, et que tant de violence, l'ambition et la vengeance une fois satisfaites, n'est plus dans la nature, sa réponse à sa fille, atroce dans le fond, ne pouvait être qu'extravagante dans la forme.

Mais revenons au roi Rodrigue. Marchant toujours dans la direction du Portugal, il arriva ainsi au bord de la mer, et se trouva à la porte d'un ermitage où, depuis quarante années, un saint homme servait Dieu. L'ermite l'accueille comme un frère, le console, l'invite à demeurer près de lui, à partager son humble cellule; il y trouvera chaque jour un pain d'orge, et à toute heure la solitude, compagne des bonnes pensées. Au bout de trois jours, l'ermite meurt, laissant son hôte dans les plus saintes dispositions, et pieusement décidé à ne pas se séparer de la règle de pénitence que le bienheureux lui a tracée en mourant. Mais, ces sages résolutions ne faisant pas les affaires du diable, ce diable que vous connaissez déjà, et qui, par la Cava, avait séduit Rodrigue et perdu l'Espagne, se promit bien de ne rien épargner pour reprendre son empire sur cette âme qui lui échappait. Saisissant le moment où Rodrigue était occupé à mettre en terre, de ses propres mains, le saint ermite, son prédécesseur, il se présente à lui sous la figure d'un autre ermite, vrai frère Tuck, qui tient absolument à lui prouver que des perdrix rôties et des gâteaux de pur froment sont de beaucoup préférables à un pain d'orge, et qu'il se trouvera mieux d'un vin parfumé qu'il lui offre que de l'eau trouble de la citerne voisine. Mais Rodrigue aurait bien mal profité des leçons de l'adversité si elles l'eussent laissé accessible à de si grossières tentations. Le subtil logicien, s'apercevant que le roi était aussi en garde contre les vains raisonnements que contre le vin parfumé, passa son chemin et alla chercher un autre masque.

Il sera peut-être plus difficile à Rodrigue de repousser les amorces de l'ambition. D'ailleurs, quoi de plus légitime que de vouloir laver la honte qui rejaillit sur le nom chrétien, en prenant sa revanche contre les Maures? C'est justement ce que lui dit le comte Julien, et de plus il vient lui en présenter l'occasion. Le comte se repent amèrement de son crime et n'a plus qu'une pensée, c'est d'en arrêter les tristes conséquences. Il a rallié les restes de l'armée vaincue; elle est là, à quelques lieues, et n'attend plus que son chef pour courir à une victoire assurée. On devine aisément quel est ce comte Julien; mais Rodrigue, qui ne reconnaît pas en lui Satan, garde tout l'honneur de la victoire qu'il remporte sur lui-même. Respectant dans sa défaite la main qui l'a frappé, il ne cède ni au désir de châtier le traître qui se livre à lui ni à la tentation généreuse de relever l'empire des Goths. Ajoutons que Dieu non plus ne l'avait pas laissé sans défense. Dans l'intervalle d'une visite à l'autre, il avait eu une vision du Saint-Esprit qui lui avait enseigné l'héroïsme de la résignation et de l'humilité, comme pour le récompenser d'avoir trouvé en lui-même le courage plus facile de la tempérance.

Cependant ce second échec ne rebute pas le démon ; il gardait à Rodrigue un dernier assaut autrement redoutable que les deux premiers. Rodrigue avait péri par l'incontinence. La fatale beauté de la Cava avait été l'écueil de sa vertu fragile, sera-t-il donc insensible aux charmes même de la Cava s'offrant à lui, plus belle que jamais, dans sa solitude enflammée ? Or voici venir Florinde, ou plutôt encore le diable sous les traits de Florinde. C'est un ange qui l'envoie pour révéler à Rodrigue qu'il naîtra d'eux un fils appelé à régner un jour sur les Goths et à rétablir leur domination dans toute l'Espagne. Rodrigue, cette fois, pouvait céder à sa passion, sans pour cela manquer à sa vertu; car, la reine étant morte, il ne ferait qu'accomplir la promesse que jadis, pour la tromper, il avait donnée à Florinde. Rodrigue avait jusque-là peu de mérite à résister, car sous cette forme plus attrayante c'était encore l'ambition qui venait assaillir son cœur. Mais il y avait dans ce cœur si rude des fibres encore sensibles qu'une main habile pouvait aisément réveiller. Rodrigue vit alors se renouveler sous ses yeux la décevante scène des jardins de Tolède, avec tout ce que la magie pouvait y répandre d'enchantements et de voluptueuses séductions. Il revit la Cava peignant ses longs cheveux et se dérobant à demi sous leurs tresses. Le pauvre Rodrigue commença à trembler de tout son corps, et il allait perdre en un moment tout le fruit de la pénitence commencée, lorsque la pensée lui vint de recourir au signe de la croix. Alors, joignant les mains, il éleva vers le ciel ses yeux baignés de larmes amères. Au même instant une vive lumière inonda l'ermitage, et Rodrigue poussa un cri de délivrance en faisant le signe de la croix. Il achevait à peine, que la fausse Cava se laissa choir du haut des rochers dans la mer, et avec un tel bruit, que l'on put croire que la terre allait s'abîmer avec elle, et que les flots soulevés rejaillirent jusque sur l'autel que le roi tenait embrassé.

Après ces épreuves morales si courageusement surmontées, que seront maintenant des souffrances purement physiques? Quand l'âme a résisté à toutes les passions à la fois, que pourront sur le corps la douleur et la mort même? On verra cependant que le supplice, qui attendait encore le roi, était fait pour étonner le plus mâle courage. Ce supplice encore inconnu, il doit lui-même aller le chercher, guidé par un nuage qui ne s'arrêtera que là où la pénitence devra trouver son terme. Rodrigue marcha ainsi plusieurs jours, errant de refuge en refuge, jusqu'à un dernier ermitage, où un vénérable prêtre, mystérieusement averti, le reçut, le confessa, et lui révéla enfin cette suprême et redoutable épreuve qui semblait toujours reculer devant lui, comme si jusque-là Dieu eût douté que ses forces pussent y suffire. Du pied de l'ermitage jaillissait une source, et, tout à côté, il y avait une large pierre. Sous cette pierre se tenaient trois petites couleuvres, dont l'une avait deux têtes. Rodrigue reçut l'ordre de prendre cette dernière et de l'enfermer dans un pot d'argile, où il la nourrirait secrètement jusqu'à ce que, de ses longs anneaux, elle pût faire trois fois intérieurement le tour du vase, et dresser au dehors sa double tête. Ceci étant fait, Rodrigue apprit que la volonté de Dieu était qu'il se dépouillât de ses vêtements et s'enfermât seul avec la couleuvre affamée dans une caverne sans lumière, et de cette manière, ajoute la chronique, plaise à Dieu que le roi Rodrigue accomplisse sa pénitence!

Rodrigue se soumit sans hésiter à tout ce qui était exigé de lui, et, au bout de cinq jours, la couleuvre paraissant assez grande, il s'enferma avec elle dans le lieu indiqué. Le prêtre auparavant le confessa; et, avant de rouler une grosse pierre à l'entrée de la caverne, dont il boucha d'ailleurs étroitement toutes les issues, il exhorta son pénitent à la patience et à la résignation. Après être allé dire sa messe, il revint demander au roi comment il se trouvait. Celui-ci répondit que la couleuvre n'avait encore fait aucun mouvement. Le prêtre profita de ce répit pour lui adresser une nouvelle exhortation, mêlée de beaucoup de larmes. On sait combien, en ces commencements du moyen âge, l'œil de l'homme, du moins dans les chroniques, s'ouvrait facilement aux larmes. Trois jours se passèrent ainsi dans une attente pire que le supplice. Sur le soir du troisième jour, la couleuvre se leva lentement du coin où, jusque-là, elle était restée comme engourdie et rampa du côté de Rodrigue; l'une des têtes alla droit au cœur, l'autre plus bas, et là où, dans un célèbre tableau de Michel-Ange, on voit une autre couleuvre punir des mêmes morsures un prélat libertin. Quelques instants après, le prêtre se présenta de nouveau et demanda, comme la première fois, comment se passaient les choses. « La couleuvre me dévore, répondit le roi. — Et où se porte sa furie? — Au cœur, répondit encore le roi, et là d'où est venu le malheur de l'Espagne. » Mais, toujours résigné, il se borne à implorer l'aide du Seigneur. Le bon prêtre retourne à son logis, mais il n'a pas le courage de manger, tant l'image terrible qu'il a devant les yeux a rempli son cœur d'amertume, et il s'enferme pour prier et pleurer. Le martyre de Rodrigue dura depuis une heure avant la nuit jusque vers la fin du jour suivant. Alors, la couleuvre ayant atteint la vie dans sa source même, il rendit paisiblement l'esprit. En ce moment, toutes les cloches du voisinage se mirent à sonner d'elles-mêmes, et par là le prêtre connut que Rodrigue avait cessé de souffrir, et que son âme était sauvée.

Ainsi finit le dernier roi des Goths; ici s'arrête la légende, car ce qui suit est presque de l'histoire. Alphonse le Sage raconte, en effet, dans sa Chronique, qu'après que les chrétiens eurent repris Viseu sur les Maures on trouva dans la campagne, et devant la porte d'une petite église, une pierre avec cette inscription : « Ci-gît don Rodrigue, dernier roi des Goths. » Rodrigue reposait-il sous cette pierre? Faut-il croire que, en effet, il survécut à sa défaite, et que, dans sa fuite errante, il arriva jusqu'en Portugal?

Après l'histoire, après la tradition, il nous reste à interroger la poésie. Le Romancero est en Espagne la source de toute inspiration, et sa forme la plus populaire. La vie entière de Rodrigue, comme celle du Cid, forme dans le

Romancero même, comme un romancero à part, drame chanté qui a son exposition, ses péripéties et son dénoûment. Depuis l'ouverture du palais d'Hercule jusqu'à la dernière trahison du comte Julien, auprès de Carmona, jusqu'à la terrible pénitence de Rodrigue, chaque incident du poëme est un écho de la légende dont on vient de lire l'exacte analyse. Est-ce le chroniqueur qui a inspiré le poëte, ou celui-ci est-il allé chercher dans la chronique le thème tout tracé de ses chansons? question grave, épineuse, et que pourrait à peine résoudre toute l'érudition d'un Duran, aidée du sens délicat d'un marquis de Pidal. Quant à moi, si j'osais, en pareille matière, hasarder une opinion, je dirais que parfois la poésie a dû sortir de la chronique, et qu'ailleurs c'est la chronique qui s'enfante de la poésie.

On ne traduit guère le Romancero. Ses traits simples pourraient paraître nus; sa concision énergique risque d'être prise pour sécheresse, et cependant cette simplicité soutenue, ce trait rapide, peint si juste, que souvent l'ébauche vaut un tableau. Les Grecs aimaient les longs récits; leur organisation exquise les faisait se complaire dans les détails ingénieux; aussi leur poésie populaire est-elle éminemment épique. Le Romancero, dans son ensemble, est une sorte d'épopée, mais chaque morceau en lui-même a surtout l'accent lyrique. Au lieu d'une longue narration destinée à captiver les oreilles et à tenir les âmes attentives, c'est une ébauche jetée en courant, une scène, un dialogue, un monologue, dont l'expression courte et brusque effleure l'esprit et provoque une larme, un sourire, un soupir. Ce n'est pas une œuvre d'art qui vienne, par une émotion continue, donner au cœur ou à l'imagination une satisfaction lente et paisible, une jouissance élevée et durable; c'est un thème qui ne saurait se passer du chant, et qui a besoin d'un auditoire qui s'anime aux paroles et les répète en chœur; si on osait parler ainsi, c'est un libretto sur lequel chaque auditeur met, suivant l'heure, la musique de sa passion, de sa croyance, de ses souvenirs.

J'avais besoin de hasarder ici ce préambule et de faire humblement mes réserves, avant d'essayer de traduire dans notre langue quelques passages de ces brèves chansons, mélange souvent singulier de naïveté et d'emphase, d'ignorance candide et d'érudition pédantesque.

D'une fenêtre de son palais de Tolède, Rodrigue vient d'assister, sans être vu, aux jeux un peu hardis de Florinde et de ses compagnes.

« Les dames s'en furent du jardin avec celle qui avait fasciné le roi par sa beauté, son charme et sa grâce.

« Il la mande bientôt à son appartement secret, et lui dit ces paroles : — Sais-tu, ma belle Cava, que depuis hier je ne vis pas?

« Si tu veux me secourir, je te le payerai de mon sceptre et de ma couronne que j'immole sur tes autels.

« On dit qu'elle ne répondit pas, et que d'abord elle se courrouça, mais à la fin de l'entretien ce qu'il ordonna s'accomplit.

« Florinde perdit sa fleur : le roi se repentit, et toute l'Espagne fut en péril pour le plaisir de Rodrigue.

« Si l'on demande qui des deux a fait la plus grande faute, les hommes diront la Cava, et les femmes Rodrigue. »

Parmi des traits d'un goût faux et exagéré, il y a dans la plainte du comte Julien des endroits où, à défaut de la douleur du père, éclate avec une énergie sauvage le cri de la vengeance.

« Dieu le sait, je voudrais prendre ma vengeance d'une autre manière; je ne la voudrais ni si atroce ni si sanglante.

« Mais je ne le puis; entre donc le Maure par Tarifa, et qu'il ravage, qu'il pille, qu'il détruise, qu'il tue dans mon État et sur mes terres mêmes.

« Ainsi parlait le comte Julien en lisant une lettre où la Cava lui racontait sa mésaventure. »

Pendant sept jours, Chrétiens et Maures ont combattu avec des chances égales. Dans la huitième journée, la fortune s'est prononcée contre les Goths.

« A l'heure où se taisent les oiseaux aux ailes peintes, et quand la terre écoute, attentive, les fleuves qui portent leur tribut à la mer;

« A la clarté indécise de quelque pâle étoile qui, dans le silence craintif de la nuit, tristement étincelle;

« Tenant plus sûre l'apparence d'un habit indigent que la couronne si convoitée ou la richesse si enviée;

« Dépouillé des royales insignes de la majesté souveraine que l'amour et la crainte de la mort ont laissées au bord du Guadalete;

« Bien différent de ce Rodrigue qui naguère entra dans la mêlée, riche des joyaux que la victoire avait mis dans la main des Goths;

« Les armes teintes de sang, du sien et de celui de l'ennemi, bossuées en mille endroits, et en plus d'un brisées;

« La tête sans armet, le visage souillé de poussière, image de sa fortune, qu'il voit aussi s'en aller en poussière :

« Sur Orelia, son bon cheval, déjà si fatigué, qu'à peine il exhale un souffle haletant, et que parfois il baise la terre;

« Par les champs de Jerez, Gelboë nouvelle et désolée, s'en va fuyant le roi Rodrigue, par monts, par vaux et par collines;

« De tristes visions passent rapidement devant ses yeux; le tumulte confus de la guerre frappe son oreille craintive;

« Il ne sait où regarder (de tout inquiet et effrayé): le ciel? Il redoute son courroux, car c'est le ciel qu'il a offensé!

« La terre? Elle ne lui appartient déjà plus; celle qu'il foule est terre ennemie. Il s'enferme en lui-même avec ses souvenirs;

« Son âme lui apprête au dedans un champ de bataille plus terrible, et avec des sanglots et des soupirs, ainsi se plaint le roi des Goths :

« Infortuné Rodrigue! Si, en d'autres temps, tu eusses fui ainsi! si tu avais fui tes désirs du pas dont tu vas maintenant;

« Si aux assauts de l'amour tu n'eusses opposé une mollesse si peu digne d'un homme, d'un Goth, moins encore, d'un roi qui a le sceptre en main ;

« L'Espagne n'eût pas perdu sa gloire, et debout encore serait ce rempart de guerriers, maintenant couchés sur le sol, et dont le sang change la couleur de l'herbe;

« Ennemie trop aimée, Hélène de l'Espagne, oh! que ne suis-je né aveugle, ou que ne naissais-tu moins belle !»

La plainte continue, mais bientôt elle tourne à l'affectation. Je préfère donc aux dernières stances cette fin d'une autre chanson sur le même sujet :

« Hier j'étais roi d'Espagne; aujourd'hui je ne le suis pas même d'une ville;

« Hier j'avais des villes et des châteaux, aujourd'hui ni un château ni une ville; hier j'avais des serviteurs, aujourd'hui pas un pour m'assister;

« Aujourd'hui pas un créneau que je puisse dire mien; malheureuse fut l'heure, malheureux fut le jour

« Où je naquis, où j'héritai de ce vaste empire, puisque je devais tout perdre à la fois et en un jour !

« O mort! que n'as-tu retiré mon âme de ce corps misérable !.... »

Je reviens ici à l'autre plainte :

« Rodrigue allait en dire davantage, mais la douleur arrête les paroles commencées et les brise entre ses dents.

« Son cheval tombe mort, et, dégageant ses jambes de l'étrier, avec l'arçon il se fait un oreiller jusqu'à ce que les ténèbres se dissipent.

« Et disant : Adieu, Espagne, où désormais va régner

le Barbare, à côté de son cher Orélia, il attend la lumière ennemie. »

A l'aube, Rodrigue se remet en route, pour aller au-devant du châtiment inconnu, et qui est le même qu'on a vu dans la chronique. Chemin faisant, il adresse à Dieu une prière qui mériterait d'être traduite tout entière, et dont, à mon grand regret, je ne citerai que le trait admirable qui la termine : « Si je meurs dans ce désert, Seigneur, ayez pitié de moi ; et puisse ce que je dis à la montagne me tenir lieu de confession ! »

Après l'inspiration populaire, la poésie savante devait, à son tour, s'emparer de la pathétique légende. Elle n'a eu garde d'y manquer. Dans l'épopée comme dans l'ode, dans le roman comme au théâtre, on voit sans cesse revenir le souvenir de la bataille du Guadalete. Rodrigue, la Cava, le comte Julien, ces noms de douloureuse mémoire, n'ont cessé d'assiéger l'imagination espagnole. Dans la *Jérusalem conquise* de Lope de Vega, le sultan Saladin se fait raconter longuement par un captif d'Espagne les aventures de Florinde. Le même Lope de Vega a écrit deux *comédies* qui ont pour titre l'une le *Dernier Goth d'Espagne*, l'autre le *Dernier des Goths*. D'autres après lui, Concha, par exemple, et Valladares, ont porté sur la scène quelque épisode du même sujet, le premier, la *Perte de l'Espagne*, le second, la *Mort de la reine Égilone, veuve du roi Rodrigue*.

De nos jours enfin la source antique ne paraît pas encore tarie; et je ne parle que de l'Espagne; je laisse de côté le poëme de Walter Scott, la *Vision de don Roderic*, et la savante épopée de Robert Southey; l'œuvre du génie espagnol n'a besoin, pour paraître originale, qu'on la compare avec aucune autre. Un des écrivains les plus distingués de l'Espagne moderne, M. le duc de Rivas, composa, dans sa jeunesse, sous le titre de *Florinde*, un poëme en cinq chants, où se retrouvaient déjà quelques-unes des brillantes qualités qui depuis ont fait la fortune de ses *romances historiques*. Et un poëte plus récent, mais d'un renom égal, don Jose Zorilla, a écrit sous ce titre : le *Poignard d'un Goth*, un acte énergique et toujours applaudi au théâtre. On n'a pas oublié que, dans la chronique, le diable prend la figure du comte Julien pour essayer d'arracher Rodrigue au désert et à la pénitence. Il y avait dans cette ruse du démon le germe d'une idée dans laquelle un poëte dramatique devait, un jour ou l'autre, reconnaître son bien. De cette illusion de la magie infernale, Zorilla fait une réalité, et je ne sache pas de scène plus émouvante que celle de ces deux hommes, se rencontrant, peu à peu se devinant, et se demandant l'un à l'autre un compte sévère de la chute de leur patrie commune.

Mais de ce grand sujet il est sorti un monument véritablement classique, et par lequel j'ai hâte de terminer ces citations qu'on aura déjà sans doute trouvées bien longues; je veux parler de l'ode célèbre de Luis de Léon, la *Prophétie du Tage*.

Fray Luis de Léon, ce grave maître de la philosophie sacrée, est en même temps l'un des grands lyriques de l'Espagne. Plus d'une fois il a été appelé l'Horace espagnol, et il faut bien convenir que son génie n'est pas sans quelque parenté avec le génie latin. Il était né à Grenade en 1527. Tout jeune encore, il prit dans un couvent de Salamanque l'habit de Saint-Augustin, et, dès le 29 janvier 1544, il prononçait des vœux irrévocables. On crut ne pouvoir s'assurer trop tôt la possession d'un génie qui annonçait de bonne heure des talents extraordinaires. Savant orientaliste et interprète profond des saintes Écritures, il enseigna la science chrétienne dans une chaire obtenue au concours. On ne sait si Luis de Léon avait des ennemis, mais assurément l'ordre avait des envieux. Accusé devant l'inquisition de Valladolid d'avoir traduit le Cantique des cantiques en langue vulgaire, chose expressément interdite, Fray Luis fut jeté dans la prison du redoutable tribunal. Il en sortit triomphant et absous; mais il y était resté cinq années. Quand il y entra, il avait déjà écrit toutes ses poésies. Dans une piquante épître dédicatoire adressée à Pedro de Porto Carrero, il les donne pour des fantaisies de sa première jeunesse, auxquelles il n'avait pas même laissé mettre son nom. Mais, disons-le, si le traité de la *Parfaite Mariée* met Luis de Léon au rang des plus éloquents moralistes chrétiens de l'Espagne, et le place entre sainte Thérèse et Fray Luis de Grenade, les œuvres de la jeunesse de Luis de Léon ont fait de lui un des classiques de son pays. Elles ne contiennent que trois livres; le premier est un recueil d'environ trente petites pièces originales d'une rare perfection. La grâce, le nombre, l'élégance, souvent une élévation naturelle, un sentiment délicat et sincère des charmes de la solitude et de la nature, souvent aussi un grand essor lyrique, tels sont les caractères généraux de cette partie toute personnelle des inspirations du poëte.

Le second livre renferme d'heureuses traductions des Églogues de Virgile, de plusieurs odes d'Horace, de quelques élégies de Properce, d'un ou deux canzones de Pétrarque.

Dans le troisième, on trouve de belles paraphrases des psaumes et du livre de Job.

Fray Luis de Léon venait d'être élu provincial de son ordre, lorsqu'il mourut à Madrigal, le 23 avril 1591. L'Espagne, qui lit très-peu ses grands poëtes, mais qui en est toujours très-fière, tressaillit d'aise, il y a quelques mois, en apprenant qu'on venait de retrouver les restes perdus ou, pour mieux dire, oubliés de Fray Luis de Léon. Ses ossements précieux reposaient à Salamanque, dans les décombres du couvent même où ils furent rapportés de Madrigal ; on les a reconnus entre beaucoup d'autres dépouilles ensevelies dans la terre, à cette circonstance particulière que, pour les rapporter de Madrigal, il avait fallu les enfermer dans un cercueil.

Exhumons à notre tour cette autre relique du poëte, relique de son génie, plus précieuse que celle de son corps mortel. Ici l'Horace espagnol a doublement mérité ce titre, car l'œuvre que nous allons citer est une imitation complète de la *Prophétie de Nérée*. Seulement hâtons-nous d'ajouter que la saisissante analogie du sujet et la verve toute patriotique du poëte moderne ont réussi à faire d'une simple imitation quelque chose de vivant, et on pourrait dire de contemporain. La forme est latine, le sentiment est tout espagnol, et rien ne donnera mieux la mesure de la part d'originalité que savait mettre Luis de Léon dans l'imitation même.

Je suis loin de trouver la même indépendance chez un autre poëte espagnol, souvent aussi comparé à Horace, qu'il sait aussi traduire et imiter avec bonheur, don Francisco de Medrazo. Ce dernier a fait de la même ode, avec le même titre, la même application au dernier roi des Goths. Son œuvre est élégante et vive; mais il suit de trop près son modèle pour que la pensée du lecteur se détourne aisément vers Tolède, vers les bords du Tage et du Guadalete : ce n'est pas Rodrigue, ce n'est pas la Cava, c'est encore Pâris et Hélène que nous avons devant les yeux.

Mais voici l'ode de Luis de Léon :

« Le roi Rodrigue prenait sans témoin ses ébats sur la rive du Tage avec la belle Cava. Le fleuve s'élève au-dessus des eaux, et lui parle de cette manière :

« Tu choisis mal le temps de tes plaisirs, injuste ravisseur; déjà j'entends le bruit, j'entends les voix, les armes et le rugissement de Mars, ceint de sa furie et de l'ardeur des combats.

« Ah! que de plaintes amasse pour l'avenir cette ivresse passagère! et cette Belle, née dans un jour de malheur, que de larmes elle fera répandre à l'Espagne, et qu'elle coûtera cher à l'empire des Goths!

« C'est la flamme, la douleur, la guerre, la mort, la

destruction, tous ces maux terribles, que tu presses dans tes bras, fléaux immortels que tu attires sur toi et sur tes vassaux, fils de la même terre,

« Sur ceux qui fouillent le sol fertile de Constantine, sur ceux que baigne l'Èbre, sur la prochaine San Sueña, sur la Lusitanie, sur toute la vaste et triste Espagne.

« De Cadix, le comte outragé, plus attentif à sa vengeance qu'à sa renommée, appelle l'impétuosité barbare qui, pour ta perte, ne s'attarde pas en chemin.

« Écoute la trompette menaçante qui frappe le ciel d'un son redoutable : de toute l'Afrique elle convoque le Maure sous la bannière qui se déploie, et, légère, flotte au vent.

« Déjà l'Arabe cruel brandit sa lance et frappe l'air en appelant au combat : je vois des escadres sans nombre qui s'assemblent en un moment.

« La multitude couvre le sol. Sous les voiles la mer disparait, les voix confuses et diverses élèvent vers le ciel leur croissant murmure. La poussière dérobe le jour et le change en obscurité.

« Ah ! comme les longs navires luttent de vitesse et montent à l'horizon ! Ah ! comme les bras se tendent sur les rames et font, en les coupant, jaillir la flamme des mers écumantes !

« Éole enfle la voile d'un souffle favorable, et par le détroit d'Hercule, de la pointe aiguë de son trident, le grand Neptune ouvre à la flotte un long passage.

« Ah ! malheur ! la volupté te retient encore dans son

fatal giron. On t'appelle, et tu ne cours pas au danger qui menace? Ne vois-tu pas déjà aux mains de l'ennemi le port consacré à Hercule?

« Cours, vole et te précipite; franchis la haute montagne, occupe la plaine; point de trêve pour l'épée, point de repos pour ton bras; que dans ta main s'agite comme la foudre le fer insensé!

« Ah! que de fatigues! Ah! quelle sueur pour celui qui revêt la cuirasse, pour le fantassin intrépide, pour le cheval et le cavalier!

« Et toi, divin Bétis, souillé du sang de l'étranger et du tien, que de heaumes brisés tu porteras à la mer voisine! que de nobles corps mutilés par le fer!

« Durant cinq jours, la fureur de Mars met le désordre dans les rangs, égal entre les deux partis. Le sixième, ô chère patrie! te condamne, hélas! à la chaîne du Maure.»

On comprendra maintenant quel intérêt mélancolique m'attirait à Jerez la première fois que j'allai visiter cette ville et ses environs; pourquoi depuis, chaque fois que j'y suis entré, j'ai couru d'abord au champ de bataille de don Rodrigue; pourquoi jamais je n'ai passé dans le voisinage, sans me détourner de ma route pour aller, au bord du Guadalete, comme Ulysse devant le fossé de sang de l'Odyssée, interroger les mornes ombres des Goths vaincus. Appuyé contre la dernière arche du pont, je contemplais cette plaine dont l'apparente stérilité contraste avec la riante nature qui l'entoure. Je cherchais à surprendre, dans le murmure du fleuve, dont le flot limpide venait effleurer mon pied, dans le bruissement de ses roseaux hantés par le vent du soir, les rumeurs affaiblies du combat. Sur laquelle de ces collines se retira Rodrigue tout sanglant, pour jeter, avant de s'éloigner, un dernier regard sur ce lieu néfaste, où, roi, il laissait son diadème, soldat, son épée brisée? Est-ce ici, est-ce plus loin qu'il passa la rivière, où derrière lui tombait à larges gouttes le sang de son bon cheval Orelia? Les moindres épisodes de toute cette histoire passaient devant mes yeux et les tenaient attentifs et émus aux péripéties d'un drame dont le théâtre seul existe encore. Quelle est donc cette toute-puissance d'émotion qui demeure ainsi attachée à la mémoire des choses, si longtemps après que les choses elles-mêmes n'existent plus, et qui me remuait encore au souvenir de la bataille qui, il y a onze siècles, livra l'Espagne aux Maures, quand déjà, depuis des siècles, les Maures eux-mêmes ont été chassés de l'Espagne?

VI

SAN LUCAR DE BARRAMEDA

Ses origines. — Son histoire. — Souvenirs du tremblement de terre de Lisbonne. — Le palais de l'Infante. — Le port de Bonanza. — Ses bains de mer. — Les ducs de Medina Sidonia. — Leur tentative d'émancipation en 1641. — Visite du roi Philippe IV au *coto* de Doña Ana en 1624.

Lorsque le bateau qui va de Séville à Cadix passe du Guadalquivir dans l'Océan, ce n'est qu'avec regret qu'on effleure si vite les plages unies de San Lucar. La ville, assise sur la côte, semble si bien inviter le voyageur! il se sent comme appelé par les claires et joyeuses sonneries des couvents et des églises, et, s'il passe outre, il se promet du moins de s'arrêter là au retour.

C'est surtout de Séville que l'on vient à San Lucar

prendre les bains de mer et respirer un air plus vif. Pendant les mois de l'été, à San Lucar, les heures les plus chaudes sont celles de la matinée; mais habituellement, dès le milieu du jour, le vent de mer entre avec impétuosité, comme s'il forçait la barre, et répand dans la ville et sur les champs une vivifiante fraîcheur. A voir s'incliner la cime des arbres, comme pour saluer sa bienvenue, toutes les poitrines se dilatent. La vie rentre comme par enchantement dans les rues silencieuses, et les habitants, accourus sur le seuil de leurs maisons, se disent de l'un à l'autre : « Voici la *virazon.* » La virazon (c'est le nom de ce vent de mer) est le bon génie de San Lucar, comme le *levante* en est le génie malfaisant. Plus violent, je l'ai dit ailleurs, sur d'autres points de la côte, le Levante arrive à San Lucar déjà affaibli et à demi épuisé; mais, pour peu qu'il dure, rien ne tient devant lui, et on regrette alors les frais patios de Séville.

San Lucar appartient à la province de Cadix; il a un ayuntamiento respectable, un juge de première instance, un vicaire ecclésiastique, un commandant d'armes, un commandant de marine, plusieurs paroisses, et sa population n'est guère moindre de vingt mille âmes. Avec tous ces signes d'une importance réelle, comment n'aurait-il pas son histoire? San Lucar a la sienne, dont je vais rapidement rappeler les dates principales.

Ceux qui ne savent chercher qu'à la sortie de l'arche le berceau d'une famille ou l'origine d'une ville seraient assez tentés de retrouver sur le lieu même où s'élève aujourd'hui San Lucar l'antique oracle de Ménesthée. Strabon, il est vrai, le place à l'embouchure de l'ancien Betis, près de la tour de Cépion, que d'autres, avec plus de raison peut-être, rattachent à la moderne Chipiona. Mais c'est, je crois, hasarder assez que de dire que San Lucar dut être fondé par les Phéniciens. Comment supposer, en effet, qu'à l'époque où ils se répandirent sur ces côtes ils aient négligé un point si naturellement désigné pour être un des entrepôts de leur commerce et le point de départ d'expéditions à l'intérieur.

Ce qu'il y a de certain, c'est que les Arabes qui partout ici, après la bataille du Guadalete, succédèrent aux Goths, firent un établissement à San Lucar, puisqu'en 1262 Alphonse le Sage, eut la peine de les en chasser: ils y rentrèrent presque aussitôt, et ce ne fut que deux ans plus tard qu'ils l'abandonnèrent pour toujours.

Le roi fit don de San Lucar au père du fameux Guzman el Bueno, et c'est ainsi que l'*État* de San Lucar, comme on a dit longtemps, entra dans cette illustre famille, qui devait le garder pendant quatre siècles, et le laisser échapper un jour avec tout l'éclat d'une bataille perdue sans avoir été livrée.

Guzman el Bueno, héritier après son père de l'État de San Lucar, y fit entrer un certain nombre de villes et de villages, achetés, à deniers comptants, de l'argent qu'il avait gagné en Afrique, à l'époque où, mécontent du roi, il était allé offrir aux Maures une épée dont l'Espagne ne semblait plus faire assez de compte.

Sous lui et sous ses successeurs, San Lucar de Barrameda reçoit, de génération en génération, de nombreux accroissements. Il prend peu à peu un air de ville royale, et voit s'élever dans son sein une citadelle, un palais, une foule d'églises, de couvents, d'ermitages, fondations pieuses, dues souvent aux nobles femmes qui apportaient à cette grande maison des alliances non moins illustres.

La plage et le port de San Lucar eurent aussi leurs dates glorieuses, deux surtout qui appartiennent à l'histoire de l'Espagne, c'est trop peu dire, à l'histoire du monde.

C'est de San Lucar que, le 30 mai 1498, Christophe Colomb partit pour son troisième voyage, d'où il ne revint que dans les derniers jours de l'année 1504. Mais il avait, dans l'intervalle, découvert le continent américain, depuis l'embouchure de l'Orénoque jusqu'à Caracas.

Quinze ans plus tard, le 20 septembre 1519, Magellan, mécontent du roi de Portugal, son maître, et accueilli par Charles-Quint, comme l'aïeule de l'empereur avait autrefois accueilli le Génois Colomb, part de San Lucar, à la tête de cinq navires, et va, treize mois plus tard, découvrir, à l'extrémité de l'Amérique méridionale, le détroit qui porte à jamais son nom. Magellan, comme on sait, périt aux Philippines, et, de ses cinq bâtiments, un seul revint, ramené par Sébastien del Cano. La *Nao Vittoria* rentra dans le port de San Lucar, le 7 septembre 1522 : c'était le premier navire qui eût fait le tour du monde; il avait mis à le faire onze cent vingt-quatre jours.

Cependant les rois d'Espagne commençaient à s'apercevoir que l'État de San-Lucar devenait peu à peu un royaume, et que l'Andalousie entière pourrait bien quelque jour être tentée de suivre sa fortune. Déjà Ferdinand le Catholique avait une première fois repris San Lucar aux Medina Sidonia; mais, bientôt revenu d'un mouvement d'impatience qui n'avait jamais été jusqu'à la crainte, il avait rétabli l'œuvre d'Alphonse le Sage; ce fut en 1640 que Philippe IV rattacha définitivement San Lucar à la couronne d'Espagne, « pour de certaines causes, » dit un historien naïf; nous y reviendrons.

Depuis cette époque, un dernier événement a mérité de trouver place dans les annales de San Lucar. Je veux parler de ce célèbre tremblement de terre de Lisbonne, arrivé le 1er novembre 1755, et dont on a vu les terribles effets à Cadix, dans l'île de Léon, et à Séville même. On sait qu'ils se firent sentir jusqu'en Écosse dans les eaux du lac Lomon. Ils ne furent ni moins étranges ni moins effrayants à San Lucar. J'ai sous les yeux un document authentique rédigé le jour même de l'événement, et précieusement conservé dans les archives de la ville.

Le jour était serein, et rien dans le ciel, ni du côté de la mer, n'annonçait une catastrophe; seulement, huit ou dix jours auparavant, les eaux étaient devenues troubles dans quelques parties de la campagne, d'où il s'était élevé une odeur étrange. Le matin de la Toussaint, à dix heures moins dix minutes, San Lucar éprouva un violent tremblement de terre. Pendant cinq minutes entières, on vit les plus grands édifices chanceler, et les clochers des églises osciller. Le saint sacrifice s'arrêta à tous les autels à la fois, et les fidèles effarés se précipitèrent aux portes; ce fut un moment d'une indicible angoisse, d'une épouvante universelle; mais, ce premier saisissement passé, on reconnut, avec une joie mêlée d'étonnement, que ni dans les tours, ni dans les églises, ni même dans les anciennes murailles qui depuis longtemps déjà menaçaient ruine, la secousse n'avait laissé trace. Cependant la population avait eu à peine le temps de se féliciter de cette bonne fortune, lorsque tout à coup on vit la mer se lever et marcher sur la ville, emportant les barques des pêcheurs, qu'elle déposait, en passant, sur les mamelons de sable qui séparent la plage des premières maisons; elle entra dans les rues, et avec une telle rapidité, que des cavaliers arrêtés par les flots eurent en un instant de l'eau jusqu'aux sangles. Si San Luçar eût été bâti en plaine, la mer passait sur la ville. Heureusement la vague expira sur les premières pentes de la colline, et la partie haute fut préservée. Tous les habitants des faubourgs inférieurs, appelant à leur aide Dieu et ses saints, saint Luc d'abord, leur patron, puis leur avocat dans les fléaux, saint Caralampio, abandonnèrent leurs maisons, et se précipitèrent vers les hauteurs; il ne périt en tout que cinq personnes, surprises par le flot. Deux fois la mer semble faire un nouvel effort pour se porter en avant; deux fois refoulée par cette main invisible que tant de mères appellent à leur secours, elle retourne en arrière, et, à une heure de l'après-midi, elle avait complétement abandonné sa conquête.

Mais il est temps de montrer San Lucar tel qu'il est aujourd'hui, et de le suivre dans les habitudes de sa vie nouvelle.

Pour qui le regarde de la mer, il offre l'aspect d'un amphithéâtre dont la partie haute voit l'autre étendue à ses pieds, en forme de quadrilatère. L'ancienne citadelle au nord, au midi le palais moderne de M. le duc de Montpensier, arrêtent nettement les limites de la ville. Au centre, le palais des ducs actuels de Medina Sidonia se détache par ses masses de verdure de l'ensemble confus des édifices, et avertit encore la pensée que San Lucar est, en grande partie, l'œuvre de cette illustre maison.

Si voisin de la mer et des marais salants qu'elle couvre et abandonne selon les saisons, San Lucar devait avoir ses salines. Il possède, en effet, quelques établissements de ce genre, mais il doit surtout sa richesse à la culture de la vigne, sans préjudice de ses riches moissons, de ses légumes excellents, de ses melons exquis, de ses figues onctueuses. Les terres légères donnent entre autres ce vin riant et doré qu'on appelle le Manzanilla ; le vin de Manzanilla, frère plus obscur du vin de Jerez, a toute l'espièglerie des cadets de bonne maison. Il ne sort guère de l'Andalousie, mais il en fait les délices, et les Andalous lui doivent une partie de leur gaieté. Ils le boivent volontiers dans un verre qui a à peine un pouce de diamètre, mais qui, en revanche, en a bien cinq de hauteur. Ce ne peut être un vin vulgaire que celui qui veut son verre à part. Le Manzanilla aurait du moins cela de commun avec le Johanisberg.

Mais il est à San Lucar une espèce de culture qui demande à être décrite avec quelque détail. Entre Bonanza et San Lucar un premier regard ne laisse apercevoir que des sables nus; c'est à faire croire que tout cet espace est stérile. De loin en loin seulement quelque pin parasol détache sur le ciel bleu sa tête arrondie : on dirait un abri préparé pour le chasseur solitaire; mais allez droit à l'un de ces pins, et vous serez aussi étonné que charmé de ce que vous verrez à vos pieds.

Ces mamelons de sable vous cachaient une foule de petits carrés creusés quelques-uns à une assez grande profondeur, et dont le fond est admirablement cultivé. On appelle ces cultures *Navasos*, et San Lucar n'en possède pas moins de cent quatre-ving-neuf, dont l'ensemble représente environ trois cent soixante *avanzadas*, un peu plus de trois cents arpents.

Voici comment se pratique ce défrichement d'un nouveau genre :

Quand on a choisi son terrain, on commence par écarter le sable et le relever sur les quatre côtés. On rencontre bientôt, avec un peu de travail et de patience, une terre encore mêlée de sable, mais déjà assez consistante pour retenir la semence, et qui, abritée des vents de mer par les amas de sable que l'on a formés sur les bords, donne trois, et même quatre récoltes par année.

Aussitôt que le cultivateur est en possession de la terre qui lui convient, il cherche au centre l'eau dont il aura besoin pour ses arrosages, il bâtit son puits; enfin, à l'angle le mieux abrité, il se fait sa cabane, sa *choza*, c'est-à-dire que, à la manière des paysans de la Grèce moderne, qui en cela peut-être ne font qu'imiter leurs ancêtres, il jette sur quelques perches fichées en terre une toiture de feuillage. C'est là qu'il se retire pour dormir la sieste, entre son âne et son chien qui, enchaîné jusqu'au soir à l'un des piliers, et lâché à la nuit, est chargé seul alors de la garde du marais, sentinelle incorruptible, et peu commode, même durant le jour.

Quelques-uns entourent leur marais d'une ceinture de roseaux qui donnent eux-mêmes une première et utile récolte, ou, s'il est à la hauteur du chemin, d'un rempart de figuiers épineux. Plusieurs y plantent d'irrégulières allées d'arbres à fruits, donnant ainsi le caractère de la durée à ce qui n'a été, dans l'origine, qu'une passagère conquête sur les sables de la mer. Des pluies trop abondantes ont-elles. au printemps ou à l'automne, noyé ces jeunes cultures, on pratique de larges saignées dans la mobile enceinte. Le superflu de l'eau se perd dans les sables; celle que la terre en garde lui communique une fertilité rouvelle, et la tient pour longtemps à l'abri des grandes sécheresses.

Les navasos produisent simultanément ou tour à tour le maïs, la pomme de terre, la tomate, des légumes de tous genres, des fruits exquis. Le soir, au coucher du soleil, les petits sentiers qui circulent autour des navasos se couvrent d'ânes chargés qui se dirigent vers la ville, poussés chacun par quelque femme ou par un enfant. Ce sont les jardiniers des sables qui envoient au marché du lendemain leur récolte du jour; car, petite ou grande, chaque jour donne sa part de récolte.

Lorsqu'en parcourant les bois de pins et de lauriers-roses qui s'étendent un peu en arrière du rivage on arrive brusquement à la région des sables, c'est une douce surprise pour le promeneur égaré que de se trouver à l'improviste au bord de quelque navaso bien vert. On y sent avec plus de charme la supériorité de l'homme sur cette nature qui, même dans les lieux en apparence les plus stériles, a toujours quelque trésor caché qu'elle ne sait pas lui refuser.

Une jolie route plantée d'arbres mène de Bonanza à San Lucar : c'est par cette route que nous y revenons.

Les églises de San Lucar, la plupart chapelles d'anciens couvents, sont d'une architecture assez imposante, celle de Santo Domingo garde encore les tombeaux de quelques-uns des Guzman.

La citadelle récemment restaurée avec simplicité, faute d'argent peut-être pour la gâter, est devenue une humble caserne ; ses tours massives ont de la grandeur à distance.

Le palais du marquis de Villafranca, qui porte dignement le beau titre de duc de Medina Sidonia, a d'admirables jardins en terrasses, qui peuvent en faire avec le temps une des belles résidences du midi de l'Espagne; la nature lui a donné une situation unique, une vue incomparable. De toutes ses fenêtres, le duc de Medina Sidonia voit, par delà le fleuve, cet admirable *coto* de Doña Ana, qui est une des perles de sa couronne ducale. A lui d'achever l'œuvre ; les Guzman ont fait dans leur vie des choses plus difficiles que celle-là.

M. le duc de Montpensier a aussi son palais de San Lucar, dont il serait assez difficile de faire l'histoire; rien ne ferait mieux voir cependant les mille ressources de son esprit et la rare fécondité de son imagination. Il y a à San Lucar d'agréables coteaux, où rien ne serait plus simple que de bâtir un palais grand comme le Louvre ou l'Escurial. Pendant que le prince cherchait, chacun se disait : Je ne sais où l'Infante mettra son palais, mais voilà où je bâtirais le mien. Mais M. le duc de Montpensier est de son siècle; il sait qu'on ne bâtit plus pour ses arrière-neveux, et il aime à jouir de son œuvre. Dès qu'il eut trouvé le point d'où l'on voyait en même temps les champs et la ville, le fleuve et la mer, il résolut d'y établir cette tente, que les princes, surtout les princes exilés, ne doivent poser que pour un jour. Il y avait là un ancien collége, un couvent en ruines, un hospice d'incurables, tout un groupe de maisons. Le prince acheta d'abord le collége, s'y établit en se serrant un peu, et de là étendit l'horizon de son domaine, à mesure que s'étendait celui de sa pensée, et finit par acheter tout ce qui l'entourait; et, là démolissant, ici relevant et réparant, ailleurs plantant ou semant, il se trouva, un beau matin, dans un palais charmant, environné de jardins pittoresques, où les arbres avaient poussé aussi rapidement que les murailles et par le même procédé, c'est-à-dire en les choisissant déjà grands. Grâce à ce système d'adoption, merveilleusement approprié au site et au climat, le prince a pu se croire parfois en Orient. Son palais a l'aspect étrange et l'irrégulière beauté des habitations de ce pays des génies. Là où il y a quelques années on ne voyait que des maisons fort ordinaires avec une demi-douzaine de maigres oliviers, deux ou trois figuiers, des orangers étiolés, on a vu surgir tout à coup un vaste palais, entouré de magnifiques palmiers, de beaux cyprès, de verts araucarias, le tout entremêlé de terrasses hardies, de ponts suspendus, de tours et de kiosques arabes, de remparts crénelés, de ruines et d'arceaux gothiques, que le lierre a revêtus aussitôt de toute la poésie des temps; et, pour que ces amas confus de toits et de jardins ressemblent mieux encore aux palais de l'Orient, un haut mur d'enceinte en dérobe la plus grande partie aux regards. Vitruve, Palladio, ou simplement Fontaine, auraient sans doute ici beaucoup à reprendre; mais M. le duc de Montpensier s'est créé une résidence où il se plaît, dont il a joui dès le premier jour, dont il jouissait en la créant. Il y retrouve à chaque pas un souvenir de l'Égypte, une image d'Alger, de Tunis, de Constantinople, de Grenade; il suit de partout les bateaux qui passent, portant à leur mât le drapeau de la France. Combien d'années lui eussent demandé Vitruve, Palladio ou Fontaine, pour lui donner par les procédés réguliers de la science ces délicates jouissances de la pensée et du cœur!

Composée, est-ce la peine de le dire? de laboureurs, de vignerons et de pêcheurs, la population de San Lucar est bonne et hospitalière; elle aime l'étranger et l'attend chaque année avec une impatience qui n'est pas uniquement intéressée; c'est qu'avec l'aisance l'étranger lui apporte le mouvement et la vie. Pendant l'hiver, San Lucar languit et se chauffe, comme il peut, aux rayons d'un soleil plus froid qu'il ne l'est sur beaucoup d'autres points de la côte; mais, dès que l'été s'annonce, San

Lucar s'éveille, blanchit les façades et l'intérieur de ses maisons. Tout prend un air de fête; on sent que chacun attend ou espère un hôte. Les plus empressés vont le chercher à Bonanza et le ramènent en triomphe.

Quel moment que celui où le bateau à vapeur touche le môle! Il faut voir débarquer les familles entières chargées de lits, de matelas, de couvertures, de caisses de toute nature, de batterie de cuisine. N'était la gaieté répandue sur tous les visages, on croirait voir les émigrants d'une ville prise d'assaut. Ceux-ci ne fuient cependant ni devant la guerre ni devant l'incendie, mais simplement devant l'été de Séville. Chaque jour, pendant deux heures, la route de Bonanza à San Lucar présente le spectacle le plus original. C'est une bruyante et joyeuse procession de calèches, de calesas, de mules, de chevaux et d'ânes. Les marins inoccupés de Bonanza se sont partagé les voyageurs et les bagages, et chacun emporte sa proie. Quand la marée est basse, beaucoup prennent par le bord de la mer. On ne saurait trop tôt s'emparer de la plage.

La plage, à San Lucar, est pendant l'été le premier intérêt de la vie. Pendant l'espace d'une demi-lieue, elle offre aux baigneurs, sur un sable égal et fin, une eau que doit rendre plus appropriée aux tempéraments andalous le mélange de la mer et du fleuve. C'est le matin que les dames se baignent; n'attendez rien ici de ce que vous aurez vu autre part; vous ne retrouverez, sur cette plage, ni ces charmants défis, ni cette gaieté bruyante, ni ces témérités folles où la galanterie trouve son compte aussi bien que la santé. L'Andalouse ne daigne pas demander ses heures à la marée : ceci dit tout. Tous les jours, invariablement à la même heure, enveloppées d'un lourd peignoir qui descend à leurs pieds, et coiffées d'un immense chapeau qui est moins une parure qu'un bouclier destiné à émousser les traits du soleil, ces dames entrent dans l'eau, et attendent, paresseusement accroupies sur le sable, une vague qui ne leur apporte jamais l'émotion de ces jolies petites terreurs qui ont parfois tant de grâce. Si la mer se retire, on ira la chercher plus loin, et, pour peu que la vague prenne un air menaçant, on remet la partie au lendemain. On cause, on se passe les nouvelles de la soirée, on échange les mille propos qui courent, ou, s'il se mêle par hasard à la compagnie une ou deux mauvaises têtes, leur espièglerie ne va guère qu'à se lancer quelques gouttes d'eau au visage. A-t-on causé une heure au cercle, on se lève, on prend congé de la tertulia, et l'on va se remettre au lit; des plaisirs si calmes n'avaient guère besoin de cette mer, de ce fleuve et de ce ciel : il suffisait des boues de Saint-Amand.

Oh! que le peuple l'entend mieux! lui, non plus, ne choisit pas ses heures. Il prend celle que lui laissent le labeur de sa journée et le soin de sa famille. Le soir, à l'heure où partout le travail cesse, vous rencontrez dans les rues des groupes de femmes qui, d'un pas hâtif, s'acheminent vers la mer. La plus jeune marche en avant, en portant une natte roulée. Arrivée sur la plage, on choisit une place où l'on déroule la natte. Quelques-unes des femmes tendent un drap, ou le plus souvent un haillon, et forment ainsi une tente ouverte par le haut, où les autres se déshabillent, à l'abri du regard, sauf à rendre ensuite le même service à leurs compagnes; puis on court à l'eau, et c'est alors un mouvement, un bruit confus d'éclats de rire, un oubli des misères du jour et de celles du lendemain! Ces folles rumeurs de la joie du pauvre répandent un air de fête sur toute la plage.

Le promeneur, tenu à distance, détourne les regards vers un autre spectacle. Sous les derniers rayons du soleil couchant, il voit glisser entre les rochers de la barre les voiles des pêcheurs qui rentrent au port. A peine sorties de cette passe difficile, elles luttent de vitesse, et on les voit se détacher tour à tour sur le fond plus sombre des pins de Doña Ana. Une heure après, et, quand le soleil a achevé de descendre dans la mer, on voit se former, à l'autre extrémité de la plage, en se rapprochant de Bonanza, des groupes à demi éclairés par les fanaux des barques arrêtées. Là, le poisson qui arrive est mis aux enchères; de là s'échappent ensuite dans toutes les directions des ânes et des mules chargés de marée qui se crie et se vend dans les rues jusqu'à minuit.

Mais, à la mer haute, la promenade n'est guère possible sur la plage; San Lucar alors possède des allées intérieures qui ont bien leur charme. La plus étendue aboutit, par une pente douce, plantée de peupliers, à un ermitage doué d'excellentes sources minérales, et d'où l'on jouit d'une vue admirable.

Mais, avant que cette dernière promenade eût été plantée, avant que par deux chaussées, dont l'une est, en grande partie, l'ouvrage et le bienfait de M. le duc de Montpensier, la plage fût ouverte aux promeneurs, San Lucar avait le Picacho. Picacho, en espagnol, veut dire un pic, un promontoire. Le jardin qui porte ce nom pittoresque s'élève en amphithéâtre et vient s'adosser à la citadelle. Il est assez mal dessiné, plus mal entretenu, mais si riche de fleurs, d'eau et de verdure, percé d'allées si imprévues, qu'on s'accoutume à ce désordre plein de mystères et de surprises. Il y a là de tout, des orangers avec leurs fruits d'or, des vignes qui transforment en berceaux des sentiers où l'on ne sent plus que l'on monte, tant ils ont d'ombre et de fraîcheur, des figuiers qui déposent presque leurs fruits sur la terre, des grenadiers qui offrent les leurs à la main du passant. On arrive ainsi sans fatigue, et par une suite de terrasses, où, chaque fois qu'on se retourne, le regard embrasse un horizon plus vaste, jusqu'à un magnifique pin d'Italie qui s'aperçoit de plusieurs lieues, quoique mutilé par la foudre. Si peu que vous vous soyez arrêté à contempler le sublime panorama qui se déroule à vos pieds, le jardin, au retour, vous paraîtra mesquin et petit. On passera avec un peu de dédain devant la pièce d'eau ornée de statues en terre cuite qui représentent les quatre parties du monde ; on sourira en lisant le nom des maîtres de la maison, tracé dans des massifs de buis, comme les armes des rois d'Espagne dans les jardins de l'Alcazar de Séville. Hélas! hélas! n'est-ce pas ainsi qu'en redescendant le versant de la vie, pour peu qu'on se soit élevé, on revoit sans plaisir le chemin si doux alors, mais humble quelquefois, qui vous mena au promontoire tant rêvé? Heureux qui marqua lui-même son but en deçà, qui eut la sagesse de s'asseoir, pour achever de vivre et pour mourir, dans quelque allée étroite, mais fraîche et ombragée, sans pousser, essoufflé, jusqu'à la hauteur d'où l'œil domine un plus large paysage, mais où il n'est donné à personne de se reposer éternellement sous le pin d'Italie!

San Lucar a aussi un théâtre où, pendant la belle saison, des troupes de passage donnent quelques représentations médiocrement suivies. La pensée de tous est ailleurs.

Mais, le croira-t-on? San Lucar n'a pas de place de taureaux. Une ville de vingt mille âmes sans place de taureaux! Jerez, il est vrai, est à deux lieues, et pendant l'été une bonne route y mène. Le Puerto-Santa-Maria n'est pas plus loin, et le chemin est bon en tout temps. Cadix enfin est également à deux heures de distance; et Jerez, le Puerto et Cadix ont leur place de taureaux. Je me trompe, celle de Cadix a été, l'autre hiver, emportée par un ouragan. Vienne la Saint-Jean, la Saint-Pierre ou la Sainte-Anne, et de toute la province les spectateurs accourront. Mais, à San-Lucar, le menu peuple, qui ne va pas si loin chercher des plaisirs coûteux, se contentera du taureau lâché dans les rues, le *toro de cuerda*. J'ai dit ailleurs ce que c'est que le taureau de corde, une manière de tragédie bourgeoise sur un théâtre de société; mais en revanche, après s'en être bien divertis, les pauvres mangent le principal acteur. L'Infante l'achète et le leur donne.

Entre ces douces mains royales tout devient œuvre de charité.

Mais revenons sur ce grand épisode de l'histoire de San Lucar qui se termina par un décret de Philippe IV, lequel mit fin aux velléités d'indépendance des ducs de Medina Sidonia.

Le duc de Bragance venait, en 1640, d'émanciper le Portugal de la domination de l'Espagne et de fonder à Lisbonne une dynastie nationale. Le nouveau roi avait pour femme une sœur du duc actuel, don Gaspar Alonso Perez de Guzman, et pour cousin, le marquis de Ayamonte, homme ambitieux et remuant, qui commandait pour le roi de Castille sur la frontière du nouvel État. En voyant une couronne descendre sur la tête de la sœur, le marquis trouva l'occasion bonne pour en mettre une autre sur la tête du frère. Celui-ci, maître absolu dans San Lucar, immensément riche, et capitaine général pour le roi de l'Océan et des côtes d'Andalousie, avait donc dans la main une puissance redoutable. Il se laissa aisément persuader; mais, avant qu'on pût agir, la correspondance du marquis tomba entre les mains du comte d'Olivarès. Heureusement encore, le comte-duc était aussi un proche parent des Guzman; il sauva le duc, aux dépens de ses complices; mais il ne voulut ni ne put sauver une autorité qui, sous la main de son parent, avait été la source d'une tentation si dangereuse pour l'État, et San Lucar devint ville du roi.

L'abbé de Vertot a raconté, de son excellent style, cette singulière aventure, qui fut un contre-coup direct de la révolution de Portugal. Je ne serais revenu sur ce qu'il en dit, qu'autant qu'il eût oublié quelque fait important. Or ce n'est pas, on le sait, le faible de Vertot, plus enclin à ajouter à l'histoire qu'à en rien retrancher. Ici il est d'une complète exactitude.

Mais une communication bienveillante m'a mis sur la trace d'un document très-rare qui jette quelque nouveauté et un jour aussi vif que singulier sur cette page de l'histoire de l'Espagne, qui est ici celle de San Lucar : c'est le récit authentique, on pourrait, je crois, dire officiel, d'une visite que le roi Philippe IV fit, au mois de mars 1624, au duc de Medina Sidonia dans sa forêt, ou, comme on parle en Andalousie, dans son coto de Doña Ana.

Le coto de Doña Ana n'est, je l'ai dit, séparé de San Lucar que de la largeur du Guadalquivir, et il appartient encore à la maison de Guzman. C'est une terre sablonneuse de plusieurs lieues, semée de pins dans les parties que baigne la mer ou le Guadalquivir, et où croissent aussi quelques chênes-liéges : l'intérieur renferme de grands espaces déserts. Au centre est une vaste maison seigneuriale. Inondé quand le fleuve sort de son lit, et percé de cours d'eau qui le traversent en tous sens, le coto abonde en pâturages. Le fleuve y forme aussi de petits étangs où viennent s'abreuver les daims, les sangliers; et le cri lamentable du chat-tigre mêle parfois un sentiment de terreur à ces grâces sauvages d'une nature encore primitive. Le palais de Doña Ana est à mi chemin de la mer et du coto del Rey, où Philippe IV devait s'arrêter, en venant de Séville.

Ces détails étaient nécessaires à l'intelligence du récit que nous allons traduire en l'abrégeant.

« Sa Majesté, ayant résolu de visiter les côtes de l'Andalousie, en donna avis, le 24 février, au duc de Medina Sidonia, qui était alors dans son coto de Doña Ana, avec ordre à lui de ne pas sortir de ses États, et invitation de modérer les démonstrations que le roi présumait de sa bonne volonté. Toutefois le duc, ne pouvant comprimer l'élan de son cœur, forma aussitôt le dessein de faire élever, dans la partie du bois où il n'y avait pas d'arbres, une ville assez grande pour recevoir le roi et toute sa cour; à quoi, malgré toute l'ardeur qu'il y apportait, il trouva d'immenses difficultés, de grandes pluies ayant inondé les champs, et les vents contraires ayant rendu la mer impraticable pour le transport des matériaux et des provisions qu'il fallait réunir en très-peu de jours. Mais ces difficultés n'arrêtèrent pas le duc. On passa en bateau tout ce qui était nécessaire à la construction des bâtiments, et, comme le rivage était encore à une lieue et demie des maisons du bois, on s'arrangea pour charrier ces matériaux à grand renfort de mules, de bœufs et de chevaux qui durent, le plus souvent, faire le trajet à la nage. Enfin, pour mettre le comble à tant d'obstacles, mais aussi pour ajouter encore à la gloire du duc, Dieu voulut que le 10 février il se réveillât entièrement perclus de la jambe gauche. Mais que peut l'infirmité du corps contre la vigueur de l'esprit? La douleur, en mettant des fers aux pieds du duc, lui donna de l'éperon dans le cœur. Sans vouloir s'occuper de son mal, il ne chercha de remède qu'aux obstacles qui pouvaient entraver le service du roi. Il envoya donc au coto, en qualité de majordome, don Bernaldo Morales et quelques autres de ses serviteurs et plusieurs maîtres ouvriers, avec quatre cents hommes et un grand nombre de bêtes de somme, pour commencer l'œuvre, avec ordre que tous ceux qui y mettraient la main fussent défrayés de tout. On s'occupa d'abord de renouveler la maison du bois qui est très-vaste. On y disposa trente appartements tendus de riches tapisseries, et on y ajouta une écurie pour les chevaux de Sa Majesté, assez grande pour deux cents bêtes, une remise pour toutes ses voitures, un grenier pouvant contenir dix mille mesures d'avoine, un grenier à paille, une sellerie de trois cent cinq pieds de longueur, des cuisines jointes à l'ancienne, de cent vingt pieds chacune, un grand four, un garde-manger de deux cent quarante pieds, le tout ne faisant qu'un avec le palais existant. On prépara des habitations pour le duc et les personnes de sa suite dans une bergerie voisine du palais, dans six maisons habituellement occupées par les vaches, et dont on couvrit de précieuses tentures les murs et les plafonds. On bâtit en face une nouvelle écurie pour cent cinquante montures, avec sellerie, remises, grenier à paille et grenier à avoine, cuisine et four, le tout presque aussi vaste qu'il a été dit du logis du roi. Dans l'un et l'autre endroit, on dressa seize tentes, dont onze pour le roi furent pourvues de parquet en bois. Des cinq autres, l'une fort grande, avec des nattes, devait servir de salle à manger pour la suite. Des lits furent préparés dans vingt-deux baraques pour les gens et vassaux du roi et pour ceux du duc. Dans chaque quartier, l'une de ces barraques devait servir d'abri pour le jour. Celle du côté du roi avait cent quatre-vingts pieds de long sur douze de large, avec tables et bancs, pour dîner, et elle était assez grande pour recevoir plus de cinq cents personnes, les bancs et les tables étant doubles; celle du duc avait cent cinquante pieds de long sur quinze de large, et, disposée de la même manière, pouvait contenir pour le moins trois cents personnes. Toutes ces barraques, rangées avec ordre, formaient des rues d'un joli effet.

« Pour accomplir ce travail, il fallut huit mille planches, quinze cents pins, cent voiles de navire, soixante mille clous, sans compter une quantité infinie de matériaux de tout genre. Pour le garde-manger et l'office de Sa Majesté, on apporta huit grandes malles de linge de table et de serviettes fines damassées, deux de serviettes ordinaires, deux cents couteaux de cuisine, une caisse énorme de cristaux de Venise et de poterie des Indes; une caisse immense de porcelaine fine, et six charges de vaisselle ordinaire; sept cents mesures de fleur de farine, dont cent pour les chevaux de Sa Majesté et pour ceux du duc; quatre-vingts tonnes de vin, une grande provision de vin de Lucena et de vin commun, dix barriques de vinaigre, deux cents jambons de Rute, d'Aracena et de Biscaye; cent quartiers de lard, dix mille livres d'huile, vingt-cinq mille livres d'une certaine eau de San Lucar, meilleure à boire que toute autre; sept mille cinq cents livres de raisins, de pêches sèches, de dattes et autres fruits;

quinze mille livres de saumon, de thon et autres poissons; une provision énorme de harengs; douze cent cinquante livres de beurre salé, une provision proportionnée de beurre frais; huit cents livres de graisse de porc; un nombre infini de pots de crème de lait de vache; trois cents fromages de Hollande; quatre cents melons; mille barils et pots d'olives; deux mille cinq cents livres de sucre, sans compter deux mille cinq cents autres en pain; douze cent cinquante livres de miel; cinq mille livres de conserves, de confitures, etc.; huit mille oranges douces ou aigres; des épices de tout genre; trois mille citrons doux ou aigres; quatre mille bougies; quatorze mille petites lampes; huit cents torches ordinaires, cent plus grosses; cent mortiers de veille, le tout de cire blanche; cinq cents torches de cire jaune; du papier, des pains à cacheter, des bâtons de cire, du gros fil, le tout en grande quantité; enfin tout ce que l'imagination pouvait concevoir; douze charges de cœurs de palmiers-nains de la Mecque, auxquels le roi prit beaucoup de goût; treize cent soixante-quinze livres de cuivre travaillé; treize cents livres de fer de Séville; onze mille chandelles de suif; six mâts de navire; soixante pelles pour les feux, trente-huit lanternes pour les tentes et les baraques; trois cents cuillers; dix charrettes de sel; une caisse énorme de piques pour chasser aux bêtes fauves; de la poudre et des munitions à foison; soixante et quelques tables à écrire; des chaises sans nombre; un tapis de table en damas de cent vingt pieds, avec les franges d'or; quinze autres de taffetas de diverses couleurs, avec des balustrades dorées pour les tables des appartements; beaucoup d'autres d'étoffe rouge, et vingt autres de cuir doré, dont un pour vingt tables, un pour douze, et le reste de différentes grandeurs.

« Pour les écuries de Sa Majesté on envoya deux cent cinquante charrettes de paille, quinze cents mesures d'avoine, vingt-quatre de froment et dix de farine pour faire fête aux chevaux. Pour la cuisine, on coupa quatre mille charges de bois, et on réunit mille quintaux de charbon. La ville de Huelva envoya cinq cents barils de soles salées et autres poissons de la côte, sans compter dix-neuf cents autres de poissons très-délicats, apportés de San Lucar, et jusqu'à quatorze cents pâtés de lamproies, et une quantité infinie de pâtisseries de poisson, que l'on fit dans le bois même. On enjoignit aux pêcheurs de Huelva de remettre tout ce qu'ils prendraient, pour être amené de côte en côte, et par des relais de mules, l'espace de onze lieues, jusqu'au bois, et il y arrivait ainsi chaque jour vingt charges de poisson excellent, chacune de trois cent soixante-quinze livres; on avertit en outre tous les pêcheurs des environs de se rendre en un lieu appelé la Barrosa, à une lieue des maisons du Coto, pour le cas où Sa Majesté voudrait se divertir un moment à les voir pêcher (comme elle fit), et, en attendant, pour grossir la provision du poisson, on expédiait chaque jour huit autres charges au bois, sans compter six autres qu'envoyaient les tartanes de San Lucar; de façon qu'il entrait chaque jour à Doña Ana trente-deux charges de poisson, environ douze mille cinq cents livres, et cela pendant seize jours consécutifs, douze jours avant l'arrivée de Sa Majesté.

« Le duc avait même poussé les précautions jusqu'au point de tenir des barques prêtes pour pêcher dans la rivière, et apporter du poisson par terre, dans le cas où le mauvais temps ne permettrait pas de pêcher en mer.

« Tous les jours on voyait arriver seize charges de glace de Ronda, au moyen de quarante-six bêtes de somme, réparties sur différents points, de façon que la glace n'attendît nulle part.

« Le duc donna l'ordre que tout le gibier, tué à vingt lieues à la ronde, fût envoyé au bois; mais que l'on ne tuât rien pour ne pas effaroucher le gibier et ne pas le diminuer, afin que le roi eût plus de plaisir à chasser, ou simplement pour qu'il ne fût pas dit qu'il avait puisé dans celui dont ses bois étaient pleins; et ainsi on vit arriver de divers côtés, pendant seize jours, cinquante chevreaux, quatre cents perdrix ou lapins, mille poules, cinq cents poulets, une multitude de chapons et de dindes engraissés de lait. Du comté de San Lucar on apporta cent mille œufs.

« A deux lieues du palais, on établit six cents chèvres qui venaient de mettre bas, d'où chaque jour on tirait cent livres de lait pour faire des crèmes et autres friandises.

« On employa quarante-cinq jours à ces préparatifs, et on y travailla avec tant d'ardeur, que, sans la brusque arrivée du roi à Séville, Séville même aurait pu être jalouse de la réception faite au roi par le duc.

« Le roi séjourna treize jours dans cette ville, et en sortit le mercredi 12 mars, pour aller coucher à son coto. Le duc, à cette nouvelle, voulut quitter son lit, mais sa jambe lui refusa obéissance. Il écrivit donc à S. M. le regret mortel qu'il éprouvait à ne pouvoir aller en personne lui baiser la main, et il chargea de sa lettre le comte de Niebla, son fils, accompagné du seigneur don Alonso, son frère, du marquis d'Ayamonte, son cousin, avec une foule de serviteurs, qui, pour partir de grand matin, allèrent passer la nuit à leur logis du bois.

« Le jour suivant, qui était le jeudi 13, on se mit en route dans l'ordre suivant : devant la voiture, quarante-deux chasseurs à pied, chasseurs à cheval et tireurs au vol, avec deux trompettes, en livrée verte de drap de Ségovie, culottes, manteau court et pourpoints doublés de taffetas orange, boutons et agréments de même couleur, chacun avec les instruments de son office, et tous sur des chevaux caparaçonnés de soie verte. En tête marchaient les deux trompettes avec ladite livrée; les harnais, les collets, les baudriers, avec franges de soie verte, les épées dorées, les bannières de damas aux armes du duc; suivaient dix tireurs au vol avec le même costume, sauf qu'au lieu d'épées ils portaient dans leur ceinture des couteaux de chasse à pointe dorée, et des bourses de munitions par devant. Après les tireurs venaient vingt chasseurs à cheval avec la même livrée, collet, baudrier, ceinturon comme on a dit, épée, dagues, éperons, garniture de clous dorés, bottes de cuir, chapeaux à coiffes garnies de cordons orange et piques; puis dix chasseurs à pied, mais à cheval pour cette fois, avec même costume à peu près que les tireurs. Derrière cette partie du cortége allait don Diégo de la Cueva y Aldana, gentilhomme de la chambre du duc, *Alcaide* du bois, très-élégant à cheval et la pique à la main. Devant les voitures marchaient vingt-quatre laquais, à la livrée du duc et en manteaux.

« Suivait une première voiture dans laquelle allaient le comte de Niebla, don Alonso de Guzman et le marquis d'Ayamonte. Derrière la voiture allaient, chacun sur sa mule, don Melchor de Herrera et don Miguel Païz, leurs grands écuyers, suivis de tous les pages et valets de chambre, au nombre de soixante-dix, avec livrée de drap fin d'Avila, la doublure en taffetas rose, les boutons roses et argent, les bonnets pareils, d'un travail élégant, les jupes d'étoffe rose et argent, les bas roses, les jarretières à pointe d'argent, la garniture de l'épée et les éperons argentés, les bottes noires avec des tiges de pourpre, garnies de paillettes d'argent. Venait ensuite la seconde voiture où était don Pedro de Vallejo Cabañas, secrétaire de S. M., chargé de ses affaires à Madrid, faisant dans ce voyage fonction de majordome, et autres cavaliers serviteurs du duc. Derrière cette voiture tous les serviteurs du duc et grand nombre de ses vassaux, les uns et les autres avec de très-élégants et très-riches costumes, tous sur des mules. Il y en avait bien cinq cents, et le lendemain il y eut des chevaux pour tous.

« A une demi-lieue du palais du roi où ils arrivèrent vers les dix heures du matin, sortit en voiture au-devant de son neveu le comte d'Olivares, accompagné du marquis de Castel Rodrigo, du marquis del Carpio et de son fils, et du marquis de Portalegre, tous de la chambre de S. M., et de don Francisco Zapata, son écuyer. Dès qu'ils aperçurent le cortége, ils sortirent de leur voiture, et en même temps sortirent de la leur le comte de Niebla, son oncle et le marquis, et après qu'ils se furent tous embrassés et parlé avec toutes les marques de la plus vive satisfaction, le comte d'Olivares, quittant la voiture du roi dans laquelle il était venu, entra dans celle du comte de Niebla, prenant la gauche du fond, et laissant la droite à son neveu, qui, se refusant à la prendre, mit le comte d'Olivarès dans la nécessité de lui dire que, puisque le duc, son père, lui avait recommandé de lui obéir en tout, il voulût bien le faire dans une chose si juste. Le comte se rendit, on se distribua les autres places, et le cortége se remit en marche. Au bout d'un quart d'heure, le comte d'Olivares demanda des chevaux qu'il avait fait amener des écuries du roi, et il y en eut pour tout le monde. Mules, chevaux et voitures passèrent alors du chemin de Doña Ana sur celui de Séville, et, en arrivant en vue des maisons du roi, le comte d'Olivares voulut se charger lui-même du soin qu'aurait pris le duc s'il se fût trouvé là, et disposa l'ordre de la marche de la manière suivante : en premier lieu les trompettes, ensuite les pages, puis les autres domestiques et les vassaux, et enfin les chasseurs et les tireurs, tous deux par deux et séparés les uns des autres pour éviter toute confusion : à quoi le comte d'Olivares apportait le même soin que si l'affaire lui eût été personnelle. Venait ensuite don Alonso de Guzman avec le marquis d'Ayamonte; le dernier de tous, le comte de Niebla ayant à sa gauche le comte d'Olivares, et à sa droite le marquis de Castel Rodrigo, et à sa place de grand écuyer ledit don Melchor.

« Ils cheminèrent ainsi sous la conduite de don Hernando Verdugo, lieutenant des gardes espagnoles, et Sa Majesté et Son Altesse Royale se placèrent à un balcon qui regarde le côté de la campagne par où ils venaient. Quand ils furent à la porte, le comte d'Olivares fit former deux lignes, au milieu desquelles les seigneurs passèrent, suivis des laquais et des voitures vides.

« Ils mirent ensuite pied à terre dans le patio, et, accompagnés de la suite de Sa Majesté, ils prirent un escalier qui aboutit à un corridor par lequel ils entrèrent dans une salle où, debout contre une table à écrire, se tenait Sa Majesté ayant à sa gauche le duc de l'Infantado.

« Le comte de Niebla, accompagné du comte d'Olivares, s'avança pour baiser la main du roi et lui remettre la lettre de son père, et lui exprimer ses grandissimes regrets; à quoi Sa Majesté répondit de l'air le plus agréable et le plus satisfait qu'il était affligé de l'indisposition du duc, et qu'il avait grand plaisir à connaître le comte, qui, dans cette circonstance, parut fort à son avantage. Après que don Alonso de Guzman et le marquis d'Ayamonte eurent également baisé la main du roi ils allèrent tous rejoindre les seigneurs qu'ils avaient laissés dans la galerie, et le roi rentra dans son appartement, à gauche de la salle. Le comte et les autres sei gneurs passèrent ensuite dans l'appartement de droite qui était celui de l'infant, à qui ils baisèrent la main dans le même ordre. Puis, accompagnés du comte d'Olivares, du duc de l'Infantado et de toute la suite, ils retournèrent à leurs voitures, et, y étant montés, ils reprirent le chemin de Doña Ana avec tout le cortége qui les avait amenés. Le jour suivant, les chasseurs à pied du duc prirent leurs dispositions pour un rendez-vous, afin que Sa Majesté pût se donner le plaisir de la chasse, en passant de son palais à celui de Doña Ana.

« Le vendredi, qui fut le 14, le comte de Niebla sortit avec don Alonzo et le marquis d'Ayamonte pour aller recevoir Sa Majesté, n'emmenant avec lui que les chasseurs à pied et à cheval, les tireurs au vol, les valets de chiens avec leurs meutes, et par précaution quelques chevaux à courre.

« Sa Majesté arriva tard au rendez-vous, où le comte de Niebla lui baisa la main une seconde fois, et fit amener, au nom de son père, pour le roi, pour Son Altesse et pour les seigneurs de la suite, douze chevaux avec leurs harnais de chasse, quelques-uns brodés en or sur peau de buffle ou de chamois, un autre sur cuir de Cordoue, et plusieurs de couleurs différentes. Les chevaux destinés au roi et à l'infant avaient des caparaçons de velours t, bordés d'orange avec des torsades d'or ; il y avait ssi douze piques, celles du roi et de l'infant en jonc des Indes, garnies d'or, les autres en argent. Le duc fit i donner à deux arbalétriers de Sa Majesté deux au- chevaux avec leurs harnais de chasse. Le comte eut ordre de son père de les diriger de telle façon, que le roi courût le premier sanglier sur ses terres. Les limiers tuèrent en effet un de ceux qui avaient été amenés au rendez-vous; à quoi le roi prit grand plaisir, et il n'en eut pas moins ensuite à voir les lévriers courir un troupeau de daims.

« La nuit étant survenue, le roi remonta en voiture, et, prenant avec lui le comte de Niebla, s'achemina vers les maisons de Doña Ana, où, après s'être reposé, il voulut voir des feux d'artifice qu'on y avait préparés et qui furent si merveilleux, qu'à défaut d'autre fête celle-là eût suffi pour marquer le zèle et le grand empressement du duc. Sa Majesté vit ces feux d'une fenêtre de la galerie qui regarde la campagne, ayant à son côté le comte de Niebla, à qui il prodiguait les faveurs les plus particulières, ne tarissant pas sur le plaisir qu'il prenait à ce rare spectacle qui dura bien une heure, et où l'on vit retracer entr'autres l'action héroïque de Guzman el Bueno, au siége de Tarifa. Après quoi le roi emmena le comte à son logis et demanda à souper. Le feu d'artifice avait attiré plus de douze mille personnes, qui toutes soupèrent abondamment.

« Chacun se retira ensuite dans son appartement. Il y avait dans celui du roi une grande caisse d'argent aux armes royales, doublée à l'intérieur de cuir ambré avec des franges et des ganses de soie verte, et dans cette caisse cinquante peaux de maroquin, cent paires de gants, cinquante bourses. Cette caisse en contenait en outre deux autres non moins riches, et remplies l'une de pastilles, l'autre de parfums. Toute cette caisse valait bien six mille ducats. L'infant trouva dans son appartement deux grandes corbeilles d'argent avec quarante peaux de Cordoue et autant de paires de gants. Dans l'appartement du comte d'Olivares, on avait placé une robe de chambre fort riche, rouge et toute brodée d'or et d'argent, un plateau d'or chargé de riches cristaux et de pastilles : sur un autre en argent doré, d'une étroite et jolie forme, une chemise et des gants ambrés, le tout recouvert de taffetas.

« Le duc de l'Infantado, l'amiral de Castille et les autres personnages de distinction de la suite du roi furent traités de la même manière.

« Le jour suivant, qui était samedi, vers huit heures du matin, le roi ayant donné à entendre qu'il verrait avec plaisir une course de taureaux dans le patio même du palais, en moins d'une heure et demie, on disposa un *toril* où furent enfermés douze de ces animaux, dont neuf successivement lâchés donnèrent lieu aux passes les plus intéressantes sans causer aucun accident. Le fou du duc, don Juan de Cardenas, attaqua à cheval le plus furieux d'entre eux et lui porta de si beaux coups de lance, que le roi, charmé de ses prouesses et touché de ses bons mots, l'emmena avec lui à Madrid. Sa Majesté tua elle-même trois taureaux à coups d'arquebuse. Dans l'après-midi, le roi alla chasser à courre avec le marquis de Castel Rodrigo, et eut au retour la surprise d'une représentation que lui donna la compagnie de Thomas Fernandez et d'Amarilli, retenue à Séville pour le compte du duc depuis le mercredi des Cendres, et après la clôture des représentations publiques, uniquement à cette intention.

« A la nuit, nouvelle comédie ; mais auparavant Attilano de Prado, un jeune homme du métier, que le duc avait à son service, improvisa en l'honneur de Sa Majesté une *Loa*, ou cantate, dont les vers étaient si réguliers, qu'on les crut préparés d'avance. Mais personne ne garda ce soupçon, quand on entendit le jeune homme en composer d'autres sur-le-champ, à propos de tout ce qui était arrivé au roi dans cette après-midi, et sur ce que faisaient ou disaient, à l'heure même où il parlait, ceux qui l'écoutaient, en attendant la comédie. Le roi passa le reste de la nuit à écouter Cogollos, homme d'esprit et de bonne humeur qui divertit le duc, avec don Juan de Cardenas, et, l'heure du souper étant venue, il ordonna au comte de Niebla, qui ne l'avait pas quitté de tout le jour, d'aller prendre du repos, le renvoyant chaque fois comblé de nouvelles marques de sa faveur royale.

« Le dimanche matin, Sa Majesté ne sortit pas des maisons de Doña Ana, et passa la matinée à s'entretenir avec le comte et les autres seigneurs.

« Dans l'après-midi, Elle se laissa conduire au lieu de la plage appelé la Barrosa, où elle se divertit à voir les pêcheurs jeter leurs filets, et à examiner les différentes sortes de poissons qu'ils prenaient. De là on se rendit à la lagune de Santa Olalla, où le duc avait fait apprêter une felouque avec trois barques. La felouque qui devait recevoir le roi à son bord avait toute sa poupe dorée, la proue, les rames et les parois peintes en vert. Elle était au dedans toute doublée de taffetas de la même couleur, et garnie de balustrades et de clous dorés. L'équipage, vêtu à la façon des mariniers, portait veste et pantalons larges, bas et jarretières, le tout d'une même couleur, qui était la verte Le roi s'embarqua dans la felouque avec Son Altesse, le comte d'Olivares et le comte de Niebla qui s'assit au gouvernail, deux arbalétriers pour prendre soin des mousquets de Sa Majesté et de Son Altesse, et deux tireurs du duc. Tous les autres étaient restés avec les chasseurs à pied le long de la lagune, pour faire lever le gibier que les chasseurs à cheval ramenaient, la pique à la main. Dans les autres barques étaient entrés quelques-uns des seigneurs et plusieurs des serviteurs du duc et de Sa Majesté. Le roi, de la felouque, tua beaucoup de gibier et prit tant de goût à cet exercice, qu'à plusieurs reprises il répéta au comte que, de sa vie, il ne s'était tant diverti. Pendant cette après-midi, Thomas de Fernandez avait donné la comédie à ceux de la chambre, et à la nuit il en représenta une autre devant le roi.

« Le lundi, le roi ne sortit que l'après-midi qu'il fut aux champs, accompagné de l'un de ses gentilshommes, du comte d'Olivares et du comte Niebla, et poussa jusqu'à Santa Olalla. Il s'y amusa un moment de la même façon que la veille, après quoi il se donna le divertissement de la chasse à courre. On eut affaire à un sanglier des plus lestes que deux chasseurs du duc menèrent rudement avec leurs limiers. Puis, les lévriers ayant été lancés à leur tour, la bête fut amenée devant le roi, et aussitôt don Miguel Paëz se jeta à bas de son cheval, pour lui tenir les oreilles, pendant que Sa Majesté lui plongeait son couteau dans le flanc ; de quoi Elle revint fort satisfaite et divertie.

« Le départ avait été fixé au lendemain mardi. Ce jour-là, qui était le 19, le roi, ayant résolu d'aller coucher au Puerto Santa Maria, quitta, au point du jour, le palais de Doña Ana, dans les voitures du duc attelées de mules, Sa Majesté ayant, à l'avance, envoyé ses équipages, pour les trouver à sa convenance dans la ville de San Lucar. San Lucar, on le sait, est à l'autre bord. Le roi arriva, vers dix heures du matin, à la plage où le duc avait fait disposer deux felouques de l'escadre de l'Océan. Le roi s'y embarqua avec tous les principaux personnages de sa suite, et alla dîner à bord de la galère royale qui se trouvait dans le port avec dix autres naviguant de conserve. Au moment où Sa Majesté mettait le pied à bord, le château, les remparts et les tours de la ville la saluèrent par une décharge admirable de toute leur artillerie.

« Le duc avait rassemblé de différents points (et tenait depuis nombre de jours à la hauteur de San Lucar) six barques, qui, à chaque voyage, pouvaient passer jusqu'à cinquante montures, et, pour les remorquer, il avait fait disposer six bateaux longs ordinaires, et vingt-quatre autres pour les gens et les bagages, sans compter douze autres pour les voitures et les litières. Aussi, quoique les équipages fussent très-considérables et la suite innombrable, dans le temps que le roi mit à dîner, tout passa le plus commodément du monde, et la traversée d'une plage à l'autre n'a pas moins d'une grande lieue, avec un courant terrible.

« Pour que Sa Majesté atteignît la felouque, on avait construit sur la plage, du côté de Doña Ana, un pont qui avançait dans le fleuve près de cinquante pieds, fermé d'une double balustrade tournée, avec pilastres et boules, le tout peint en vert et à l'huile.

« Le roi, en se levant de table, fut salué d'une décharge pareille à la première, toute l'artillerie tirant à boulet, suivant l'exprès commandement du duc.

« Le roi, après son dîner, redescendit dans sa felouque, et, escorté de toutes les galères, alla débarquer à l'autre bord, au pied de l'ermitage de Notre-Dame de Bonanza. Là, le duc avait fait construire un second plancher qui s'avançait sur le fleuve de plus de trois cent soixante pieds, avec un escalier de trente-six pieds, pour y monter du fleuve même, de telle manière que Sa Majesté, venant en galère et à mer haute, pût débarquer de plain-pied, et, si Elle se présentait dans une moindre embarcation ou à mer basse, il lui fût aisé d'arriver par les degrés. Cette construction, par sa solidité et la beauté de l'exécution, ne fut pas une des moins grandes choses qui, en cette occasion, méritèrent d'être rapportées. Ce plancher, large de quinze pieds, avait de chaque côté une rampe de sept cents balustres tournés, et portant, de neuf pieds en neuf pieds, de grosses boules, au nombre de cent dix, peintes en vert et formant un agréable coup d'œil. Sur la plage, au pied de la ville, se voyait rangé en bataille un détachement de soldats, avec onze bannières, et treize cents hommes de la milice de San Lucar, tous en habits de gala et empanachés, dans le meilleur ordre possible. Au moment où l'on découvrit le carrosse du roi, Sa Majesté fut saluée d'une première décharge. A la seconde qui se fit, à l'approche du carrosse, on abaissa les bannières, et la troisième eut lieu au moment même du passage de Sa Majesté. Dès ce moment aussi, se rangea derrière Elle une compagnie de deux cents hommes des mieux équipés, pour lui servir d'escorte sur la route et de garde pendant le temps qu'Elle daignerait s'arrêter dans la maison du duc. D'autres compagnies étaient déjà formées sur le chemin du Puerto Santa Maria.

« Le jour précédent, le duc de l'Infantado était venu rendre visite au duc, et, pour préparer la réception du roi, était retourné dormir au couvent de San Geronimo, qui est entre San Lucar et Bonanza, où le duc lui avait envoyé pour son souper cent barils du poisson le plus délicat. Dans la maison du duc furent logés le patriarche des Indes, un neveu à lui, le confesseur de Sa Majesté, le nonce, le maestro Fray Hortensio Paravecino, prédicateur du roi, avec leurs gens, et tous ces hôtes dinaient et soupaient de la manière la plus splendide, à différentes tables et à différentes heures du jour et de la nuit. Chacun d'eux trouva dans son appartement des présents aussi magnifiques que ceux qui avaient été offerts aux hôtes de Doña Ana. Après la visite du roi au coto, une foule d'autres personnages de distinction vinrent se réunir à ceux-là ; de ces hôtes de tous genres, le duc en eut chez lui plus de deux mille, et souvent jusqu'à sept cents à la fois.

« Le jour où Sa Majesté quitta le coto, ceux qui l'accompagnaient enlevèrent du garde-manger, dont l'entrée resta toujours libre, tout ce qu'ils voulurent emporter. Néanmoins le duc avait ordonné que, sur la plage où l'on devait s'embarquer, on dressât une tente avec d'immenses provisions de pain, de vin, de poisson conservé, de fromage de Hollande, pour que chacun pût se rafraîchir en arrivant, et il y en eut assez pour que les équipages des galères et des barques trouvassent encore beaucoup à recueillir.

« Quoiqu'on eût dit que Sa Majesté voulait passer du coto au Puerto Santa Maria sans entrer à San Lucar, et que le duc, se prêtant à ce dessein, eût préparé la route en dehors de la ville, à partir du lieu du débarquement, il n'en fit pas moins disposer sa maison avec une grandeur et un éclat extraordinaires, faisant tendre de riches étoffes et de brocard toutes les habitations et les salles, particulièrement trois galeries contiguës qui furent ornées, dans la prévision que Sa Majesté daignerait peut-être y prendre quelque repos, et, dans la même pensée, ses offices furent approvisionnés de la manière la plus abondante.

« Aussitôt que Sa Majesté eut quitté les galères, le comte d'Olivares prit les devants, pour aller à San Lucar visiter le duc, lequel, contre la volonté des médecins et pour faire honneur à son cousin, descendit, pour le recevoir, sur le premier palier de l'escalier; d'où il résulta, pour lui, après être resté quarante jours au lit, de nouvelles attaques dont il souffre encore.

« Le comte de Niebla suivit le roi sur la galère, et, pendant que Sa Majesté dînait, le seigneur don Alonso de

Guzman et le marquis d'Orani allèrent voir le duc, et au retour, accompagné de l'un et de l'autre et de nombreux cavaliers, le marquis de Villamanrique, second fils du duc, vint baiser la main de Sa Majesté. Il avait avec lui sept voitures, l'une à six chevaux, quatre à quatre chevaux, et deux à six mules, avec douze valets de pied, portant justaucorps et pantalon de velours noir, avec galon et passementerie, argent et bleu, jupon de brocard pareil, bas et jarretières à pointes d'argent, chapeaux noirs à coiffes brodées de bleu et d'argent, manteaux noirs de drap fin avec garnitures pareilles, épées et dagues à poignées d'argent. Il y avait encore, portant la même livrée, vingt-quatre pages, huit valets de chambre, huit officiers, et quatre porteurs pour la chaise du duc. (Je supprime le détail de la livrée des cochers et des harnais, tous d'une splendeur merveilleuse.)

« Le marquis arriva au moment où le roi sortait de la galère, et fut admis à l'honneur de lui baiser la main. Le comte de Niebla remit en même temps au roi, au nom de son père, les clefs du château que le duc envoyait à Sa Majesté, sur un plateau d'argent, en signe qu'il reconnaissait son autorité.

« Le roi, alors accompagné de Son Altesse, monta dans le premier carrosse avec le duc de l'Infantado, le marquis de Castel Rodrigo et le comte de Regla, pour se rendre à la maison du duc. Celui-ci se fit porter en chaise dans le patio, et là étant sorti, avec l'aide de don Alonso, son frère, et de quelques autres seigneurs, il baisa la main de Sa Majesté, en lui renouvelant ses remercîments de la grande faveur que le roi daignait lui faire. Sa Majesté, l'ayant relevé avec bonté, lui commanda de ne pas le suivre, et monta l'escalier. Au second palier, elle fut reçue par madame la duchesse, au bras du comte d'Olivares. Son Excellence ayant demandé au roi la faveur de lui baiser la main, le roi ôta son chapeau en la relevant avec une bonté toute particulière, et passa devant elle, la duchesse le suivant, toujours au bras du comte d'Olivares.

« Arrivée à la salle d'honneur, Sa Majesté s'assit sur son fauteuil, et, comme il n'y avait que ce seul siége dans l'appartement, Elle en fit apporter deux autres pour Son Altesse et pour la duchesse. La visite dura environ une heure, avec grande satisfaction des deux parts. Pendant ce temps, le comte d'Olivares, don Agustin Mexia et don Fernando Giron tenaient conseil d'État dans l'appartement du duc de l'Infantado, d'où ils envoyèrent appeler le duc, pour lui dire que Sa Majesté lui accordait la faveur de prêter serment dans ce conseil, comme il le fit, en effet, grâce devenue plus chère par la faveur que le roi avait daigné faire à sa maison, en l'honorant de sa présence, et à sa personne, en le confirmant dans sa charge, et en lui accordant, en outre, quatre habits de chevalerie à répartir entre ceux qui s'étaient le plus particulièrement distingués dans cette occasion.

« Le serment pris et la visite achevée, le roi sortit de l'appartement avec le même cérémonial qu'il y était entré. La duchesse le reconduisit dans quatre pièces, et à la dernière Sa Majesté se retourna, lui ôta son chapeau et lui ordonna de ne pas la suivre plus loin. Le comte d'Olivares voulut reconduire la duchesse jusqu'à la salle d'honneur; mais, celle-ci ne l'ayant pas permis, il accompagna Sa Majesté. Le duc descendit alors une seconde fois pour baiser la main du roi. Ce même soir, Sa Majesté s'en fut dormir au Puerto, pour delà aller à Cadix où, après un court séjour, Elle se décida à passer à Gibraltar. »

Le duc, dans cette occasion, n'avait pas dépensé moins de quatre cent mille ducats, plus de deux millions de francs.

Je me suis proposé un double but, en donnant un extrait si abondant de ce curieux récit. Il m'a paru d'abord qu'il faisait revivre, d'une manière assez pittoresque, les habitudes d'une époque déjà loin de nous; et, comme tout ici, les noms et le paysage, appartiennent à San Lucar, il m'était permis de croire que ces souvenirs étaient naturellement de mon sujet. Voilà ce coto de Doña Ana : au centre sont encore les *maisons du bois*; c'est dans ce patio, aujourd'hui planté d'orangers, que Philippe IV assista à une course de taureaux; c'est sur ce côté de la plage qu'il entra dans la felouque qui le mena à sa galère.

Mais dans ce récit j'apercevais autre chose encore. A mesure que je lisais les fastueux détails de cette réception toute royale, de ces profusions de toute nature, de ces magnificences improvisées, le nom de Fouquet, les fêtes de Vaux et leur terrible lendemain me revenaient à la mémoire, et je croyais voir dans cette visite de Philippe IV au duc de Medina Sidonia le prologue, dirai-je de ce drame ou de cette comédie de 1641. On retrouve ici les principaux personnages, le roi d'abord, puis le comte d'Olivares, puis le marquis d'Ayamonte; le duc seul est absent. Celui qui, en 1624, eut l'honneur de recevoir Philippe IV au coto de Doña Ana est don Manuel Alonso Perez de Guzman; celui qui eut un moment la pensée de faire de l'Andalousie un royaume indépendant est don Gaspar Alonso Perez de Guzman. Le duc don Manuel, déjà perclus d'une jambe, on l'a vu, en 1624, était mort sans doute avant 1641, et celui dont la sœur avait épousé le duc de Bragance serait alors ce comte de Niebla que l'on voit ici chargé par son père de recevoir son hôte auguste.

Quoi qu'il en soit, il doit être permis de supposer que le roi fut plus frappé des richesses immenses et de l'autorité presque royale du duc de Medina Sidonia qu'il ne fut touché de toutes les marques de la soumission de son hôte, et il doit paraître vraisemblable que, le jour où le comte d'Olivares mit sous les yeux de son maître les preuves écrites de la conspiration tramée par le marquis d'Ayamonte, tous les souvenirs de la visite de Doña Ana se représentèrent à sa pensée, et qu'il saisit, quand elle s'offrit à lui naturellement, l'occasion de condamner désormais à l'impuissance une ambition qui pouvait le gêner. Louis XIV, avec l'impatience de la jeunesse et le sentiment d'une autorité dont il était d'autant plus jaloux qu'elle pouvait encore paraître contestée, frappa sans retour comme sans pitié. Philippe IV, moins jeune et d'un caractère moins impérieux, patienta quinze ans.

et, satisfait ensuite d'avoir mis sa couronne à l'abri de toute tentative de ce côté, permît aux Medina Sidonia de rester les plus grands seigneurs de l'Espagne.

Isolé de ce qui suivit, le récit qu'on vient de lire ne ferait peut-être que rappeler l'épisode des noces de Gamache dans don Quichotte. Mais, quand on saisit le fil caché qui rattache les fêtes de Doña Ana au décret qui mit fin à l'autorité indépendante des Guzman dans le comté de San Lucar, aucun détail de ce récit ne semble plus indifférent : le récit sort de l'étroit domaine de l'anecdote pour entrer dans l'histoire.

VII

NOTRE-DAME DU ROCIO

Le Rocio. — Comment fut découverte la Vierge du Rocio. — Confréries. — Pèlerinage annuel. — Une fête dans le désert. — Le retour des pèlerins.

Pour observer dans leur expansion la plus naturelle ces vives populations de l'Andalousie, il faut les suivre aux courses de taureaux, aux foires, aux pèlerinages, partout enfin où elles se sentent attirées par la foi, l'intérêt et le plaisir, le plaisir surtout. Ce peuple andalous est si bien né pour les fêtes, que, religieuses ou mondaines, il porte à toutes le même entrain de bonne humeur et de bonne grâce. Ceux-mêmes qui gardent la maison font leur joie de celle des absents. Ils iront, au retour, les attendre sur le chemin, et croiront avoir été à la fête parce qu'ils en auront vu revenir les autres.

Il y a quinze ans à peine, lorsqu'arrivait la Saint-Jean d'été, à dix lieues à la ronde on n'avait plus qu'une pensée : les courses du Port-Sainte-Marie, *los toros del Puerto!* Dans les autres petites villes qui, semées autour du golfe de Cadix, ont été si heureusement comparées à de blancs troupeaux qui se baignent au bord de la mer, dans les cités plus reculées et plus sages de Jerez, de Medina Sidonia ou de San Lucar; dans les champs que fertilisent, en remontant vers Séville, les grandes eaux du Guadalquivir; à Séville même, dans la royale Séville, dans toutes les haciendas enfin, assises au centre des vignes et des oliviers, ou éparses au milieu des sables et sous les bois de pin, c'était à qui trouverait une barque, une voiture, une mule, un âne pour ne pas perdre sa part des émotions de la *Place* du Puerto. Nul sacrifice ne coûtait pour arriver à temps. Mon royaume pour un cheval!

Peu à peu cette universelle ardeur s'est apaisée, ou plutôt s'est déplacée. Cette grande affluence a pris un autre cours. Pourquoi? Peut-être parce qu'on se lasse de tout en ce monde. Peut-être parce que la prospérité du Port-Sainte-Marie a fort diminué, et que, hommes ou villes, on s'éloigne des malheureux; peut-être à cause de la facilité même avec laquelle on se rend aujourd'hui de Cadix et de partout au Puerto. Le chemin de fer et les bateaux à vapeur ont ôté à cette petite excursion le charme attrayant de l'aventure et l'apparence du danger.

La foire de Séville paraît avoir hérité de cet ancien et bruyant rendez-vous de la gaieté andalouse, en attendant que le luxe en chasse cette gaieté elle-même, ce qui arrivera avant peu d'années.

Mais, grâces à Dieu et à la sainte Vierge, les *Romerias* n'ont pas encore passé de mode. Si le Puerto se calme, si la foire de Séville prend déjà les grands airs de l'élégance européenne, Notre-Dame du Rocio a gardé ses fidèles. Il y a un jour dans l'année, il est un coin dans le désert où les populations de l'Andalousie, accourues des points les plus opposés, se retrouvent encore, et, dans un rapprochement de quelques heures, se reconnaissent entre elles à cette foi vive, à ces mœurs naïves, à ce feu de l'imagination, à cette poésie à la fois naturelle et subtile des sentiments, à ces saillies imprévues de l'esprit, à tout ce qui les distinguait autrefois autant que l'originalité de leur costume.

Le Rocio est un désert dans le comté de Niebla, à égale distance de la mer qui regarde Cadix, et de la ville d'Almonte. Au milieu de ce désert s'élève un petit ermitage, sous l'invocation de Notre-Dame du Rocio, où, chaque année, le lundi de la Pentecôte, se réunissent de nombreuses confréries, amenées, quelques-unes de très-loin, par une dévotion particulière à la Vierge qui porte ce nom charmant : *Notre-Dame de la Rosée.* La rosée au désert, il y a dans ces deux mots tout une pastorale biblique.

Ce fut un pâtre qui le premier eut la joie de découvrir la Vierge nouvelle, j'ai bien envie de dire qui la trouva sous la rosée. Dieu a toujours aimé les bergers. Les patriarches étaient-ils autre chose que des bergers épiques?

Le berger, dans sa misère, garde encore, en Orient, quelque chose de la poésie des temps primitifs. Sa vie solitaire et aventureuse, le commerce qu'il entretient encore avec les étoiles, en font un personnage un peu mystique, et je ne sais quel reflet en est venu aux pâtres de l'Andalousie.

Donc, au commencement du quinzième siècle, un berger d'Almonte, quelques-uns disent un chasseur, mais c'est tout un dans ces déserts, arriva dans un lieu appelé *las Rocinas*, où le terrain, couvert de vigoureuses broussailles, devenait à chaque pas plus impraticable. Les oiseaux ou les animaux sauvages pouvaient seuls pénétrer plus avant. Le pâtre allait donc revenir sur ses pas pour se mettre en quête d'une autre issue, quand il entendit ses chiens aboyer avec acharnement, et, les cherchant de l'œil, il les vit en arrêt devant un fourré plus inextricable encore que le reste. Il courut de ce côté, ému d'un secret pressentiment, et croyant sentir dans la voix de ses chiens autant de terreur que de menace, il parvint à grand'peine à se frayer un chemin à travers les ronces, les arbousiers et les lentisques, et s'arrêta charmé devant un vieux tronc d'arbre, surmonté d'une image de la Vierge. C'était une statue de grandeur ordinaire, mais d'une rare beauté de visage et dont le doux regard semblait réfléchir la paix sereine de ces solitudes. Vêtue d'une simple tunique de lin blanc tirant sur le vert, on pouvait s'étonner qu'elle se fût conservée intacte, même sous le vieil abri que la forêt avait, d'année en année, de siècle en siècle, élevé autour d'elle.

Le berger resta un moment agenouillé dans l'extase ; puis, se relevant, il crut qu'il ne pouvait y avoir à Almonte un temple digne de recevoir la miraculeuse image ; peut-être aussi se flattait-il en secret de l'espérance moins pure de voir ses compatriotes jaloux de la grâce qu'il avait reçue. Il enleva donc la statue, et, la chargeant sur ses épaules, il prit le chemin d'Almonte ; mais la distance était longue, la route difficile, et l'image un peu lourde. S'il n'eût ressenti de sa découverte qu'une joie pure et sainte, la Vierge se fût faite légère à ses épaules ; mais il se mêlait à cette joie une pensée d'orgueil, et la statue pesait de tout son poids. Il lui fallait donc s'arrêter souvent ; peu à peu s'affaissant sous le fardeau divin, il se laissa tomber et s'endormit. Combien de temps dura ce sommeil ? il ne put s'en rendre compte ; mais quel ne fut pas son désappointement lorsqu'en s'éveillant il ne retrouva plus à son côté sa précieuse conquête. Il n'y a guère de voleurs dans ces bois où l'on chasse des journées entières sans rencontrer d'autres êtres vivants que des sangliers, des chats-tigres ou des lièvres. D'ailleurs, sous l'émotion qu'il éprouvait, le moindre bruit eût écarté le sommeil de ses paupières. L'homme accoutumé à vivre dans ces déserts y acquiert par l'habitude une finesse d'oreille qui n'est comparable qu'à celle du gibier qu'il poursuit. Il y avait donc quelque chose de surnaturel dans le sommeil qui avait arrêté sa course, comme dans l'étrange disparition de la sainte image. Dans les naïves imaginations dont le sentiment religieux s'empare si aisément, le surnaturel n'est souvent séparé du réel que par une ligne imperceptible. L'homme d'ailleurs, en ces époques d'une foi simple et vive, vivait plus volontiers que de nos jours en face de sa conscience. Au lieu d'un juge qu'on redoute d'autant plus qu'on l'entend plus rarement, c'était un ami qu'on interrogeait à toute heure, et avec qui on consultait ses moindres actions. Le pauvre berger, averti sans doute par cette voix si sûre, se repentit, et se mit humblement à la recherche de celle qui, pour punir sa faute, s'était elle-même dérobée aux regards de son indigne serviteur. Il chercha d'abord inutilement; mais, à son insu, peut-être pour obéir à un saint avertissement, il refit tout le chemin qu'il avait déjà fait, et il éprouva plus de joie que de surprise en retrouvant la Vierge sur le même tronc d'arbre où elle lui était apparue pour la première fois.

Il se persuada donc, en quoi son instinct ne le trompait pas, que, si la Vierge avait voulu être découverte, elle ne voulait pas néanmoins quitter le lieu où sa douce présence avait été cachée pendant des siècles, et, se rendant à Almonte, il raconta tout ce qui lui était arrivé. Le bruit de la découverte se répandit en un moment dans la ville. Les nouvelles de ce genre étaient alors celles qui, remuant tous les cœurs, arrivaient le plus vite à toutes les oreilles. Il fut aussitôt décidé que le clergé et l'ayuntamiento iraient en pompe reconnaître la nouvelle image et tenter la sainte aventure; et, guidés par l'heureux berger, ils se rendirent en pèlerinage à l'endroit désigné. Le peuple en foule suivit ses prêtres et ses magistrats. On trouva toutes choses comme il avait été dit, et la Vierge miraculeuse fut invitée à venir habiter l'église principale d'Almonte, pendant qu'on lui élèverait une chapelle dans ce désert où elle avait été, durant des siècles, l'invisible providence des pâtres et des chasseurs égarés.

On bâtit, en effet, un petit ermitage autour du tronc de l'arbre, et ce rude piédestal de la statue resta le centre de l'autel sur lequel on la replaça. Lorsqu'on voulut la revêtir d'un habit plus riche, on trouva écrit en vieux caractères derrière son épaule : *Nuestra Señora de los remedios*. Mais, en recevant un nouveau culte, la Vierge devait prendre un nom nouveau, de celui du lieu où elle venait d'être retrouvée. Le peuple l'appela donc Notre-Dame des *Rocinas*. Elle devint avec le temps Notre-Dame du Rocio, et cette partie de la dehesa reçut alors d'elle le nom que d'abord elle lui avait prêté.

On sait la faveur qui s'attache au culte des nouveaux saints : on n'oublie pas les anciens, mais on les néglige un peu, et par un sentiment naïf on est porté à supposer plus de crédit aux derniers venus. Sans bien s'en rendre compte, on les traite comme les favoris des rois de la terre auxquels on s'adresse d'autant plus volontiers, qu'ils n'ont pas eu le temps d'abuser des grâces du maître. Notre-Dame des Batailles, dont saint Ferdinand portait l'image d'ivoire sur le pommeau de sa selle, Notre-Dame des Rois, Notre-Dame des Genêts, Notre-Dame de Bon-Secours, la divine Bergère, toutes ces glorieuses patronnes de Séville, se virent un moment éclipsées, et vous-même, ô ma noire beauté, ô Notre-Dame de Regla, vous eûtes une blanche rivale à l'autre bord de la mer, sur l'autre rive du Guadalquivir. Notre-Dame du Rocio ne tarda pas, en effet, à étendre au loin, et jusqu'aux environs de Séville, le doux empire de sa grâce attrayante et de sa bienfaisante protection.

Mais elle n'avait toujours que ce petit ermitage de quelques mètres. Ce n'était pas ce qui l'inquiétait ; plus d'un de ces aventureux Andalous qui allaient alors chercher fortune au nouveau monde s'était sans doute placé, en partant, sous la protection de l'image nouvelle. Un d'eux surtout, né à Séville, et qui se nommait Baltazar Tercero, se souvint d'elle en mourant à Lima, en 1587. Quelle faveur avait-il reçue, si loin de l'Espagne, de la pauvre madone du désert? Peut-être avait-il laissé dans sa patrie quelque tête chérie, que, dans une dernière prière, il voulut recommander à la consolatrice des affligés. La légende ne dit rien à cet égard ; mais ce qui est certain, c'est que don Baltazar Tercero laissa environ dix mille livres pour entretenir un chapelain, qui, résidant à Almonte, serait chargé de veiller sur la chapelle, d'y dire la messe, et une autre somme pour agrandir et réparer l'ermitage.

Le premier ermite dont on ait gardé le souvenir s'appelait Fray Juan de San Gregorio, de la congrégation de Saint Paul : il fut nommé en 1635.

Quinze ans plus tard, une peste affreuse désolait ces rivages, et semblait, chaque jour, se rapprocher d'Almonte. La ville, en cette occasion, se souvint de sa puissante voisine. Une seconde fois, la vierge du Rocio entra dans Almonte, et sa présence suffit pour en écarter la peste. La ville préservée, en la reconduisant dans son ermitage, la choisit pour patronne ; sa fête fut alors fixée au lundi de la Pentecôte, et voici deux siècles que de tous les environs on vient la célébrer au désert.

Peu à peu cependant la renommée de ce grand bienfait et les récits partout redits des grâces que Notre-Dame du Rocio répandait autour d'elle attirèrent à ses pieds de nombreux pèlerins et dans son humble trésor d'abondantes aumônes. Elle se trouva bientôt assez riche pour que la petite chapelle fût remplacée par une église avec son presbytère. C'est l'édifice qui existe encore aujourd'hui; il est simple et sans aucun luxe; mais, au milieu de cette sauvage et éclatante nature, plus riche, il blesserait le regard.

Avec le temps, chacune des villes des environs voulut avoir sa confrérie ou *hermandad* de Notre-Dame du Rocio. Almonte avait donné l'exemple, il fut suivi sur la rive droite du Guadalquivir, à Niebla, à Villamanrique, à Pilas, à la Palma, à Moguer, à Palos, d'où partit le premier navire qui, ayant Colomb à son bord, aborda au nouveau monde, à Umbrete, à Coria, tout près enfin de Séville, à Triana. Sur l'autre rive du fleuve, Rota, le Puerto Santa Maria, San Lucar de Barrameda s'enrôlèrent à leur tour dans la pieuse milice, malgré les difficultés que devaient offrir la mer et le fleuve à traverser. Mais l'ardeur s'usa plus vite que l'obstacle, et ce n'est plus tous les ans que l'on voit la bannière de ces dernieres confréries les guider, à travers les sables brûlants du coto de Doña Ana, vers l'intarissable fontaine de Notre-Dame du Rocio.

Il nous faut maintenant voir se former et se mettre en route ces rustiques théories du catholicisme espagnol. Suivons sous les bois ces lentes et joyeuses caravanes, où l'amour chemine sans fausse honte sous l'œil vigilant de la religion et de la mère de famille. Arrêtons-nous avec elles sur la verte prairie, et vivons un jour comme elles de cette vie au désert et en plein air. On croira relire les poëtes de l'Andalousie. Quoi de plus propre d'ailleurs à faire comprendre ce culte familier de la Vierge qui, en Espagne, se mêle à tous les sentiments pour les purifier, et qui a si heureusement remplacé celui de ces dieux lares, autrefois l'attrait et l'humble sauve-garde du foyer antique?

Environ quinze jours avant l'époque fixée pour le départ, les membres de chaque confrérie se réunissent pour désigner celui d'entre eux qui, l'année suivante, devra présider aux préparatifs du pèlerinage et conduire les pèlerins. C'est chez lui, au retour, que sera déposé le *Sin Pecado*, autrement dit la bannière où est peinte, plus souvent brodée, l'image de Notre-Dame du Rocio. Mais, en attendant, tout le souci de l'œuvre va retomber sur le majordome choisi l'année précédente. A lui de chercher à se faire regretter et à rendre la tâche difficile au consul désigné.

Une fois le signal donné, c'est à qui sera prêt le premier. Toute affaire cessante, on ne pense plus qu'à se tenir en mesure. On met en réquisition les charrettes les plus neuves, les bœufs les plus solides. Car, chez ces laboureurs, le bœuf est de toutes les fêtes. La mule a des qualités que nul ne conteste : elle a le pied sûr, elle est infatigable; l'âne a ses vertus : il est patient, il est sobre e rien ne le rebute. Mais le bœuf est le compagnon du maître, l'allié de la famille, et c'est à lui que l'on confie les femmes, les vieillards et les enfants. En tout temps, d'ailleurs, le bœuf a eu sa place marquée et a joué son rôle dans les solennités extérieures de la religion. C'est un droit qui s'est rajeuni à la crèche de Bethléem. Sa grave et pacifique allure ajoute encore à la pompe des cortéges, et il est sans exemple qu'il y ait jamais porté le trouble. L'âne et la mule iront au Rocio, comme des serviteurs toujours empressés à l'appel du maître; mais le bœuf est de la hermandad et son joug est paré de fleurs.

Ce sont aussi les fleurs qui font l'ordinaire parure des charrettes. On couvre celles-ci d'un drap blanc, on suspend tout autour des draperies de soie, relevées par des guirlandes de feuillage. On jonche l'intérieur de rameaux fraîchement coupés, et les coffres, rangés à la ronde, offrent des siéges, sinon moelleux, au moins commodes. Le jour du départ arrivé, les siéges sont pris d'assaut, au hasard par les uns, mais par les autres avec une précision de calcul où le cœur se trouve souvent de moitié. La hermandad n'admet que des hommes; mais quelle femme n'appartient de droit à toute confrérie de la Vierge? quel mari peut refuser d'emmener sa femme? quel père voudra partir sans sa fille? quel frère refusera de prendre en croupe sa jeune sœur? que de doux et purs romans se noueront sur la route et devant l'ermitage! La Vierge qui aura souri aux premières scènes de ces drames d'amour se chargera du dénouement, et autant de jeunes familles qui, adoptées par elles, lui porteront peut-être, l'année suivante, le tribut de leur reconnaissance.

Tout le village, toute la ville, s'est assemblée pour voir partir la confrérie. Que de regrets parmi ceux qui resteront! que de bonnes résolutions pour l'avenir! avec quelle amertume de cœur on voit défiler le cortége! de quel regard attendri on le suit jusqu'au premier détour du chemin! La bannière de la Vierge, arborée en avant de la dernière charrette, semble veiller sur toutes les autres. Celles-ci, d'abord silencieuses, s'animent peu à peu; on ne semblait d'abord occupé que du soin de se caser; mais rassemblez quelque part une demi-douzaine d'Andalous, il ne se passera pas une heure que vous ne voyez sortir, je ne sais d'où, quelque guitare cachée. A cet appel irrésistible s'éveillent les voix endormies; les castagnettes oisives et les mains frappent en mesure. Bientôt c'est à qui dira la plus piquante chanson; c'est à qui saura le meilleur conte, à qui se souviendra du mot le plus facétieux; jeunes et vieux, tout le monde s'en mêle. La bonne humeur de tous assaisonne la joie de chacun. L'étincelle court sur toute la ligne, les gais cavaliers portent d'une voiture à l'autre les jolis propos, les gracieux refrains, les vives épigrammes. C'est un rapide échange de frais éclats de rire, de défis plaisants, de mystérieuses paroles entendues de tous et comprises d'un seul. La route est longue, mais combien voudraient qu'elle ne finît pas!

A la plupart des confréries il faut une journée entière ; mais celle qui part de Triana en met deux : il y a dix lieues de Triana au Rocio. On s'arrête donc à mi chemin pour passer la nuit au *coto* du roi, dans une espèce de rendez-vous de chasse qui n'a guère que les quatre murs. Mais au mois de juin, quand les étoiles brillent d'un si vif éclat, qu'a-t-on besoin même de ces murs?

L'année où de Villamanrique j'accompagnai M. le duc de Montpensier au Rocio, nous rencontrâmes, la veille, une de ces confréries en marche. Rien de plus pittoresque que cette apparition sous les bois, que cette clameur joyeuse qui passe à travers le silence du désert. On s'arrête, charmé de voir défiler entre les pins ou sur la lisière de la forêt ces longues files de charrettes, escortées de brillants cavaliers, dans leurs costumes les plus pimpants, l'escopette obliquement placée le long de la selle. A chaque rencontre, de jeunes têtes, parées de fleurs, soulèvent le bord des draperies et enveloppent le promeneur d'un regard de leurs grands yeux noirs, puis tout disparaît derrière les arbres ; on ne voit plus rien, qu'on entend encore de loin en loin le grincement des roues dans le sable profond du sentier.

La plupart des confréries arrivent le dimanche soir, au moment où le soleil se couche.

L'ermitage est bâti à l'extrémité d'une immense prairie dont la lisière est dessinée par une ligne inégale d'arbres séculaires. Les charrettes, en arrivant, se rangent à l'entour; le premier soin de chaque confrérie est de dresser une tente pour le *Sin Pecado*. Chacune, à son apparition, est saluée par les cris de joie de celles qui l'ont précédée, et je ne réponds pas qu'il n'y ait bien quelques huées pour celles qui se présentent les dernières. On se retrouve, on se reconnaît, on s'examine, on se compare, souvent avec un secret sentiment de triomphe, parfois avec envie, mais tout se perd dans la joie de se retrouver aux pieds de la Mère commune.

Demain toutes les figures seront empreintes d'une gravité religieuse ; mais ce soir, mais cette nuit tout sera fête et joie. Seulement le voisinage de la Vierge apportera une certaine mesure à l'expansion de cette joie.

Dès que la nuit commence, tout s'éclaire à la fois ; au premier abord, le spectacle de toutes ces charrettes fait songer à ces vastes campements des pionniers de l'Amérique. Mais il y a ici un mouvement, un tourbillon, un entrain, qui écartent bien vite l'image mélancolique de ces pauvres aventuriers s'arrêtant un moment pour se reposer, dans la poursuite d'un but qui semble reculer devant eux et que tant parmi eux n'atteindront pas. C'est ici plutôt une reproduction naïve et toute spontanée de ces scènes de la vie pastorale qui nous ont charmés dans le *Don Quichotte*, dans la *Galatée*, dans la *Diane*. Ce peuple, un jour, et sans y songer, s'est éveillé aussi poëte que Cervantes ou Monte-Mayor; et, à voir ces groupes au pied des arbres, leurs costumes charmants, leurs attitudes élégantes, en écoutant leur langage si poétique, malgré moi je cherchai le Tage au bord duquel Garcilaso fait parler ses bergers en vers si mélodieux. Les bœufs dételés sous les arbres paissent tranquillement l'herbe fraiche, ou couchés à l'écart, écoutent en ruminant les confuses rumeurs de la fête. Les Gitanos allument leurs fourneaux dont l'éclat fait pâlir les humbles lanternes des voitures et jette une lueur fantastique sur les groupes qui les environnent. Ici on soupe gaiement, là on danse au son de la guitare, ailleurs on chante en chœur, ou l'on écoute quelques vieilles romances qui parlent des Maures et de don Pélage. Ceux-ci semblent plus recueillis, c'est qu'on leur raconte quelque nouveau et grand miracle de la Vierge; ceux-là plus animés, c'est qu'ils interrogent et répondent à la fois. Là, en effet, on se raconte les petits événements que l'année écoulée a vu se succéder dans les familles. On donne un souvenir aux absents, une larme à ceux qui ne sont plus. Il se forme ainsi, d'une confrérie à l'autre, de telle ville à telle autre, des amitiés légères, mais douces, qui s'oublient sans indifférence, qui se renouent avec charme, et qui font de toutes ces familles réunies pour une heure une seule et même famille. Les marins du Puerto, les jardiniers de Rota, les vignerons et les pêcheurs de San Lucar de Barrameda, viennent donner la main aux pâtres d'Almonte, aux laboureurs de Coria. aux forgerons de Triana. Dans cette rapide étreinte d'un moment renait le sentiment de la fraternité première, et du choc bienveillant de ces populations diverses jaillit une seule étincelle, celle du génie andalous.

Mais où se désaltèrent tous ces pèlerins, il en vient plus de dix mille; où s'abreuveront les bœufs, les chevaux, les ânes qui ont amené tout ce monde? C'est là le plus charmant miracle de Notre-Dame du Rocio, et comme le symbole de cette union fraternelle. Devant l'ermitage il existe, à fleur de terre, un petit puits dont l'ouverture est si étroite qu'on peut à peine y introduire une cruche de moyenne grosseur. Debout ou penché sur sur ce puits, se tient un pèlerin, vêtu de l'habit de Saint-Antoine, et, pendant les vingt-quatre heures que dure la Romeria, cet homme, amené là par un sentiment de charité (c'est sa manière d'honorer la Vierge), donne à boire à tous ceux qui ont soif, remplit tous les vases qu'on lui présente, et ne quitte son poste que pour aller, de loin en loin, s'agenouiller un instant dans l'église. Cette eau est douce, fraîche, légère et tellement abondante, que, la fête terminée, la source merveilleuse ne semble pas avoir baissé de quatre doigts.

Mais cette fête, il est temps qu'elle commence. Le lundi, dès le point du jour, chaque hermandad entend dévotement sa messe. Celle d'Almonte vient la dernière, et c'est la plus solennelle, elle se dit à onze heures. Dès qu'elle est achevée, la procession s'organise et se met en marche. Les confréries prennent leur rang avec leur bannière en tête. La plus récente ouvre le cortége, la plus ancienne le ferme et s'avance immédiatement devant la Vierge. Rien ne peut se comparer au silence ému qui se fait autour de l'église que le cri de joie qui s'échappe à l'unisson de toutes les poitrines, lorsque la sainte image apparaît à la porte et s'arrête, comme pour promener son regard sur la foule, et reconnaître ses serriteurs accoutumés. Ce regard, tous les malades le cherchent avidement, tous les pécheurs le sentent arrêté sur eux, avec un sentiment de salutaire confusion. Plusieurs sont venus de bien loin, à pied, demandant leur pain sur la route, quelques-uns même, je l'ai vu, se traînant sur leurs genoux. J'ai vu des mères élever leurs enfants dans leurs bras, et d'un élan irrésistible, les jeter au-devant d'elles, comme si la Vierge pouvait les recevoir dans les siens. Au même instant mille fusées lancées dans l'air, du haut du clocher, annoncent que la Vierge a passé le seuil de l'église ; cent coups de fusils leur répondent du milieu même du cortége. Dans une grande ville, sur une vaste place, entourée de riches édifices, entre deux rangées de curieux et d'oisifs qui daignent à peine fléchir le genou, ces naïves décharges, cette musique vulgaire, tout cet appareil rustique, pourraient éveiller un sourire et prêter à la raillerie. Mais, au désert, au sein de cette libre et agreste nature où le nom de la Vierge, le souvenir de ses bienfaits, la tradition de son origine, se mêlent partout au parfum des fleurs, au murmure de la fontaine sacrée, au souffle harmonieux de la brise dans les arbres, tout remue le cœur, parce que l'œil sait voir, parce que l'oreille sait entendre. Le sceptique recherche peu les occasions de croire. Le railleur ne va jamais si loin chercher pâture à ses bons mots. Reste le nombre encore grand de ceux qui sont venus pour se divertir, et celui plus grand encore des amoureux. Mais parmi les premiers combien rapporteront de ce pèlerinage l'impression toujours bonne d'un plaisir innocemment goûté, et parmi les autres plus d'un se réjouira de sentir épurée dans son cœur la flamme de l'amour.

La Vierge ne met pas moins de deux heures à faire le tour de l'immense prairie; portée sur de robustes épaules, elle domine la vaste enceinte des charrettes et des tentes, bénissant tout sur son passage, les hommes et les animaux. A trois heures, elle rentre dans son sanctuaire, et, pendant un instant, le désert semble avoir retrouvé toute sa solitude.

Mais à cette minute fugitive d'abattement et de détresse succède aussitôt un mouvement dont rien ne donne l'idée ; on lève les tentes, on charge les voitures, on y replace le *sin pecado*, on attelle les bœufs, chacun s'élance et reprend sa place ; en moins d'une heure la prairie est déserte, et tout ce qui la remplissait a disparu comme par enchantement. On dirait d'un fleuve qui rentre dans son lit aussi brusquement qu'il en est sorti. On dirait d'une armée qui décampe, subitement avertie de l'approche d'un ennemi supérieur. Mais les rumeurs joyeuses qui vont s'affaiblissant dans les bois voisins, mais les adieux jetés aux échos, ramènent bientôt l'esprit sur des images plus douces. Dans toutes les directions, dans tous les sentiers, se montrent pour disparaître aussitôt les voitures, les cavaliers, les piétons, qui se hâtent gaiement. Chacun porte au chapeau, en souvenir du pèlerinage accompli, une petite image de la Vierge, naïvement enluminée, et qui fera la consolation de ceux qui ont gardé le logis ; les autres conserveront dans le cœur cette joie intime et douce qui naît d'une foi plus émue.

Pendant vingt-quatre heures, toute cette multitude s'est rencontrée dans un même sentiment d'adoration commune. L'amour du prochain, et c'est le fond du christianisme, y gagnera toujours quelque chose.

Il faudrait maintenir suivre les confréries jusqu'au lieu qui les vit partir. Ce retour est encore une fête. A Triana, tout le peuple se porte sur la route au-devant des charrettes et des cavaliers, et, du plus loin qu'on aperçoit le cortége, toutes les cloches sonnent à la fois. Séville même, qui ne perd aucune occasion d'aller voir, Séville se met de la partie. On ne distingue plus, dans le tourbillon, ceux qui vont de ceux qui reviennent. Les pèlerins, noyés dans cette cohue sublime digne du pinceau de Diaz, sont ramenés comme en triomphe, à la lueur des torches; car dans l'intervalle la nuit est venue. Le peuple andalous est trop artiste pour ne pas la laisser venir; il sait que des flots de lumière répandus tout à coup sur ce poétique désordre lui donnent plus d'attrait encore et d'originalité.

Mais dans les villages tout ne finit pas aussi bien. A Villamanrique, par exemple, les jeunes garçons vont attendre leur confrérie au bord d'un maigre ruisseau qui marque les limites de la commune, et dont ils semblent vouloir lui disputer le passage. Ils ont, en effet, l'air menaçant et des pierres dans les mains. Le premier qui se présente est brusquement arrêté par cette question? « —A qui le pompon, cette année (on s'aperçoit que je me sers d'une expression française faute d'une autre)? — A Villamanrique! » s'écrie-t-on habituellement de toutes les charrettes. Alors des cris de joie, des applaudissements, de joyeux vivats, accueillent les pèlerins et les reconduisent jusque sur la place du village. Mais, si par malheur on hésite, ou si un maladroit, pour railler, peut-être par un instinct de justice, se permet de nommer une autre confrérie, aussitôt une grêle de pierres vient lui apprendre que la confrérie de Villamanrique ne doit pas avoir de rivale dans le monde. On comprend que les rudes mains d'où cette grêle est partie n'étaient pas de celles qui se joignaient si pieusement sur le passage de Notre-Dame du Rocio.

VIII

FERNAN CABALLERO

Un peintre de la nature andalouse. — Caractère nouveau des œuvres de Fernan Caballero. — Charme et vérité de ses descriptions. — Attrait et moralité de ses récits. — Originalité du dialogue. — Analogies avec sir Walter Scott. — Analyses et traductions : la *Gaviota*, — *Clemencia*, — la *Famille Alvareda*, — l'*Une dans l'autre*, — la *Dernière consolation*, — *Se taire durant la vie et pardonner en mourant*. — Qui est Fernan Caballero.

Cette admirable baie de Cadix, ces villes semées autour, ces déserts de sables, coupés de riches cultures, qui s'étendent derrière les villes, ces habitations isolées au milieu des champs, ces pâturages sans limites, toute cette nature qui, dans sa fécondité exubérante et dans ses contrastes, a gardé je ne sais quoi de la grâce un peu sauvage du monde naissant, ces mœurs à la fois naïves et fortes, ces populations assez fidèles à leurs croyances et à leurs habitudes pour qu'on doive s'attendre à les voir dédaigner longtemps encore celles des autres peuples, devaient finir par avoir leur peintre, leur conteur, leur moraliste, un écrivain, en un mot, qui prendrait la peine de s'emparer de ces beaux paysages, avant qu'un chemin de fer ne les gâtât, de recueillir ces chansons pour les sauver de l'oubli, ces légendes pour en conserver la saveur exquise, de faire revivre enfin, dans un enchaînement de scènes tour à tour familières ou graves, avec toute la variété de ses usages, de ses caractères, de ses costumes, ce petit monde à part sur lequel les progrès de la civilisation et de l'industrie commencent déjà à répandre leur teinte uniforme. Ce peintre, ce conteur, ce moraliste, est venu. Depuis quelques années, l'Espagne se montre chaque jour plus attentive aux récits d'un romancier fécond et vrai, qui fait modestement de l'Andalousie ce que Walter Scott a fait avec tant d'éclat de l'Écosse, à savoir son domaine littéraire. Fernan Caballero a arboré sa bannière sur les rivages de l'Andalousie, comme ces anciens navigateurs de sa patrie qui, en abordant quelque île inconnue de l'océan américain, y plantaient le drapeau de l'Espagne, et en prenaient possession au nom de Sa Majesté Catholique. Fernan Caballero aurait-il donc par hasard découvert les quatre royaumes de l'Andalousie? Non, Fernan Caballero, de tous les écrivains le moins prévenu en faveur de lui-même et de son œuvre, sait comme tout le monde, et mieux que tout le monde, que Cadix, Séville, Cordoue Malaga et Grenade ont achevé de jouer leur rôle particulier, et que l'histoire de l'Andalousie est désormais celle de l'Espagne. Mais, à côté des grandes routes qui mènent aux capitales, il y a les sentiers ombragés et parfumés qui mènent aux villages, et dans l'Andalous il y a l'homme. Sous ce beau ciel, au milieu de cette nature splendide, cet homme et cette nature qui s'appartiennent si bien l'un à l'autre, voilà ce que Fernan Caballero a jugé digne d'être étudié de près; ou plutôt, ayant eu toute sa vie ce spectacle sous les yeux, il s'est senti le goût, il s'est trouvé le talent de le reproduire, et c'est la vérité de ses tableaux qui en fait surtout le charme et l'heureuse nouveauté.

Fernan Caballero n'a écrit que des romans de mœurs, des nouvelles ou de simples scènes populaires. Ses diverses compositions ne diffèrent guère les unes des autres que par l'étendue, et il lui est arrivé plus d'une fois de mettre dans un trait raconté en vingt pages toute l'étoffe d'un roman. Quoi de plus complet, par exemple, que le tout petit récit qui a pour titre : *Se taire durant la vie et pardonner en mourant?*

Le roman, depuis Cervantes, mais en exceptant ce grand écrivain, n'a jamais jeté un bien vif éclat dans la littérature espagnole. Je ne sais même s'il faut citer à part le roman picaresque, genre amusant, mais restreint, et dont le chef-d'œuvre, *Lazarillo de Tormes*, est demeuré inachevé. En général, cette épopée familière que nous appelons le roman ne paraissait pas faite jusqu'ici pour e génie espagnol, qui est surtout poétique, lyrique même, t porté au grand. Il se plaisait trop aux paroles hé-roïques, aux graves sentences, aux ardeurs de l'extase, aux généralités sonores, pour avoir pris goût de bonne heure à ces détails précis de la vie ordinaire, à ces fines analyses de la passion et des caractères dont se nourrit le roman; et, sous ce rapport, le Don Quichotte n'est pas seulement la satire de la chevalerie errante et de ses poëmes extravagants, il est bien aussi un peu la critique détournée de ces grandes échasses où se hausse volontiers l'orgueil castillan, et voilà peut-être pourquoi les Espagnols, qui estiment infiniment leur Don Quichotte, l'aiment, je crois, dans le fond, un peu moins que nous ne l'aimons.

La littérature espagnole a produit d'ingénieuses satires, par exemple le *Fray Gerundio* du père de la Isla et le *Gran Tacano* de Quevedo, d'agréables pastorales comme la *Diane* et la *Galatée*, quelques nouvelles intéressantes; mais un écrivain qui, après avoir longtemps observé les hommes, éprouvât le besoin de les peindre, et réussît à retracer la vie humaine dans des tableaux où tout le monde, y compris la nature, aime à se reconnaître, c'est là, si je ne me trompe, ce que l'Espagne n'avait pas encore eu, et ce que Fernan Caballero est parvenu à lui donner.

Seulement, et à l'exemple de tous les peintres vrais, il circonscrit avec soin son paysage, son drame, ses personnages, le milieu, en un mot, où s'anime sa pensée. Il aime, comme un autre, les horizons lointains, mais il se contente de les marquer d'un trait, réservant ses couleurs pour donner plus de relief à ce qu'il sait pour l'avoir vu de près. Je l'ai dit et le répète, Fernan Caballero est surtout le peintre de l'Andalousie.

J'ai nommé Walter Scott, non pour dire qu'il lui soit né un rival dans un coin de l'Espagne, mais parce que j'ai cru trouver entre ces deux écrivains de frappantes analogies.

Walter Scott, en écrivant *Waverley*, et souvent depuis, se plaignait déjà que les mœurs anciennes fissent place aux habitudes nouvelles, que l'Écosse abandonnât jusqu'au costume de ses pères, et il ajoutait qu'avant un demi-siècle, dans les rues d'Édimbourg, le plaid et la claymore seraient des antiquailles qui attireraient l'attention, il n'osait dire la raillerie. Fernan Caballero a précisément affaire à une époque toute pareille, époque aussi de transition, où l'Andalousie travaille à dépouiller son vieux costume avec une partie de ses croyances et de ses mœurs séculaires, et il peint cette époque avec une sympathie où l'on sent la crainte secrète de voir s'effacer les modèles qui posent encore devant ses yeux, mais qui demain peut-être auront disparu. Et, comme c'est d'ordinaire par la tête que la transformation commence, il s'attache surtout à peindre le peuple demeuré plus fidèle à ses traditions et à ses habitudes. C'est dans ce sens qu'il a pu écrire avec une parfaite justesse :

« Depuis que je suis ici en contact si intime avec le peuple, je me suis convaincu que c'est chez lui que réside toute la poésie de l'antique Espagne et de ses chroniques. Les croyances du peuple, son caractère, ses sentiments, tout porte le sceau de l'originalité et de la poésie. Son langage surtout peut se comparer à une guirlande de fleurs. Des comparaisons très-fines, des proverbes vifs et d'une vérité profonde, des contes sublimes quand ils touchent à la religion, ou petillants de sel, des couplets et des chants de la plus délicate poésie : voilà les fleurs dont se compose presque toujours cette guirlande. Le peuple andalous est élégant dans sa démarche, dans sa manière de se vêtir, dans son langage, dans ses sentiments[1]. »

Mais, si Fernan Caballero éprouve pour le peuple andalous une si vive sympathie, il n'est pas de ces écrivains hargneux qui n'aiment les petits que de la haine qu'ils ont pour les grands. Nul n'est entré plus avant dans les misères du riche, nul ne sent avec plus de délicatesse les richesses de la pauvreté. Mais ce peuple qu'il aime parce qu'il le comprend, il voudrait surtout le préserver des enseignements pervers. Il l'invite à garder sa pauvreté comme un trésor qui lui garantit la longue possession de tous les autres. Il a écrit quelque part :

« Cette digression pourrait ressembler à l'un des plaidoyers modernes en faveur des criminels et de la classe pauvre, et qui ne sont qu'une arme nouvelle, ou une semence révolutionnaire qui portera ses fruits comme tant d'autres! Je préfère de beaucoup le denier de la veuve à cette philanthropie bruyante qui, au lieu de

[1] *L'Une dans l'autre.*

semer de bons sentiments de modération, de paix et de résignation dans le peuple, n'y répand qu'un mauvais levain qui révolte le pauvre contre sa situation sans l'améliorer[1]. »

Si on regarde maintenant à la manière des deux romanciers, les ressemblances frapperont plus encore.

En ce qui est du style en général, aussi peu de prétention d'un côté que de l'autre. Ce naturel courant et limpide qui entraîne le récit de Walter Scott a fait dire à quelques critiques que ce peintre admirable des mœurs et des caractères n'avait pas un style qui lui fût propre. Je ne serai nullement surpris le jour où l'on dira que Fernan Caballero, cet autre peintre si remarquable des caractères et des mœurs, n'a pas non plus un style à lui.

Walter Scott a introduit dans le monde une foule de créatures vivantes, et les figures qu'il imagine n'ont pas moins de réalité et parfois de grandeur que celles qu'il emprunte à l'histoire. Je ne sais si Fernan Caballero invente beaucoup. Il ne fait, dit-il, que se souvenir, et tous les personnages qu'il met en scène, il les a connus, pris sur le fait, vus à l'œuvre pour ainsi dire, et il ne fait que les rendre à la société qui les lui a prêtés. Mais Fernan Cabellero oublie, dans sa modestie, que l'invention n'est que la mémoire qui sait choisir, et que, en fait de caractères, inventer ou découvrir, c'est tout un. Je le tiens donc pour le père très-légitime de ses héros. Ils vivent comme ceux de Walter Scott, et j'entends en faire un grand éloge

[1] *L'Une dans l'autre*

en ajoutant qu'ils dialoguent parfois comme ces derniers.

On a remarqué le soin minutieux que Walter Scott met à décrire le costume de ses personnages; il porterait même dans ce genre de description une manie d'antiquaire. Fernan Caballero, qui a droit à la même louange, mériterait assurément le même reproche, si ses acteurs plus simples et pris dans un milieu plus humble ne le sauvaient par là de la tentation de s'arrêter trop à les peindre dans les plus petits détails.

La passion de Walter Scott pour les vieilles traditions de son pays a rempli sa mémoire de fragments d'anciennes ballades dont il aime à semer ses récits et les discours de ses héros. C'est où triomphe aussi Fernan Caballero. On se demande, en le lisant, où il est allé prendre ces traditions populaires, ces débris d'antiques romances, ces couplets d'un tour si original, ces proverbes rimés qui dessinent si bien le personnage, et donnent plus de vérité au dialogue en le marquant d'un trait plus vif. Walter Scott avait, dit-on, réuni de ces poésies naïves une collection précieuse. Fernan Caballero possède dans ce genre des archives non moins riches; à tout ce que son père, l'érudit passionné, don Juan Nicolas Böhl de Faber, avait amassé pendant sa vie, il a ajouté ses propres trouvailles, et il n'épargne rien pour les augmenter. S'il entend un aveugle chanter dans la rue quelque romance qu'il ne connaisse pas, il l'arrête aussitôt, et tout ce qu'il recueille ainsi à tout vent se classe dans sa mémoire, pour se retrouver, à l'occasion, sous sa plume.

Mais la meilleure analogie qu'il ait avec Walter Scott, c'est ce parfum d'honnêteté, c'est ce goût des choses innocentes, c'est l'horreur pour le vice, même quand le vice a une certaine grandeur. On permet aux jeunes filles la lecture des romans de Walter Scott : on leur conseillera celle des romans de Caballero. Elles y trouveront le crime partout réprouvé, partout la vertu en honneur, et les passions elles-mêmes, sans rien perdre de leur énergie dans le tableau qui en trace au lecteur la dramatique image, y sont toujours entourées de la terreur salutaire que les moins dangereuses doivent inspirer.

A côté de nombreuses analogies, les différences ne sont ni moins grandes ni moins nombreuses. Je me bornerai à en signaler deux, la première toute littéraire et à l'avantage du romancier écossais. Les œuvres de Fernan Caballero n'ont pas les savantes proportions, les immenses perspectives de celles de Walter Scott. Il n'a pas le goût, peut-être n'a-t-il pas le génie de ces puissantes machines au sein desquelles se meut à l'aise tout un monde. Les romans de Scott sont de vastes tableaux d'histoire; ceux de Caballero, souvent aussi vrais, parfois non moins dramatiques, ne sont guère que des tableaux de genre. C'est encore une assez belle gloire, puisque, dans leurs proportions réduites, ces tableaux ont un rare mérite. Mais, hâtons-nous de le dire, ils témoignent d'un essor moins large, d'un souffle moins hardi, d'un art moins consommé.

La seconde différence est surtout morale, et Fernan Caballero serait le premier à la revendiquer, si je la passais sous silence. On a reproché à Walter Scott une sorte d'indifférence religieuse; elle n'atteint pas chez lui le moraliste, elle laisse à l'Anglais, à l'Écossais surtout, sa vraie physionomie. L'écrivain espagnol, en devenant sceptique, perdrait, à coup sûr, le trait le plus caractéristique de la sienne. Fernan Caballero, catholique ardent, porte partout avec lui sa croyance; elle est de moitié dans toutes ses impressions, elle échauffe la narration sous sa plume, prête un lointain sublime à ses moindres esquisses, une sorte de gravité évangélique à ses plus humbles personnages; et, quand je dis catholique, j'entends dire catholique espagnol, aimant tout de la foi de ses pères, ses misères d'aujourd'hui comme ses grandeurs d'autrefois. Il y a bien ici un peu d'exagération, mais cette exagération est sincère et naïve, et s'expliquerait, au besoin, par la réaction d'une âme honnête en faveur d'un passé brutalement méconnu. Qu'importe d'ailleurs, si l'âme se sent élevée par cette exagération même, et si, en définitive, le récit s'en trouve bien?

Sur un point cependant, Fernan Caballero est moins Espagnol qu'il ne l'est sur tout le reste, il n'aime pas les courses de taureaux. Ami passionné des animaux, il détourne les yeux avec horreur de ces boucheries odieuses où la vieillesse du cheval est livrée sans pitié, sans doute en récompense de ses anciens services, à la corne irrésistible du taureau, qui lui-même, au bout d'un quart d'heure, ira expier sous l'épée le meurtre auquel on l'a provoqué. Toutes ces cruautés si ingénieusement combinées remplissent Caballero d'une indignation partout répandue dans ses livres. Si Théophile Gautier se rencontre alors sous sa main, je le plains; on ne lui saura pas le moindre gré d'être, sous ce rapport, plus Espagnol que l'Espagne.

Cette répugnance instinctive de Fernan Caballero est partagée, en Espagne, par un certain nombre d'âmes sincères, qui commencent à craindre que le goût recrudescent des courses de taureaux ne fasse, à la longue, de leurs compatriotes ce que le cirque avait fait des Romains, et ne les accoutume à regarder froidement le sang couler comme l'eau; mais, il faut l'avouer, ces âmes délicates sont en minorité, et dans l'autre camp se trouve à peu près tout le monde.

Le clergé lui-même est souvent de ces fêtes. La plupart des prêtres s'abstiennent d'y paraître par un juste sentiment de la dignité de leur robe; mais quelques-uns ne croient manquer à aucun devoir en s'y montrant. J'ai connu un ancien augustin, bon prêtre et prédicateur distingué, si amoureux de ces jeux sanguinaires, qu'avant de prendre un engagement il s'informait d'abord s'il n'y avait pas de course, et, un jour qu'il s'était trompé ou qu'on l'avait trompé, ayant entendu de la chaire même le bruit lointain de la place, il se sentit comme enivré de ces rumeurs connues, et, perdant, hélas! le souvenir du doux crucifié, il précipita sa péroraison, et sortit tout ému, comme s'il courait au chevet d'un mourant. J'ai connu un autre prêtre, celui-là homme énergique, qui avait tiré l'épée dans la guerre civile, et qui ne pouvait sans s'attendrir parler d'un taureau égorgé par le matador. Depuis sa première jeunesse il n'allait plus au cirque, mais ce n'était pas l'horreur du sang qui le retenait. Propriétaire de vastes pâturages dans la Sierra Morena, il aimait ses taureaux comme une bergère s'attache à ses brebis; il eût trouvé fort bon que la bête prît la vie de l'homme qui lui demandait la sienne, et riche laboureur, le sang versé pour amuser la foule lui semblait une folle et sotte prodigalité. Mais revenons à notre romancier.

Fernan Caballero décrit l'Espagne avec une tendre et profonde sympathie. Il a surtout, au plus haut degré, le sentiment de la nature andalouse, des jours rayonnants de cette contrée, de ses nuits étoilées, de ses solitudes bibliques. L'Andalous lui apparaît comme le fruit le plus naturel, comme le maître prédestiné de ce riche domaine; mais il voit et juge l'un et l'autre en observateur qui a traversé autrefois la France, qui a entrevu l'Angleterre, et qui a même, si je suis bien informé, du sang allemand dans les veines. De ces lointaines excursions il est revenu le cœur plus profondément que jamais attaché au sol natal, mais l'esprit désormais fermé aux impressions mesquines, et le sentiment du contraste s'est glissé sans bruit dans l'observation pour la rendre à la fois plus sûre et plus vive.

Dans un des ouvrages dont l'auteur nous occupe, le héros du roman, un jeune médecin allemand, amené par les hasards de la destinée dans un vieux couvent de l'Andalousie, entend tout à coup une petite pêcheuse de la côte chanter une de ces vieilles romances, qui, le soir, dans les champs, surtout au bord de la mer, pour peu que la voix ait certaines notes mélancoliques, produisent un effet si extraordinaire.

« Elle avait à peine achevé de chanter, que Stein, qui avait l'oreille excellente, saisit sa flûte et répéta note pour note la chanson de Marisalada ; ce fut alors au tour de celle-ci de s'arrêter étonnée, absorbée, de tourner la tête de tous côtés, comme pour chercher d'où partait l'écho qui lui rendait si fidèlement sa chanson.

« — Ce n'est pas l'écho, s'écrièrent alors toutes les petites filles ensemble, c'est don Federigo qui souffle dans un roseau troué [1]. »

Eh bien, dans les récits, dans les discours, dans les portraits, surtout dans les digressions de Fernan Caballero, on sent l'écho lointain de cette flûte allemande se mariant à la voix à demi sauvage qui chante la romance espagnole. On ne saisit pas bien les traits du modèle le plus familier, si on ne l'a d'abord observé à distance, si par la pensée on ne l'a comparé à un autre. On ne peint bien certaines mœurs qu'à la condition d'en avoir connu d'autres qui ne leur ressemblent pas.

J'ai parlé de digressions : Fernan Caballero les aime et s'y livre volontiers ; mais, dans ses livres, elles sont aussi courtes que fréquentes, et, au lieu de refroidir l'intérêt, c'est souvent comme un coup de fouet donné au récit ou au dialogue. Un peu de malice y perce au besoin, mais une malice toute bienveillante. Fernan Caballero aime passionément l'Espagne ; il la préfère à toute autre con-

[1] *La Gaviota.*

trée, mais il sait la peindre assez belle pour n'avoir pas besoin de relever son pays en calomniant celui des autres, et, s'il introduit dans ses ouvrages des Français ou des Anglais, leurs portraits, parfois peu flattés, sont bien rarement des caricatures.

Je voudrais maintenant faire connaître quelques-uns des ouvrages de Fernan Caballero. Quoiqu'il ait observé le monde et sache le peindre avec grâce, et quelquefois, comme dans *Lágrimas*, avec une verve étincelante, je choisirai de préférence ceux de ses romans où c'est surtout le peuple qu'il a mis en scène; je me bornerai le plus souvent à de simples analyses, et, quand je traduirai, ce sera avec le dessein de compléter et de contrôler mes propres dires, en détachant çà et là quelques descriptions sobres, mais complètes, quelques récits rapides, quelques scènes courtes et animées, faites pour laisser dans l'esprit du lecteur une image à la fois plus juste et plus émue des lieux que moi-même je me suis ailleurs attaché à peindre

Fernan Caballero a écrit longtemps avant de rien publier, et il y a neuf ou dix ans à peine qu'il offrait son premier ouvrage au public. Il avait rédigé la *Famille Alvareda* sous l'émotion toute vive du récit d'un témoin. Puis il l'avait donnée à lire à Washington Irving qui traversait par hasard Séville, et le suffrage du célèbre compatriote de Fenimore Cooper avait suffi à son ambition. Plus tard, quand il rechercha la renommée, il imprima, non pas la *Famille Alvareda*, mais un autre roman, d'abord, je crois, écrit en français, la *Gaviota*.

La Gaviota est le nom que donne à la mouette, dans le midi de l'Espagne, le peuple des côtes de l'Océan. C'est le surnom pittoresque que Fernan Caballero a prêté à l'héroïne de son roman. Ce roman est l'histoire de la fille d'un pêcheur, nature sauvage, rétive, fantasque, perverse au fond. Mais une voix admirable, unie à quelque beauté, fera de cette créature vulgaire une femme courtisée et enviée, une cantatrice applaudie. Elle trouvera un mari qu'elle trompera, elle sera adorée d'un grand d'Espagne qu'elle sacrifiera à un torero. Puis, après avoir perdu voix, beauté, jeunesse et fortune, humiliée et flétrie, elle reviendra effrontément au pays où elle a laissé mourir sans secours son vieux père, heureuse encore de devenir la compagne misérable et hargneuse d'un petit barbier méprisé. Ce caractère est tout le roman; mais il est admirablement dessiné et se développe avec une vigueur singulière dans une succession de faits qui naissent et s'enchaînent avec cette inexorable logique qui est l'art et le secret des vrais romanciers. Le roman conduit le lecteur à Séville et à Madrid, mais il s'achève où il a commencé, mais il revient toujours sur les bords de la mer, dans le comté de Niebla, parmi ces déserts de sables, de loin en loin semés de pins, de chênes-liéges, de palmiers-nains, qui s'étendent entre les bois de Doña Ana et la ville de Huelva.

Voici l'ensemble du paysage :

« Stein se promenait un jour devant le couvent, en un lieu d'où l'on découvrait une perspective immense et uniforme; à droite la mer sans bornes; à gauche la dehesa sans fin; au centre, se dessinait dans la clarté de l'horizon le sombre profil du fort en ruines de Saint-Christophe, comme l'image du néant au milieu de l'immensité. La mer, que n'agitait pas le plus léger souffle, se balançait mollement, soulevant sans effort ses vagues que doraient les reflets du soleil, comme une reine qui laisse flotter son manteau. Le couvent avec ses grandes lignes sévères et arrêtées était en harmonie avec ce grave et monotone paysage; sa masse cachait l'unique point de l'horizon dérobé au regard dans ce panorama uniforme.

« Sur ce point se trouvait le village de Villamar, situé au bord d'une petite rivière aussi abondante et turbulente en hiver qu'elle était pauvre et croupissante en été. Les environs bien cultivés présentaient de loin l'aspect d'un damier dont les carrés offraient une extrême variété de verdure : là le jaune vert de la vigne encore couverte de ses feuilles, ici le vert cendré d'un champ d'oliviers, ou le vert émeraude du blé que les pluies d'automne avaient fait pousser, ou le vert sombre des figuiers, le tout divisé par le vert azuré des haies que formaient les aloës. A l'embouchure de la rivière, croisaient quelques barques de pêcheurs; sur un tertre, voisin du couvent, se dressait une chapelle; devant cette chapelle, une grande croix s'élevait sur un grand piédestal de maçonnerie, en forme de pyramide; derrière s'étendait un enclos couvert de croix peintes en noir : c'était le cimetière.

« A la croix était suspendu un fanal toujours allumé;

et la croix, emblème de salut, servait de phare aux mariniers; comme si Dieu eût voulu rendre la parabole sensible à ces simples habitants de la campagne, de la même manière qu'il se manifeste journellement aux hommes d'une foi robuste et soumise, dignes de cette grâce [1]. »

Voilà le paysage dans son ensemble; mais il faut approcher. Chacun des détails qui le composent se détache plus nettement à mesure qu'on avance, et, à mesure aussi que le sujet en rapproche le lecteur, ce paysage sera peint de traits bien précis. Ce couvent, ce village, cette rivière, cette chapelle, cette croix, existent-ils? Je ne sais. Mais j'en ai tant vu qui leur ressemblent, qu'ici surtout, j'en suis convaincu, le romancier se sera borné à regarder dans sa mémoire. Qui n'a vu, par exemple, en Andalousie, vingt couvents comme celui de Villamar?

« Ce couvent était un de ceux qui, à une autre époque, somptueux, riches, hospitaliers, donnaient du pain aux pauvres, soulageaient les misères, et guérissaient en même temps les maux de l'âme et ceux du corps. Maintenant abandonné, vide, pauvre et démantelé, mis en vente pour quelques chiffons de papier, il ne s'était trouvé, même à ce prix, personne qui voulût l'acheter.

« Ce clocher, dépouillé de son ornement légitime, se dressait comme un géant mort qui aurait vu s'éteindre dans ses orbites vides la lumière et la vie. En face de l'entrée on voyait encore une croix de marbre blanc

[1] La *Gaviota*.

qui, penchée sur son piédestal à demi détruit, semblait s'affaisser sous le poids de l'abattement et de la douleur. La porte, naguère encore toute grande ouverte et à tout le monde, était maintenant fermée[1]. »

Voilà l'extérieur du couvent. Au lieu des moines qui l'habitaient, on ne trouve plus dans ce vaste édifice que l'humble famille d'un laboureur. Seulement, ces vieilles murailles ont retenu un parfum de sainteté chrétienne qui s'est communiqué à ces bonnes gens. Un des anciens moines, resté au milieu des nouveaux maîtres, d'abord souffert par eux, oublié dans un coin du monastère, puis aimé de tous et peu à peu devenu de la famille, atténue l'idée odieuse de la dépossession violente, et fait une part à la tradition des lieux. Une scène admirable que j'essayerai de traduire introduira le lecteur dans ce milieu plein d'émouvants contrastes :

« ..... Stein se remit sur ses jambes, s'achemina comme il put vers la porte, et frappa avec une pierre. Un aboiement lui répondit; il fit un nouvel effort pour réitérer son appel et tomba évanoui sur la terre.

« La porte s'ouvrit, et deux personnes parurent sur le seuil. D'abord une jeune femme, qui dirigeait la lumière d'une petite lampe qu'elle tenait à la main vers un objet qu'elle apercevait à ses pieds, s'écria :

« — Jésus Marie ! ce n'est pas Manuel; c'est un inconnu, et il est mort ! Que Dieu ait pitié de nous !

« — Secourons-le ! s'écria l'autre personne, qui était

[1] La *Gaviota*.

une femme âgée, très-proprement vêtue. Frère Gabriel, frère Gabriel, s'écria-t-elle en rentrant dans le patio, venez vite, il y a ici un malheureux qui se meurt.

« On entendit des pas précipités, quoique pesants. C'étaient ceux d'un vieillard de taille médiocre, dont la face débonnaire et candide annonçait une âme pure et simple. Son costume bizarre consistait en un pantalon et une large veste de bure foncée, coupés, à ce qu'il semblait, dans une robe de moine; il avait aux pieds des sandales, et sur son front chauve et luisant un bonnet de laine noire.

« — Frère Gabriel, dit la vieille, il faut secourir cet homme.

« — Il faut secourir cet homme, répéta frère Gabriel.

« — Pour Dieu, mère, s'écria la femme à la lampe, où allez-vous mettre ce moribond?

« — Ma fille, répondit la vieille, s'il n'y a plus d'autre place dans la maison, on le mettra dans mon propre lit.

« — Et vous allez l'introduire ici, reprit l'autre, sans savoir même qui c'est?

« — Qu'importe? dit la vieille. Ne sais-tu pas le proverbe : Fais le bien et ne regarde pas à qui tu le fais? Allons, aide-moi, et la main à l'œuvre.

« Dolores obéit avec empressement et crainte tout ensemble.

« — Lorsque Manuel rentrera, ajouta-t-elle, Dieu veuille que nous n'ayons pas quelque désagrément.

« — Je voudrais voir cela, répondit la bonne vieille. Un fils trouver à redire à ce qu'ordonne sa mère!

« Tous trois se réunirent alors pour emporter Stein à la chambre de frère Gabriel; avec de la paille fraîche et une peau de mouton ayant toute sa laine on lui arrangea aussitôt un bon lit. La mère Maria tira de son bahut une paire de draps grossiers, mais propres, et une couverture de laine. Frère Gabriel voulut céder son oreiller; mais la bonne vieille s'y opposa, en disant qu'elle en avait deux, et qu'elle dormirait fort bien avec un seul. En un moment Stein fut déshabillé et mis au lit.

« Cependant on frappait à coups redoublés à la porte extérieure. — Voilà Manuel, dit alors la jeune femme; venez avec moi, mère, je ne voudrais pas me trouver seule avec lui, quand il apprendra que nous avons reçu ici un homme sans l'en avertir.

« La belle-mère suivit les pas de sa bru.

« — Dieu soit loué! bonne nuit, mère, bonne nuit, femme, dit en entrant un homme grand et de bonne mine, qui paraissait avoir de trente-huit à quarante ans, et qui était accompagné d'un garçon d'environ treize ans.

« — Allons, Momo, ajouta-t-il, décharge l'ânesse et mène-la à l'écurie. La pauvre Golondrina est sur les dents.

« Momo porta d'abord à la cuisine, qui était le lieu où se réunissait toute la famille, une large provision de beaux pains blancs, deux besaces remplies et la mante de son père, après quoi il disparut en entraînant Golondrina par le licou.

« Dolores ferma la porte, puis alla rejoindre dans la cuisine son mari et sa belle-mère.

« — Est-ce que tu m'apportes, dit-elle, le savon et l'amidon?

« — C'est là.

« — Et mon fil? demanda la mère.

« — J'avais bien envie de ne pas l'apporter, répondit Manuel en souriant et en présentant à sa mère ses écheveaux de fil.

« — Et pourquoi, garçon?

« — C'est que je pensais à cet autre qui allait à la foire et que tous ses voisins chargeaient de commissions : apporte-moi un chapeau, apporte-moi une paire de guêtres; la cousine voulait un peigne, la tante du chocolat, et avec tout cela personne ne lui donnait un denier. Comme il avait déjà enfourché sa mule, un petit garçon s'approcha, et lui dit : J'ai de quoi acheter un sifflet, voulez-vous me l'apporter? Et, tout en parlant, il lui glissa l'argent dans la main; l'homme se baissa, prit l'argent, et lui répondit : Sois tranquille, tu siffleras! Et, en effet, il revint de la foire, et de toutes les commissions il ne rapporta que le sifflet.

« — Voilà qui est fort! répliqua la mère; et pourquoi, je vous prie, passé-je les jours et les nuits à filer? N'est-ce pas pour toi et pour tes enfants? Veux-tu que je ressemble au tailleur du Campillo qui cousait pour rien et fournissait le fil par-dessus le marché?

« En ce moment Momo parut à la porte de la cuisine. Il était petit, court et trapu, haut des épaules, ayant en outre la mauvaise habitude de les lever en manière de mépris, et de cet air qui dit : Que m'importe à moi? jusqu'à en toucher ses énormes oreilles, larges comme des éventails. Il avait une grosse tête, les cheveux ras, les lèvres épaisses; enfin, il était camard et louchait horriblement.

« — Père, dit-il d'un ton malicieux, il y a un homme couché dans la chambre du frère Gabriel.

« — Un homme dans ma maison! s'écria Manuel en s'élançant de son siége. Dolores, qu'est-ce que cela?

« — Manuel, c'est un pauvre malade; ta mère a voulu le recueillir; je m'y suis d'abord opposée, mais elle l'a voulu. Qu'y pouvais-je faire?

« — Voilà du beau! mais, parce qu'elle est ma mère, est-ce une raison pour introduire dans ma maison le premier qui se présente?

« — Non, il fallait le laisser mourir à la porte comme un chien, dit la vieille. N'est-il pas vrai?

« — Mais, mère, reprit Manuel, ma maison est-elle un hôpital?

« — Non, mais c'est la maison d'un chrétien, et, si tu te fusses trouvé ici, tu eusses fait comme moi.

« — Non certes, répondit Manuel, je l'eusse mis sur l'ânesse et mené au village, puisqu'il n'y a plus de couvent.

« — Nous n'avions ici ni ânesse ni âme vivante qui pût se charger de ce malheureux.

« — Et si c'est un voleur?

« — Quand on se meurt, on ne vole pas.

« — Et, s'il fait ici une longue maladie, qui en payera les frais?

« — On a déjà tué une poule pour faire du bouillon, dit Momo. J'ai vu les plumes dans le corral.

« — Mère, avez-vous perdu le sens? s'écria Manuel hors de lui.

« — Assez, assez, dit la mère d'une voix sévère et avec dignité. Tu devrais mourir de honte de t'être fâché contre ta mère, qui ne fait que suivre la loi de Dieu. Si ton père vivait, il ne pourrait croire son fils capable de fermer la porte à un malheureux qui arrive mourant et sans secours.

« Manuel baissa la tête, et il y eut un moment de silence général.

« — Allons, mère, dit-il enfin, mettons que je n'ai rien dit. Gouvernez-nous à votre fantaisie; ne sait-on pas que les femmes finissent toujours par n'en faire qu'à leur tête?

« Dolores respira plus librement.

« — Comme il est bon! dit-elle toute joyeuse à sa belle-mère.

« — Tu pouvais en douter, toi, répondit celle-ci en souriant à sa bru, qu'elle aimait tendrement, et en se levant pour aller reprendre sa place au chevet du malade; moi qui l'ai mis au monde, je n'en ai jamais douté.

« En passant auprès de Momo, son aïeule lui dit :

« — Je savais bien que tu avais les entrailles dures; mais jamais tu ne l'avais prouvé comme aujourd'hui. Va-t'en, j'ai pitié de toi, tu es un méchant, et le méchant porte son châtiment en lui-même.

« — Les vieilles ne savent que sermonner, grommela Momo en jetant à son aïeule un regard de travers.

« Mais il avait à peine achevé le premier mot, que sa mère, qui l'avait entendu, se jeta sur lui et lui appliqua un bon soufflet.

« — Apprends, lui dit-elle, à être insolent avec la mère de ton père, qui est deux fois ta mère!

« Momo courut se réfugier tout au bout du corral, où il soulagea sa colère en donnant au chien une volée de coups de bâton [1]. »

Dans la *Gaviota*, Fernand Caballero nous fait voir l'intérieur d'une famille pauvre, mais qui vit largement de son travail : c'est le petit cultivateur de l'Andalousie. Le plus considérable de ses romans après la *Gaviota*, *Clemencia* nous montre avec une vérité non moins vive l'existence patriarcale du grand laboureur.

Clemencia est une jeune veuve douée d'une belle âme, qui, livrée aux séductions d'un monde dont les élégances la charment, n'a pas reconnu l'amour vrai sous les formes peu brillantes d'un jeune cousin élevé au milieu des champs, mais qui, bientôt détrompée par une expérience douloureuse, revient d'elle-même à celui qu'elle avait éloigné, et trouve le bonheur dans sa généreuse résolution.

Menacée d'une sorte de consomption, elle vient chercher un air pur et vivifiant dans la maison de son beau-père, où, pour la première fois, elle rencontre celui qui

[1] *La Gaviota.*

un jour sera son second mari. Ce n'est cependant pas lui que je voudrais ici présenter au lecteur, mais le maître de la maison lui-même, un de ces grands laboureurs dont je parlais tout à l'heure.

« Don Martin Ladron de Guevara était un de ces gros propriétaires de l'intérieur des terres si bien adhérents à leur village et à leur maison, qu'on dirait qu'ils en font partie, comme des figures en bas-relief sculptées sur un mur. Il était de ceux qui, de leur vie, ne se sont occupés d'autre chose que de leurs chevaux, de leurs taureaux, de leur culture et des propos de leur village; de ceux qui, afin de se créer à tout prix un intérêt et une occupation, ne regardent pas à des sommes énormes pour susciter ou soutenir un procès ridicule, dont la perte, au fond, leur est aussi indifférente que le gain...

« Don Martin, au surplus, n'avait reçu aucune espèce d'instruction, sauf en ce qui est de la religion, conformément au dicton : S'il a le majorat, à quoi bon étudier et de quoi peut lui servir la science? Il n'avait donc ouvert un livre de sa vie; ce qui n'empêchait pas qu'il ne fût d'instinct et par tradition un vrai caballero, et qu'il n'eût, comme les Andalous en général, de l'esprit naturel et de l'originalité, sans compter le privilége qu'ont les riches de tirer parti de ces qualités, en disant tout ce qui leur vient à l'esprit.

« En homme qui sait qu'on l'écoute toujours avec respect et déférence, don Martin avait la parole nette, prompte et résolue, et il eût parlé au roi du ton dont il s'adressait au mendiant, à savoir d'un ton naturel, uni et décidé. Il avait à son service une réserve inépuisable de dictons et de proverbes dont il faisait grand usage, et qu'il appelait ses petits évangiles.

« Don Martin était aussi charitable que religieux; il donnait à pleines mains et sans ostentation, mettant si peu de prix à ses bienfaits et les oubliant si complétement, qu'il s'offensait de les entendre rappeler ou louer en sa présence, parce que donner aux pauvres lui semblait, de la part des riches, non une vertu, mais un simple devoir de chrétien. Ne pas le faire était à ses yeux une vilenie.

« Entre les traits nombreux qu'on racontait de sa générosité, celui-ci mérite d'être cité.

« En 1804, qu'on appelle l'année de la famine, année où les pauvres mouraient de besoin, et où les grains et les semences se payaient des sommes fabuleuses, don Martin avait ses greniers gorgés du produit d'une grasse récolte de *garbanzos*. Chaque jour il en faisait distribuer devant lui une partie aux pauvres; chaque enfant en emportait une tasse, chaque femme deux, et tout homme qui se présentait, trois.

« Un matin, pendant que don Martin dormait encore, son majordome l'éveilla.

« — Maître, lui dit-il, il y a ici des arrieros de Séville pressés de s'en retourner avec leur charge de garbanzos.

« — Pressés! s'écria don Martin, voilà qui est plaisant! Dis-leur que je me lèverai à mon heure, que j'irai à la messe à mon heure, que je déjeunerai à mon heure et qu'ensuite, quand il sera neuf heures, ils pourront me parler.

« Et don Martin se remit à dormir.

« Il se leva à son heure, fit tout ce qu'il avait coutume de faire, et à neuf heures sortit dans son patio, où les arrieros l'attendaient avec tous les pauvres qu'il secourait.

« — Dieu vous garde! dit-il de sa voix retentissante en s'adressant aux premiers. Il paraît que vous voulez emporter d'ici des garbanzos, hein?

« — Oui, don Martin, et nous n'aurons pas de dispute sur le prix; nous apportons de l'argent pour les payer, et plus que s'ils étaient d'or.

« — Et c'est de l'or, en effet, dit le majordome. Don Alonso Prieto vient de les vendre six cents réaux la fanega.

« — Nous le savons, répondirent les âniers. Seigneur don Martin, vous aurez du foin dans vos bottes cette année.

« — Je regrette cependant d'avoir à vous dire que vous avez fait un voyage inutile; je ne puis vous vendre ces garbanzos, par la raison qu'ils ne sont pas à moi.

« — Ils ne sont pas à vous? allons, seigneur don Martin, vous voulez rire?

« — Ils ne sont pas à moi, vous dis-je. Je le sais peut-être bien, que diable!

« — Mais alors à qui sont-ils?

« — A ceux-ci, répondit don Martin, en montrant les pauvres; demandez-leur s'ils veulent les vendre. Enfants, vendez-vous vos garbanzos? cria-t-il de sa voix de basse.

« Une clameur d'angoisse et de supplication s'éleva jusqu'au ciel.

« — Mais, don Martin... insistèrent les arrieros.

« — Quoi! ne voyez-vous pas que les maîtres ne veulent pas? et que puis-je y faire? répondit don Martin...

« Don Martin n'avait jamais rien changé, ni dans sa maison, ni dans sa manière d'entendre la culture, ni dans sa manière de vivre, ni dans sa manière de voir, ni même dans sa manière de s'habiller. Il portait constamment des bas de soie bleue, des souliers d'une espèce de drap rude ou de feutre qui s'appelle peau de rat, avec des boucles d'argent, une culotte de casimir noir, aussi avec boucles d'argent au genou, un grand gilet de riche étoffe de soie, quelquefois brodé en couleurs, une ample veste également en soie, enfin une résille pour retenir ses cheveux qu'il ne coupait jamais; seulement la résille était courte et ne descendait guère plus bas que la nuque. Quand il sortait le matin, il prenait une capote de riche drap noir, ornée de passementeries et de franges de soie; dans l'après-midi une cape écarlate, doublée de satin de couleur, et sur la tête un chapeau à bords rabattus, pareil à ceux que portent les picadors aux courses de taureaux. Quoique don Martin eût plus de soixante-dix ans, et qu'il fût un peu plus gras qu'il n'eût fallu pour danser des séguidillas, il conservait les restes d'une imposante figure. Il était grand, et ses traits, quoique grossis, étaient beaux et réguliers[1]. »

[1] *Clemencia.*

A côté de cette noble figure, il faudrait grouper le reste de la famille, la maîtresse de la maison, austère et froide, mais grave et digne; le frère, prêtre distingué et homme d'expérience, revenu à ses études après avoir été forcé de prendre le mousquet, et qui, recueilli avec joie dans la maison fraternelle, entouré de ses livres et de ses pauvres, jouissait de la nature comme un poëte, et de la paix comme un cénobite; le neveu enfin, jeune homme de vingt-deux ans, peu favorisé de la nature, très-brun, très-lourd d'esprit en apparence, mais ayant comme type de la race andalouse les yeux grands et noirs, les dents petites et blanches. Son oncle, qui l'avait appelé près de lui pour en faire son héritier, lui avait dit en le voyant : « Pablo, mon garçon, va ton chemin; on n'est pas damné pour être laid. » Mais, sous cette rude enveloppe, Pablo cachait toutes les grâces de l'âme, et l'amour qu'il éprouva pour sa cousine les fit fleurir l'une après l'autre.

On vient de voir la famille du laboureur andalous, pauvre dans un couvent démantelé, riche dans le vaste domaine de ses pères, et rappelant la grande existence seigneuriale des anciens barons saxons. Cherchons-la maintenant au village même, là où l'homme est de plus près et journellement en contact avec ses semblables. Nous allons la trouver à *Dos Hermanas*, un hameau entouré d'oliviers, à deux lieues de Séville, encore rempli des souvenirs de la conquête chrétienne et de la tradition de saint Ferdinand, dont il conserve précieusement un des étendards.

C'est à Dos Hermanas que Fernan Caballero a placé,

disons mieux, a trouvé la *famille Alvareda* : c'est le titre d'un de ses romans les plus remarquables.

Un brave garçon, le fils d'une veuve aisée, s'est épris d'une coquette de village et l'a épousée, non sans la permission, mais malgré les avertissements de sa mère, qui, avec cet instinct qu'ont les mères, avait jugé au premier coup d'œil que la capricieuse Rità ne ferait jamais le bonheur d'un homme droit et simple tel que Perico. Et la mère Ana avait bien raison; car, devenue la femme de Perico et deux fois mère, Rita ne se gêne guère pour écouter les jolis propos de Ventura, qui, outre sa bonne tournure, a rapporté du régiment quelques-uns des vices qu'on y prend d'ordinaire en échange des solides qualités qu'on a laissées dans la maison paternelle. Ventura, avant d'entrer au service, avait aimé la sœur de Perico, une de ces douces et pensives figures qu'il n'est pas défendu au romancier le plus vrai de rencontrer même au village; mais, gâté par la vie de garnison, il dédaigne au retour sa fiancée pour la femme de celui qui devait être son beau-frère. Perico, qui se croit trompé, attend son rival sous les oliviers, et lui envoie une balle dans le cœur. Une fois vengé, il sent toute l'étendue de son crime et se sauve à travers champs. Ramassé à demi mort, sur le grand chemin, par un capitaine de voleurs, il n'a d'autre ressource que de suivre la bande, se promettant bien de ne pas s'associer à ses crimes. L'habitude elle-même ne parvient pas à émousser dans ce cœur naturellement honnête le sentiment du bien. Un jour cependant que la bande se voit serrée de trop près par un détachement qui la poursuit, Perico, obéissant, presque sans le vouloir, à l'instinct de la défense naturelle, se sert pour la première fois de son fusil, et la balle atteint l'officier, qui se trouve le fils de la bienfaitrice de sa famille. Le frère du mort se met à la tête d'un autre détachement et surprend les bandits. Perico est arrêté, jugé et étranglé sur la place San Francisco, à Séville. La cause première de tous ces malheurs, Rita, bourrelée de remords, mais redevenue à demi intéressante par le repentir, se sauve à la Sierra avec sa mère et ses jeunes enfants. Voilà toute l'histoire.

Je montrerai d'abord la maison de cette pauvre famille à l'époque où elle était habituée par le bonheur, la joie, la paix de l'âme.

« La maison de la famille de Perico était spacieuse et soigneusement blanchie à la chaux en dedans et en dehors. De chaque côté de la porte s'appuyait au mur un banc de pierre. Dans le zaguan (le vestibule), et au-dessus de la porte intérieure, était suspendu un fanal devant une image de Notre-Seigneur. C'est la coutume en Andalousie de mettre partout une pensée de religion, et de placer toute chose sous un saint patronage. Au milieu d'un grand patio se dressait dans son riche feuillage, sur son tronc robuste et sain, un énorme oranger. Une petite chaussée circulaire protégeait sa base comme une cuirasse. Depuis un nombre infini de générations, ce bel arbre avait été pour la famille une source intarissable de jouissances. Le défunt Juan Alvareda, père de Perico, avait la prétention, et son père l'avait eue avant lui, de faire remonter l'existence de cet oranger à l'époque de l'expulsion des Maures, après laquelle, suivant son récit, l'avait planté un Alvareda, soldat du saint roi Ferdinand; et, quand le curé, frère de sa femme, l'en plaisantait, mettant en doute l'ancienneté et la suite non interrompue de sa descendance, il répondait sans s'émouvoir, et, sans que sa conviction en fût un instant ébranlée, que toutes les races du monde dataient de loin, et que la tradition des successions directes pouvait bien se perdre chez les riches, mais que pareille chose n'arrivait jamais chez les pauvres.

« Les femmes de la famille faisaient, avec les feuilles de l'oranger, des toniques pour l'estomac ou des calmants pour les nerfs; les jeunes filles se paraient de ses fleurs et en faisaient des sucreries; les enfants se régalaient de ses fruits. Les oiseaux avaient établi leur quartier général dans ses rameaux, qu'ils faisaient retentir de mille chansons joyeuses, pendant que les maîtres, qui avaient grandi à son ombre, ne se lassaient pas de l'arroser en été, et pendant l'hiver émondaient avec soin les petites branches qui avaient séché, comme on arrache les cheveux blancs de la tête chérie d'un père qu'on ne voudrait jamais voir vieillir.

« A droite et à gauche de la porte d'entrée, il y avait deux habitations égales, ou *partidos*, suivant l'expression du pays, se composant d'une salle avec deux petites fenêtres grillées sur la rue, et deux petites alcôves formant un angle avec la salle et prenant le jour du patio. Au fond de ce patio était une porte qui donnait sur un immense corral où se trouvaient la cuisine, le lavoir, écuries, et au centre duquel s'élevait un immense figu qui avait si peu de prétention et d'amour-propre, q se prêtait sans murmure à servir d'asile de nuit a poules, sans avoir une seule fois incliné ses ramea sous ce poids incommode.

« Le maître de cette maison était mort depuis tr ans. Ana, sa veuve, était une femme distinguée dans classe, qui ne l'eût pas été moins dans une sphère p haute. Élevée par son frère qui était prêtre, elle av un esprit cultivé, un caractère grave, des manières gnes, une vertu instinctive. Ces qualités, unies à une p sition aisée, lui donnaient une supériorité réelle sur to ceux qui l'entouraient, supériorité qu'elle admettait sa en abuser. Son fils Perico soumis, modeste, laborieu avait été sa consolation et ne lui avait jamais don d'autre chagrin que son amour pour sa cousine Rita.

« Sa fille Elvira, de trois ans plus jeune que son frè douce comme une mauve, humble comme une violet pure comme un lis, avait eu une enfance maladive, qui avait répandu sur sa figure (elle ressemblait d'a leurs beaucoup à son frère) une pâleur et une expr sion de calme résigné qui lui prêtaient un charme i fini. Depuis son enfance, elle s'était attachée à Ventur le beau et brillant fils du voisin Pedro, ami et compè du défunt Juan Alvareda.

« En face de la maison des Alvareda était située maison de Maria, la mère de Rita. Maria était rest veuve d'un frère d'Ana, autrefois capataz (le maître-val domaine) de la ferme voisine de Quintos. C'était une bonne femme, tellement dépourvue de fiel, si simple, candide, qu'elle ne se sentait jamais assez de carac-re et de vigueur pour dompter l'humeur hautaine, âpre décidée, que sa fille Rita laissa voir dès son bas âge. s mauvaises qualités de celle-ci s'étaient depuis déve-ppées en toute liberté. Son caractère était violent, nporté, son cœur froid; sa figure extrêmement jolie, duisante, expressive, piquante, vive, rosée et moqueuse, rmait un parfait contraste avec celle de sa cousine vira, la première pouvant être comparée à une rose aîchement cueillie et armée de ses épines, la seconde l'une de ces roses de la Passion qui élèvent au-dessus de ur pâle feuillage leur couronne d'épines, comme un gne de souffrance, et qui cachent au fond de leur calice n miel si doux.

« Dans la peinture et la classification des membres ui composaient cette famille et ses alliés, nous ne pou-ons omettre le chien Melampo. Nous devons lui faire a place, car tous les chiens ne sont pas égaux, même evant la loi. Melampo était un chien honorable et grave, ans prétention, pas même celle de chien-hercule, mal-ré sa force prodigieuse. Il aboyait rarement, et jamais ans une cause raisonnée; il était sobre et nullement ourmand. Il ne flattait pas ses maitres, mais jamais, ni our aucun motif, il ne se séparait d'eux; de sa vie, il 'avait mordu personne. Il dédaignait du haut de sa grandeur les attaques des roquets qui aboyaient der-ière lui, quand il passait, avec une stupide hostilité;

mais il avait tué six renards, trois loups, et, s'étant jet un jour sur un taureau qui poursuivait son maître, i l'arrêta court en le saisissant par une oreille, comme u enfant qui ferait le méchant. Avec de pareils états de ser vice, Melampo dormait paisiblement au soleil sur ses lau riers[1]. »

Avec ce tableau achevé, le lecteur peut aisément re faire le roman, dont je ne lui ai donné que l'incomplèt analyse. En voici l'épilogue. Certaines maisons semblen si profondément attachées à la destinée de leurs maîtres qu'on dirait qu'elles s'affaissent sous le même coup.

« Longtemps après ces événements, le marquis de ** alla passer une saison dans une hacienda de Dos Her manas.

« Un soir qu'il revenait de visiter un de ses parents en passant devant un olivier, il remarqua que le gard et le capataz qui l'accompagnaient ôtèrent leur cha peau. Il regarda et aperçut une croix rouge clouée su le tronc de l'olivier.

« — Quelqu'un a été tué dans ce lieu pacifique? de manda-t-il.

« — Oui, répondit le garde; ici fut tué le plus joli gar çon et le plus brave qui ait foulé la terre de Dos Her manas.

« — Et le meurtrier, ajouta le capataz, était bien l jeune homme le plus honorable et le plus honnête d l'endroit.

[1] La *Famille Alvareda*.

« — Et comment ce malheur arriva-t-il? demanda le arquis.

« — Le vin et les femmes, répondit le garde, la cause tous les malheurs.

« Et, chemin faisant, ils racontèrent ce que nous ve-ons de rapporter, avec tous les détails et toutes les cir-onstances.

« — Et il y a encore quelqu'un de la famille dans le ou? demanda le marquis, profondément intéressé par récit.

« — Personne, répondirent ses deux compagnons. Le ère Pedro mourut dans l'année: la femme de Perico oulait se laisser mourir, mais le moine qui avait assisté n mari lui persuada de vivre pour ses petits enfants, isant que telle était la volonté de Dieu et celle de son mari. ais, comme il lui eût fallu trop d'effronterie pour de-eurer ici, où tout le monde la connaissait et avait chéri n mari, elle s'en fut avec sa mère à la Sierra, où ils vaient des parents. Quelqu'un qui en est venu ces jours assés, et qui l'a vue, dit qu'elle n'est plus la même; les rmes ont creusé des rides profondes sur sa figure; elle st plus vieille que la faux de la mort et n'a plus aucune anté.

« — Et la mère? demanda le marquis.

« — La pauvre mère Ana est morte précisément avant-ier; la malheureuse avait l'air d'une ombre; elle était oute courbée, et on eût dit qu'elle cherchait sa sépulture omme un lit pour se reposer.

« Sur ces entrefaites, ils étaient arrivés au Pueblo, et,

en passant devant une grande maison de morne apparence, le capataz dit :

« — Voilà sa maison.

« Le marquis s'arrêta et entra sans hésiter.

« Une vieille parente de la défunte habitait seule cette maison triste et vide, sur laquelle s'étendait alors comme un suaire la blanche clarté de la lune.

« — Voilà des parterres bien abandonnés ! dit le marquis.

« — Ah ! ce n'était pas ainsi, répondit la vieille, quand la pauvre petite en avait soin, celle qui, en apprenant l'exécution de son frère, ferma les yeux pour ne plus les rouvrir aux horreurs de ce monde. Tous les recoins étaient pleins de fleurs qui répondaient comme des filles aux soins de leur mère.

« — Oh ! quel malheur ! s'écria le marquis, ce magnifique oranger a séché.

« — Il était plus vieux que le monde, reprit la vieille, et accoutumé à beaucoup de soins et de mignardises. Depuis que la pauvre Ana avait perdu ses enfants, ni elle ni personne ne s'en est occupé, et il a séché.

« — Et ce chien ? demanda le marquis, en apercevant un pauvre chien, vieux et aveugle, étendu à l'écart dans un coin.

« — Le pauvre Melampo ! lorsque son maître manqua, il devint triste et perdit la vue. Ana l'a recommandé à mes soins ; la pauvre mère ne m'a dit que cela. Mais il ne me donnera pas grand'peine, car, au moment où on emporta le corps, il se mit à hurler, et depuis il n'a rien voulu prendre.

« Le marquis s'approcha, le chien était mort [1]. »

Relevons cependant dans l'estime du lecteur le pauvre jeune homme qu'une jalousie trop justifiée avait poussé au meurtre, en le montrant dans une de ces situations où, trop souvent en Andalousie, un meurtre peut, dans un moment de violence, perdre à jamais des âmes qui n'étaient pas faites pour le crime.

« Les bandits montèrent à cheval et arrivèrent vers minuit au grand château en ruines d'Alcala. Diego (c'était le capitaine) siffla trois fois ; on vit alors sortir d'une tanière qui s'ouvrait au pied du château la Gitana avec une lanterne dans la main.

« Ils mirent pied à terre et la suivirent.

« Perico allait confus et soupçonnant le mauvais pas où il se trouvait ; mais ses compagnons l'entouraient et l'entraînaient avec eux où les menait la Gitana. Celle-ci, après avoir salué les bandits d'un ton humble et dans un langage inintelligible, ouvrit avec un crochet l'huis d'une petite cour sur laquelle, parmi des décombres et des madriers, donnait une porte de la sacristie, où la canaille sacrilége entra non sans crainte et s'effrayant elle-même du bruit de ses pas.

« Quel sublime et redoutable spectacle que celui d'une église déserte à pareille heure de nuit ! A cet aspect, les âmes même les plus pures et les plus saintes s'abîment

[1] La *Famille Alvareda*.

dans une profonde et craintive méditation; et il n'es pas d'incrédule si déterminé, qu'il s'y aventure sans peur. Combien immenses et terribles apparaissent ces sombres nefs! combien hautes ces arcades qui, soutenues par de géants de pierre, se perdent dans la mystérieuse obscurité d'un ciel sans étoiles! Là, dans une profonde et lugubre chapelle, on ne peut entrevoir sans terreur la froide statue qui dort sur une tombe; on en distingue à peine les contours, et l'obscurité même semble lui communiquer le mouvement. Le maître-autel, encore imprégné des parfums de l'encens et de celui des fleurs du matin, et qui perce les ténèbres de ses lueurs incertaines; cet autel, centre universel de la foi, trône de la charité, refuge de l'espérance, prodigue dispensateur des plus douces consolations, rempart du faible, attire les yeux, les pas, les cœurs! Devant le tabernacle brûle la lampe, solitaire gardienne du sanctuaire, suave et perpétuel holocauste, flamme permanente comme l'éternelle miséricorde, brûlante comme l'amour, silencieuse comme le respect, tranquille comme l'espérance...

« Telle était l'église d'Alcala lorsque les voleurs y entrèrent, éclairés par la lanterne de l'affreuse Gitana, et poussant devant eux le malheureux Perico.

« — Lâchez-le et fermez, et barricadez cette porte, dit Diego.

« — Il va crier et nous fera découvrir, répondirent les autres.

« — Lâchez-le, vous dis-je! répéta le capitaine. Qui l'entendra, et qu'en arrivera-t-il?

« — Il peut crier, répliqua Léon, qui déjà, aidé de la Gitana, dépouillait le maître-autel de ses ornements d'argent.

« — Qu'on y ait l'œil, répondit alors le capitaine. Et deux de ses hommes, plus timides sans doute et à qui il répugnait de porter la main sur les choses saintes, s'approchèrent de Perico.

« Celui-ci, qui, comme tous les hommes qui savent se contenir, était impétueux et irrésistible quand les circonstances l'arrachaient à lui-même, retrouva toute son énergie pour s'écrier :

« — A bas le chapeau, hérétiques! vous êtes dans la maison de Dieu.

« — Vite un bâillon! cria à son tour le capitaine furieux.

« Et aussitôt on lui mit un mouchoir en travers de la bouche; toute résistance était inutile.

« Mais, quoique le bâillon l'étouffât, en voyant Léon et la Gitana briser la porte du tabernacle, Perico fit un effort désespéré, et tomba sur les genoux en criant :

« — Sacrilége! sacrilége! cri terrible qui se répéta de chapelle en chapelle, retentit sous la voûte, comme le tonnerre sous la nue, et qui, réveillant le grand et sonore instrument qui d'ordinaire accompagne l'imposant *De profundis* ou le glorieux *Te Deum*, alla se perdre dans les tubes de métal, comme un gémissement douloureux.

« Ces misérables furent un moment glacés de terreur: Diego lui-même trembla. Mais, se remettant aussitôt, il courut à Perico, le poussa contre les dalles, le foula aux pieds, le maudit, et commanda aux autres de l'achev à coups de crosse, s'il proférait un mot. L'infortuné, face contre terre et maltraité par les bandits, murmura d'une voix à peine articulée :

« — Miséricorde! Seigneur, miséricorde!

« — Tuez-le s'il souffle, répéta Diego, et finissons-en voici la nuit qui s'éclaire, on peut nous voir sortir d'ici

« Effectivement, les nuages s'entr'ouvrirent et un rayo de la lune entra, dans ce moment, par l'une des haute fenêtres de l'église, et alla baiser le pied d'une imag miraculeuse de l'Immaculée Conception.

« — Maudite lune ! s'écria la Gitana, avec d'horrible imprécations.

« Et tous, effrayés de se voir les uns les autres à cet clarté soudaine, se hâtèrent d'achever le dépouillemen des autels et de consommer leur sacrilége.

« Ils sortirent enfin, et, quand la Gitana les eut vu partir à cheval avec tous les trésors de l'église, elle re tourna se cacher dans la terre.

« Le soleil ne dorait pas encore la Giralda, lorsque chargés de leur butin, ils arrivèrent près de Séville. Lais sant alors leurs chevaux dans un champ d'oliviers à l garde d'un des leurs qu'ils appelaient le Galérien, ils en trèrent dans la ville par différents chemins, pour se réu nir ensuite dans un lieu écarté, indiqué d'avance par l Gitana, et où un orfévre, prévenu par elle, reçut, pes et paya les vases sacrés. Mais, quand les bandits retour nèrent à l'endroit où ils avaient laissé le Galérien ave les chevaux, ils n'y trouvèrent personne.

« — Le chien nous a vendus, dit l'un d'eux.

« — Dans quel but? répondit Diego, il a ici sa part qu'il doit croire plus forte que le prix de sa trahison.

« — Il aura vu du monde et se sera réfugié au Cuervo, dit Perico.

« Et ils se dirigèrent vers le Cuervo, en prenant par les oliviers.

« Mais le Galérien n'était pas davantage au Cuervo.

« — Mon pauvre cheval! mon pauvre Corso! dit Diego, et une larme amère comme l'absinthe brilla un instant dans ses yeux; mais se remettant aussitôt : Nous sommes vendus, dit-il, sus! c'est le moment de prendre le large, remontons le fleuve; au coto du Roi! à Ayamonte! en Portugal! quelque jour je le trouverai, et, ce jour-là. il vaudrait mieux pour lui qu'il ne fût jamais né.

« Ils allaient partir, quand ils virent apparaître la Gitana, qui venait réclamer sa part du butin. Tous l'assaillirent de questions sur la disparition du Galérien; mais elle ne savait rien et témoigna une grande inquiétude.

« — Il n'y a plus ici de sûreté pour nous, dit-elle, et il nous faut partir sans perdre une minute. Le fils aîné de la comtesse de Villaroan a juré de venger la mort de son frère; il a demandé un détachement au capitaine-général et il est à vos trousses. J'ai peur qu'il n'ait surpris le Galérien. Quant à moi, je m'en vais, la terre brûle mes souliers.

« — Elle ne te brûlera jamais assez vite, s'écria l'un des voleurs.

« — Elle ne t'avalera jamais assez tôt, dit un autre.

« La vieille disparut en silence au milieu des oliviers, comme une vipère, après qu'elle a laissé son venin dans la morsure qu'elle a faite.

« — Voler dans la maison de Dieu! dit le premier.

« — Dépouiller un sanctuaire! ajouta l'autre.

« — Allons, bouche close, cria Diego. A quoi servent à présent les réflexions? ce qui est fait est fait; partons [1]. »

L'Une dans l'Autre, comme le titre l'indique, est une double histoire qui met en opposition la ville et le village, le peuple et la classe élevée, Séville et Dos Hermanas. Le héros du premier récit est le narrateur du second. L'un est le tableau agréablement touché de la société en Andalousie, l'autre une de ces tragiques aventures que Fernan Caballero sait raconter avec une simplicité saisissante. L'artifice de la composition se laisse trop voir dans l'ingénieux entrelacement du récit et de l'action; et le récit est si émouvant, qu'il jette un peu de froideur sur le cadre au sein duquel il se développe. Ce récit est plein de sang et de coups de couteau; mais la scène que j'en détacherai sera toute gracieuse; c'est le retour d'une Romeria. Le farouche Diego de Mena, qui privé de son père par un crime, ne nourrit que des pensées de vengeance, est amené à prendre en croupe pour la ramener à Utrera, une jeune fille de la Sierra dont l'âne, abandonné à lui-même, est retourné seul à la ville.

[1] La *Famille Alvareda*.

« Pendant que ces plaisanteries se croisaient comme les fusées aux oreilles de Diego, les jeunes gens avaient placé Pastora sur la croupe du cheval. Celle-ci, qui ne se doutait pas de l'embarras de Diego ni de la résistance qu'il avait opposée à ce dessein, s'accommodait à sa guise, arrangeait ses jupons, prenait d'une main le mouchoir attaché à la queue du cheval, et passait l'autre sans cérémonie, et le plus naturellement du monde, autour de Diego, de manière qu'elle reposait sur le cœur même du jeune garçon, qui battait fortement d'une émotion inconnue.

« On se mit en marche, et le bon cheval de Diego eut bien vite laissé tous les autres derrière lui.

« Diego Mena, qui n'était connu à Utrera que sous le nom de Diego le Taciturne, surnom qu'il devait à sa taciturnité habituelle et à la solitude dans laquelle il vivait, était arrivé à vingt-six ans sous l'influence de l'affreuse catastrophe qui paraissait avoir paralysé tous ses sentiments, et les avoir concentrés sous la double impression du chagrin et de l'horreur. Il était demeuré si seul au monde, que rien n'avait interrompu le tête-à-tête où il vivait avec sa douleur et sa mélancolie. Diego était comme l'arbre à qui un froid hiver a pris toute la séve qui lui donne la vie, et qui, dépouillé, triste et noirci, ne semble plus vivre. Mais à peine mis en contact avec cette jeune fille si pure, si suave, si pleine de vie, on eût dit qu'une tiède et vivifiante haleine venait de ranimer son existence. Aux rayons de ce soleil de vie et d'amour, ses feuilles poussèrent, ses fleurs s'ouvrirent, et l'arbre parut dans toute la force de la vie, dans toute la luxuriante beauté du printemps.

« Ils se turent longtemps. A la fin Diego dit :

« — Restez-vous encore ici quelque temps?

« — Un mois.

« — C'est peu.

« — Mon père trouvera que c'est beaucoup.

« — Quelque autre aussi doit désirer votre retour.

« — Non, que je sache.

« — Vous n'avez donc pas de novio (fiancé)?

« — Moi, non.

« — On n'a pas d'yeux à Aracena?

« — C'est peut-être moi qui n'ai pas d'oreilles.

« — Peut-être aussi avez-vous le goût trop délicat?

« — Oui et non.

« — Ce n'est pas une réponse, mais deux et qui se contredisent.

« — Cela vous intéresse?

« — Peut-être.

« — Ce n'est ni une réponse ni deux. Ce n'en est pas une.

« — Êtes-vous si pressée de dire non?

« — Vous ne l'êtes guère d'obtenir un oui.

« — Me connaissez-vous?

« — Je vous connaissais et vous me connaissiez.

« — Qui vous l'a dit?

« — Un ami qui ne trompe pas.

« — Cet ami me dit que je ne saurais plaire, je suis si triste!

« — Et moi qui suis si gaie, je devrais déplaire à qui ne l'est pas.

« — Plût à Dieu!

« — Je ne le voudrais pas.

« — Quoi donc? tenez-vous à me plaire?

« — Les étoiles n'ont-elles pas envie de briller?

« — Voulez-vous être mon étoile?

« — Je ne veux pas être, je suis qui je suis.

« — Non, je ne veux pas vous choisir sans votre consentement.

« — Le consentement ne se demande pas, il se mérite.

« — De quelle manière?

« — Cela ne se dit pas, on le devine.

« Ils allaient toujours. — « Il y a, reprit Diego fort ému, il y a une fenêtre dans le corral du père Blas qui donne sur la petite rue; l'ouvrirez-vous?

« — Nous verrons.

« — Rien que de l'espérance?

« — Voyez donc! et il n'est pas content! dit Pastora en sautant à bas du cheval. Merci, Diego, vous avez un cheval qui marche fièrement!

« — Trop vite, Pastora!

« La Serrana salua de la main et entra en courant dans la maison.

« Diego s'éloignait avec le ciel dans le cœur[1] ! »

On trouvera peut-être invraisemblable cette vive escrime de la parole, mêlée de poésie et de sentiment,

[1] *L'Une dans l'Autre.*

entre deux enfants du peuple; mais, en citant ces deux pages, j'ai précisément voulu donner au lecteur une idée exacte de ces entretiens qui se prolongent ainsi, des deux côtés d'une fenêtre grillée, pendant des nuits entières, pendant des années.

Veut-on un autre exemple de cette vivacité naturelle de l'esprit andalous? Une jeune fille du monde, courtisée par un sot, s'efforce de le décourager, en affichant des prétentions de bas-bleu; elle fait des vers, elle écrit des livres, elle a en portefeuille un roman de Guillaume Tell. « Tenez! s'écrie-t-elle, je vais vous en dire le plan. »

« Guillaume Tell était un noble montagnard écossais qui refusa de saluer le chapeau de castor que le général anglais Malbrouc avait fait clouer tout exprès pour cela à un poteau; ce qui amena la révolution et la guerre de Trente Ans, d'où enfin mon héros sortit vainqueur et fut proclamé roi de la Grande-Bretagne sous le nom de Guillaume le Conquérant. Mais il flétrit ses lauriers en faisant décapiter sa femme, la belle Anne de Boulen. Pour expier son crime, il envoya en Palestine son fils Richard Cœur-de-Lion. Richard, à son retour, fut jeté en prison, à cause de son zèle religieux, par Luther, Calvin, Voltaire et Rousseau, qui formaient le directoire en France, directoire révolutionnaire qui envoya à l'échafaud le saint roi Louis XIV. Ce fut alors que, pour éviter des maux semblables en Espagne, le roi don Pèdre le Cruel établit l'inquisition, d'où ce surnom lui est venu [1]. »

[1] L'Une dans l'Autre.

Voilà qui est fort piquant; mais ce qui l'est plus encore, c'est ce que l'auteur ajoute avec une malice dont je m'empresse de lui laisser toute la responsabilité :

« Rien de comique comme le sérieux et l'aplomb avec lesquels Casta débita ce chapelet de billevesées, sans se couper, sans hésiter un moment, d'autant plus que Casta, ayant choisi au hasard les noms et les faits historiques, et comme les lui fournissaient ses souvenirs d'opéras, de sermons, de feuilletons et de conversations, savait bien que son récit n'avait rien d'exact, mais ne soupçonnait pas elle-même l'énormité de ses folies et le monstrueux de ses anachronismes[1]. »

Nous voici peut-être un peu loin de la baie de Cadix, quoique ce soit à Cadix que la belle Casta ait acquis en partie son érudition historique : la *Dernière Consolation* va nous y ramener. Tel est le titre d'une très-courte nouvelle, dont la scène est à Puerto Real; quelques pages à peine, mais dont le dénoûment est sublime.

En voici le commencement, sans lequel la fin ne serait pas comprise :

« Puerto Real est séparé de la mer par des terrains marécageux, coupés de canaux, que la mer vide et remplit successivement, dans son immense et incessant balancement. A gauche, et dans ces terrains dont nous avons parlé, l'industrie a créé ces vastes salines si renommées pour l'abondance et la supériorité de leurs sels. La vue qu'elles offrent est triste et monotone. Ce sol salpêtreux n'a qu'une végétation triste et décolorée, où dominent

[1] *L'Une dans l'Autre.*

une espèce de bruyère, quelques joncs, et une petite plante d'un vert cendré, dont les maigres fleurs semblent avoir honte de s'ouvrir, elles les mères du doux miel, au bord d'une mer qui les dédaigne, sous les émanations corrosives d'un sel qui les flétrit, semblables, ces pauvres fleurs, à la poésie de nos jours qui présente ses fleurs solitaires et tristes au bord de l'océan amer de la politique qui les dédaigne et sous le sarcasme mordant qui les dessèche.

« Pour donner une base plus sûre à ces pyramides de sel quelquefois gigantesques, on enfonce dans le sol, comme en Hollande, des madriers assez longs pour atteindre le terrain solide. On appelle *albinas* les marais qui reçoivent ces fondations, et *rabizas* ceux dont on ne peut trouver le fond.

« A droite de Puerto Real, et séparé de lui par des terrains de ce genre, se dresse le fameux Trocadero, qui protége Puerto Real contre les formidables assauts de la mer, auxquels ne peuvent toujours résister les puissantes murailles de Cadix. Abritée ainsi par les flots et défendue par ses marais, la charmante ville de Puerto Real dort tranquille au milieu de ses plaines, sous la garde de saint Roch, son patron [1]. »

Donc, à Puerto Real, vivait une pauvre femme, qui avait un fils dont les mauvais instincts avaient résisté, dès l'enfance, à tous les conseils et à tous les châtiments. Devenu grand sans devenir meilleur, il se prend de querelle avec un rival, lui porte un coup de couteau, et le

[1] La *Dernière consolation*.

voilà envoyé pour quatre ans aux présides de Melilla. Averti par cette leçon sévère, il s'amende quelque peu, et obtient par faveur d'être amené au Trocadero. Là, du moins, sa pauvre mère peut le voir et entretenir chez lui ce retour à de meilleurs sentiments. Elle est même, à force de démarches, sur le point d'obtenir sa grâce, mais le malheureux n'a pas la patience de l'attendre, et il cesse de la mériter, en s'échappant durant la nuit.

La mère, qui ignore encore cette fuite, attend une barque qui doit la conduire au Trocadero. Le batelier ou *lanchero* arrive :

« — Il faut bien que ce soit vous, mère Maria, pour que je bouge ce matin. J'ai passé la nuit à pêcher aux flambeaux, et j'aurais grand besoin de repos. De plus, vous me voyez tout bouleversé : la nuit a été rude.

« — Que vous est-il donc arrivé? la nuit a été calme et sereine.

« — Vous saurez, reprit le lanchero, qu'étant à pêcher avec ma barque dans le canal du Trocadero, j'ai entendu vers minuit, du côté des albinas, un cri si lamentable. que mon sang s'est figé dans mes veines. Je ne pouvais savoir ce qu'était ce bruit, si c'étaient les aboiements d'un chien, le cri de quelque oiseau de nuit, venu sur les mers de quelques contrées lointaines, la plainte d'une créature vivante ou le gémissement d'une âme en peine, parce que la distance qui m'en séparait était grande, et, si je l'entendais, c'était parce que la nuit était plus silencieuse que la mort. Tous ceux qui connaissent Miguel Santos savent bien qu'il n'est pas de ceux qui tournent le dos au danger, ni de ceux qui s'effrayent de peu; mais, vous pouvez m'en croire, je me sentis frissonner des pieds à la tête, et je fis le signe de la croix comme un bon chrétien, parce que je ne suis pas non plus de ceux qui ne craignent ni Dieu ni diable. Je me remis donc, et écoutai plus attentivement pour me rendre compte de ce que pouvait être cette rumeur; mais ce fut pis alors, et peu à peu j'en vins à me persuader que c'était bien la voix d'une créature humaine qui d'abord appelait et finissait par une plainte désespérée. Le plus terrible, c'est que je l'entendais toujours pareille, à la même distance et du même côté...

« J'eus l'idée que ce pouvaient être des signaux de contrebandiers; mais non, on ne pouvait s'y tromper, c'était bien un gémissement comme je demande à la divine majesté de ne pas en entendre un pareil de ma vie. Chaque fois qu'il arrivait jusqu'à moi, je ressentais comme une secousse et ne pouvais pêcher, ni tenir en place, ni faire aucune chose que recommander le malheureux à la clémence de Dieu, parce que, je vous l'ai déjà dit, la nuit était plus noire que la conscience de Judas, et ce gémissement venait de très-loin, du côté des rabizas, où l'on enfonce si aisément, et où ne peut cheminer que de jour, et avec toutes sortes de précautions, celui même qui connait les êtres; car, une fois dans le marais, il n'y a plus de secours à attendre que de Dieu !

« Le lanchero fit une pause et releva ses cheveux, comme pour rafraîchir son front brûlant.

« — Mais, dit Maria qui, à ce récit, éprouvait un profond intérêt et une pitié grande,. avez-vous pu vérifier enfin ce que c'était ?

« — Oui, señora, répondit le lanchero, l'aube, avec sa clarté, vint confirmer ce que le cœur me disait depuis un moment. Il est bon de dire qu'à mesure que passaient les heures les cris allaient s'affaiblissant et s'éteignant. Mais, comme je n'avais pas perdu l'endroit de vue, je sautai à terre, et m'acheminai comme je pus de ce côté, car je connais les marais et les albinas comme les doigts de ma main. C'était bien ce que j'avais soupçonné. Un malheureux, ignorant le danger, ou plus téméraire que le vin, était venu donner dans une rabiza, et s'y était enterré petit à petit, mais sans cesser d'enfoncer. Toute la nuit avait duré cet enterrement d'un vivant ; et le marais, en le dévorant, n'avait laissé dehors qu'un bras que le pauvre diable tenait élevé au-dessus de sa tête, comme pour marquer son tombeau.

« — Jésus ! Jésus ! quel malheur ! s'écrièrent en même temps Véronique et sa tante. Et quel sera le malheureux ?...

« — Ce ne peut être, reprit le lanchero, qu'un des galériens qu'on a amenés au Trocadero, et qui aura tenté de s'échapper cette nuit.

« En ce moment, entra un commissaire du préside. — Je viens, dit-il durement, fouiller cette maison.

« — Et pourquoi, grand Dieu ? demanda Maria toute saisie.

« — Parce que votre fils s'est échappé cette nuit.

« Maria poussa un cri aigu, en ouvrant les mains et

en étendant les bras en avant, comme pour écarter de soi une épouvantable conviction.

« — Qu'a-t-elle donc? demanda le commissaire. Qu'est ceci?

« — C'est, répondit le lanchero, que celui qui s'est échappé s'est trompé de chemin, et est tombé dans le marais où il est resté enterré vivant.

« — Le savez-vous d'une manière certaine?

« — Je puis dire que j'étais présent, répondit le lanchero, mais sans avoir aucun moyen, il n'y en a pas, de prévenir le malheur. Allez voir l'albina, et, si la terre n'a pas fini de l'engloutir, vous verrez un bras qui dit : « Ci-« gît un chrétien. »

« Le commissaire sortit.

« Maria, qui était restée muette, comme anéantie par la violence du coup, se leva brusquement et avec l'énergie du désespoir.

« — Mon fils! mon fils! s'écriait-elle. Mon fils, mon fils, le fils de mon âme, le fils de mes entrailles, mon fils, mon pauvre fils! Comme il aura souffert, sainte vierge Marie! quel abandon! quel désespoir! mourir sans secours de Dieu, ni des hommes! et moi qui t'ai mis au monde, je dormais! et moi qui suis ta mère, je ne courais pas à ton aide! Ah! Dieu du ciel! Dieu du ciel! ah! les pères sont prophètes! ah! la douleur m'étouffe! ah! la douleur me tue! quel tourment! quel supplice! ah! pauvre de moi, malheureuse mère! fils infortuné, Dieu nous a abandonnés tous les deux!

« — Ma tante, ma tante! s'écria Véronique, baignée de larmes, Dieu n'abandonne personne.

« — Qu'il me vienne donc en aide! cria d'une voix étranglée la malheureuse mère.

« — Dites d'abord en fille soumise : Que sa volonté soit faite! dit en sanglotant la pieuse Véronique.

« — Qu'elle se fasse donc, s'écria la mère désespérée, en joignant les mains avec un tremblement convulsif, et, s'il me faut mourir comme le fils de mon âme, sans consolation... qu'elle se fasse encore!

« — Sans consolation! il vous en reste une, dit le lanchero d'une voix grave et émue.

« — A moi? Il n'y en a pas pour moi, dit Maria en gémissant.

« — Eh! n'en est-ce pas une, dit le lanchero, que la certitude qu'il est mort en chrétien?

« — Ah! si je l'avais! si la sainte Vierge avait exaucé la prière de toute ma vie, depuis que je suis mère!

« — Ayez-la donc, dit le lanchero.

« — Comment! quoi? je pourrais l'avoir! murmura la mère avec une émotion qui étranglait la voix dans sa gorge; qui me l'assure?

« — Moi qui sais sa dernière pensée, dit le lanchero.

« — Vous la savez? comment la savez-vous? dites-le, au nom du ciel, dites-le!

— C'est ce que voulait dire la croix qu'il avait formée avec ses doigts qui restèrent ainsi croisés après sa mort, et élevés au-dessus de sa sépulture, pour attester qu'il mourait en chrétien, c'est-à-dire repentant de ses fautes, croyant, aimant, espérant en Dieu.

« La fervente chrétienne tomba sur ses genoux, joignit les mains et s'écria :

« — Que Dieu soit glorifié ! bénie sois-tu, mère de miséricorde, qui as entendu ma prière, et qui as obtenu qu'elle fût exaucée, puisque la mort de mon fils a été celle d'un chrétien ! Bénie soit la providence de Dieu qui m'envoie cette dernière consolation !

« Et la pauvre mère tomba le visage contre terre ; quand on la releva, elle était morte [1]. »

En face de Puerto Real, s'étend sur une longue ligne la villa de San Fernando, appelée aussi la Isla. Cette ville si humble, malgré son importance, à côté de la brillante Cadix, apparaît à Fernan Caballero « comme une belle femme reléguée dans un coin par une rivale plus heureuse, ou plutôt la Isla avec ses arsenaux, ses chaussées, ses corderies, ses chantiers, ressemble à la femme du marin dans sa solitude, assise sur la plage et regardant la mer. »

Rota, à l'autre extrémité de la baie, à l'embouchure du Guadalquivir, n'est pas décrite d'un trait moins poétique et moins juste :

« On voyait dans le lointain Rota, cette jardinière rustique, qui, les mains pleines de fruits et de légumes, est la première à donner la bienvenue aux navires qui, fatigués et épuisés par la traversée du désert liquide, arri-

[1] La *Dernière Consolation*.

ent au port en repliant leurs ailes, comme des oiseaux à ur nid. »

Si l'on veut de Rota un tableau non pas plus vrai, mais lus simple, on le trouvera dans une touchante nouvelle, ui a pour titre : *Pauvre Dolores!* et qui, je crois, a été aduite en français.

Quant à Cadix, si je n'en dis rien, c'est que, comme Sé-ille, elle est partout dans les livres de Fernan Caballero.

Je pourrais longtemps encore poursuivre ces analyses t ces citations. Il n'est si petite nouvelle de Fernan Ca-allero où ne brille au regard quelque perle précieuse; nais ce que l'on en a dit et ce qu'on en vient de lire uffit sans doute pour montrer tout ce qu'il y a de séve t d'élévation dans ce talent nouveau, et l'heureuse ppropriation de ce don de peindre au pays et aux per-onnages de ses préférences habituelles.

Je ne croirais pas toutefois avoir donné une idée assez omplète de la manière énergique de Fernan Caballero, i je ne m'arrêtais avec quelque étendue à celui de ses écits que j'ai signalé, en commençant, comme le plus emarquable peut-être qui soit sorti de sa plume : *Se taire durant la vie et pardonner en mourant;* c'est une ragédie de famille contenue ou plutôt étouffée entre les quatre murs d'une maison ordinaire; c'est l'histoire d'un crime dont l'auteur demeure inconnu à tous, excepté, à la fin, à la personne qui a le plus d'intérêt à garder l'hor-rible secret, et qui meurt de la honte de sa complicité involontaire et du sacrifice qu'elle fait de la justice à l'honneur. Rien de plus navrant que le spectacle de ces

deux âmes, condamnées à vivre face à face, l'une co
pable et arrogante, l'autre innocente et dédaignée, ju
qu'au moment où la vérité, tout à coup révélée à ce
qui souffrait sans rien savoir, fait quelque chose de s
blime et d'héroïque de ce silence et de cette résignatio
Le mystère qui plane d'un bout à l'autre du récit y
pand un intérêt saisissant et qui va croissant jusqu'
dernier mot qui change brusquement les rôles, et com
mence dès ce monde le châtiment du crime, en apparen
impuni.

Je voudrais faire partager au lecteur l'impression q
m'est restée de la lecture de ce petit drame si émouva
en sa simplicité; mais il n'est pour cela qu'un moye
c'est de traduire, au risque d'abréger parfois.

. . . .

« On voyait dans la populeuse cité de M*** une sing
lière anomalie qui piquait la curiosité de tous les étr
gers, mais dont l'habitude avait fait pour les gens
lieu une chose à laquelle ils ne prenaient plus gar
C'était, au centre même de la ville et dans un des qu
tiers les mieux habités, dans une des rues les plus p
sagères et dont les maisons luttaient d'éclat et de riches
le contraste que formait avec les autres une maison f
mée, malpropre, négligée, noire, dont le seul aspect bl
sait le regard et attristait l'âme. Les deux maisons qui
bordaient à droite et à gauche avaient la blancheur
l'albâtre. Leurs grilles et leurs balcons étaient peints
vert, et le fer, bon gré mal gré, avait dû prendre l'
mable nuance du printemps, comme les plantes qu

voyait derrière dans des pots couleur de corail. Derrière les vitres se déroulaient ces nattes de petits joncs verts qu'on apporte de Chine, et sur lesquelles sont peints des oiseaux étranges, impossibles, qu'on dirait nés de l'arc d'Iris, et qui font ressembler les maisons à de grandes volières d'oiseaux fantastiques, dans des jardins enchantés.

« Au contraire, la maison vide avec ses murailles ternes, ses grilles noires, ses volets fermés comme pour repousser la lumière du jour et les regards des hommes, semblait exclue de la vie joyeuse et active, et comme chargée du poids d'un anathème. Seulement sur le balcon on voyait des morceaux de carton que le vent et la pluie avaient déchirés, et que le propriétaire, las de les renouveler, abandonnait à leur sort; au lieu d'attirer des locataires, ces tristes lambeaux paraissaient placés là pour mettre en interdit le logis abandonné. Enfin cette maison solitaire, muette, lugubre, serrée entre ses deux joyeuses et belles voisines, pouvait se comparer à une tête de mort entre deux vases de fleurs. »

Quelle était la cause de cet abandon? D'où venait à cette maison l'air de réprobation qui pesait sur elle? Un crime y avait été commis; une pauvre vieille dame y avait été assassinée. Depuis six ans la justice avait fait d'inutiles recherches pour découvrir le meurtrier, et cette impuissance de la justice, en ajoutant à l'horreur du crime, avait contribué à éloigner de cette maison quiconque aurait eu la pensée de l'habiter. Écoutons maintenant une voisine racontant le meurtre :

« Il y a dix ans qu'il arriva ici et que s'établit dans cette maison un commandant avec sa femme, trois petits enfants et sa belle-mère. Tout dans l'air du nouveau venu comme dans sa conduite annonçait un cavalier accompli. A l'affection qu'il témoignait à sa femme, qui était fort jeune et d'une grande simplicité, se mêlait une sorte de gravité paternelle, et toute cette famille était aussi heureuse qu'unie. La femme était une colombe sans fiel, comme dit le peuple dans le poétique langage de ses définitions, et se trouvait aussi fière d'avoir été choisie par un si digne mari que d'être la mère des trois petits anges qui ne pouvaient se séparer d'elle. Elle était le type de ces femmes exemplaires qui n'existent que dans le cercle étroit de leurs devoirs de fille, d'épouse et de mère. Quant à la vieille dame, c'était là ce que le monde, qui aime à classer vite, appelle une créature du bon Dieu. Comme elle était fort pieuse, elle passait tranquillement sa vie à l'église, à prier Dieu pour les objets de son affection, et dans sa maison à louer les objets de son culte.

« J'allais souvent dans cette maison, parce que cette paix intérieure, ce bonheur modeste et serein, me faisaient du bien au cœur; parce qu'une sympathie naturelle m'attirait vers cet homme si digne et si strict dans l'accomplissement de ses devoirs, me poussait vers cette douce femme qui se complaisait dans ses vertus comme tant d'autres dans leurs plaisirs, et m'entraînait vers cette bonne vieille, simple et aimante, qui ne faisait dans la vie que sourire et prier. Mais il sembla que cette félicité, toute sainte et humble qu'elle était, fût encore trop parfaite pour durer dans un monde où le malheur veut que même les bons se souviennent moins du ciel, quand la terre leur fait la vie douce. Le fait est qu'un matin ma femme de chambre entra chez moi toute bouleversée, le visage décomposé et pouvant à peine respirer.

« — Qu'y a-t-il donc, Manuela? lui demandai-je toute saisie.

« — Señora, un malheur, une abomination sans exemple...

« — Mais quoi enfin? que s'est-il passé? explique-toi.

« — Cette nuit... dans la maison d'à-côté... ne vous effrayez pas, señora...

« — Non, mais achève.

« — La vieille dame a été assassinée.

« — Assassinée! que dis-tu?

« — Oui, señora, égorgée, criblée de coups de poignard.

« — Sainte Mère de Dieu! m'écriai-je avec horreur, et comment? les voleurs sont entrés chez elle?

« — Il faut le croire; mais on ne sait rien.

« Et, en effet, le matin de ce même jour, l'*assistente*[1] du commandant, qui couchait dans une petite chambre sur le Zaguan, sortit pour aller au marché. Il affirma qu'il avait trouvé la porte de la rue fermée comme il l'avait laissée le jour précédent. Il était donc évident que les voleurs n'avaient pu entrer par la rue. Mais, à son retour, il s'aperçut avec étonnement que la porte du milieu

[1] C'est ce que nous appelons en France un brosseur, le soldat qui sert l'officier.

était simplement entre-bâillée, de manière qu'il n'eut qu'à la pousser, et qu'il entra sans qu'on eût besoin de lui ouvrir; mais quelle ne fut pas son épouvante quand il remarqua que l'eau était toute rouge dans le bassin de marbre blanc de la fontaine du patio! Son effroi s'accrut encore, en voyant sur la paroi de l'escalier l'empreinte sanglante d'une main ouverte. Peut-être en descendant l'escalier, et en se voyant couvert de sang humain, le meurtrier avait-il éprouvé une défaillance qui le contraignit à s'appuyer contre le mur? Peut-être aussi le mur garda-t-il la marque de cette main homicide pour accuser le coupable et signaler la route qu'il avait prise?

« L'assistente monta l'escalier, en suivant les gouttes de sang qui, de distance en distance, lui montraient, comme des doigts vengeurs, le chemin qu'il fallait suivre pour arriver à la découverte du crime. Il arriva à la chambre sombre et isolée qu'habitait la vieille dame dans l'intérieur de la maison. Jusqu'à la porte venait la mare de sang qui allait s'élargissant et que les briques du sol ne pouvaient parvenir à absorber : un sang liquide, chaud, où semblait se conserver encore la vie qui manquait au cadavre déjà livide, lequel, les yeux démesurément ouverts par suite de la terreur dans laquelle s'était achevée sa vie, était étendu sur le lit. Le long de ce lit pendait un bras blanc et glacé, qu'on eût dit de cire, et qui paraissait témoigner ainsi de l'abandon où avait péri la pauvre et innocente victime.

« L'assistente, frappé de terreur, poussa un cri et courut avertir ses maîtres. Quel spectacle pour ces infortunés!... La malheureuse fille tomba comme frappée de la foudre. Le commandant, pâle et sans voix, mais plus maître de lui-même, fit fermer la porte de la maison, car déjà, aux cris du soldat, la foule s'amassait, et envoya chercher la justice. Mais celle-ci ne trouva qu'un cadavre muet. Elle vit des blessures sanglantes qui, par leurs lèvres, accusaient le crime, mais non le criminel; et ce qu'il y eut d'étrange, c'est que les soupçons les plus fugitifs ne purent tomber sur personne, et qu'on ne trouva pas le plus léger indice qui mît sur la trace d'aucune piste...

« Non, je n'oublierai jamais, jamais ne s'effacera de mon imagination le tableau qu'offrit alors à mes yeux cette déplorable famille. J'en reçus une impression si terrible qu'elle coûta la vie au dernier enfant que Dieu me destinait! On ne voyait pas le cadavre qui était encore dans la chambre où on l'avait trouvé, mais on le savait là. Il glaçait l'atmosphère; la maison entière avait une odeur de sang. L'eau qui remplissait le bassin de la fontaine restait rouge, comme si le filet courant qui incessamment la renouvelle continuait à se frayer sa route, sans vouloir se mêler avec le sang, ou comme si une seule goutte versée de sang innocent suffisait pour troubler à jamais une source, de même qu'elle suffit pour souiller à jamais une conscience. »

Quelque temps après, le commandant obtint son changement et alla vivre avec sa famille dans une province éloignée. On comprend qu'ils voulussent quitter à tout prix une ville, où ils avaient été frappés d'un malheur si épouvantable. Tout le monde resta convaincu que le vol avait été dans cette circonstance, comme en tant d'autres, le mobile de l'assassinat. La fille raconta que, la veille même du jour où le crime fut commis, sa mère avait reçu des mains de son notaire une somme considérable dont rien n'a pu être retrouvé. Dans sa nouvelle résidence, cette famille affligée vécut relativement heureuse. Le mari quitta le service, acheta du bien, réussit dans tout ce qu'il entreprit et devint ce que dans le jargon moderne, dit Fernan Caballero, on appelle une *notabilité*. Quant à la femme, elle vivait contente dans sa retraite.

Il semble que l'histoire finisse là; mais, si la justice s'arrêta découragée devant l'insurmontable difficulté de son œuvre et remit son glaive dans le fourreau, ainsi ne fait pas le romancier dans son impitoyable logique; il ne se reposera pas même sur la justice divine du soin de rechercher et d'atteindre le coupable. Avec cet inexorable regard qui perce les plus épaisses ténèbres, il ira le saisir dans l'obscurité dont le crime s'enveloppe pour le traîner au grand jour, et la cause de l'innocence n'aura pas à déplorer une de ces défaites qui font accuser la Providence. Revenons avec lui quelques années en arrière.

Nous voici à Val de Paz, un frais village perdu au fond d'une petite vallée qui sétend au pied et entre les dernières ondulations d'une vaste cordillière. L'auteur fait de cette oasis de paix une attrayante description :

« Un soleil brillant dore ses moissons, de clairs ruisseaux arrosent ses huertas, où l'oranger, à la tête touffue, sème de perles son royal manteau. Le frêle grenadier s'y pare de ses fruits de corail, le suave amandier de ses guirlandes roses, et les simples arbres à fruits se hâtent de mettre leur blanche tunique, si fragile qu'elle s'en ira avec ce fugitif printemps qui les en a revêtus.

« Val de Paz est séparée du reste du monde par de hautes montagnes. Au centre du village, l'église non profanée s'élève dans sa tranquille majesté. Sous le toit du laboureur repose avec honneur la charrue qui enseigne le travail et donne pour récompense le pain de chaque jour. Les petites filles apprennent le catéchisme, baisent la main du curé et demandent à leurs parents leur bénédiction. Les lumières du siècle novateur se sont dédaigneusement détournées de cet asile de l'ignorance et ont effacé Val de Paz de la liste des vivants.

« C'était par une soirée de printemps qui succédait à un soir d'été. La fraîche brise qui courait dans l'air s'était, en véritable sybarite, rafraîchie dans les neiges des hautes cimes, et avait pris, en passant, l'arome des fleurs de la montagne. L'heure paisible du crépuscule avait déjà envahi la vallée, les rayons du soleil ne doraient déjà plus que le sommet des monts dont toutes les crêtes paraissaient en feu. Il n'y avait pas au ciel un seul nuage où se pussent dérober les dernières et rares splendeurs du soleil. On entendait le joyeux murmure de l'eau qui, dans mille directions diverses, allait arroser les vergers, docile à suivre le sentier que lui trace le bras de l'homme; on voyait cette fille de la nue et des sources tantôt entourer un oranger, comme un cercle d'acier bruni, tantôt se répandre sur un carré récemment ensemencé, comme un brillant réseau de cristal. On entendait le grillon, cet artiste du premier instrument qui réjouit le monde ; on entendait le bêlement des brebis, aussi doux que leur caractère, aussi suave que leur toison, triste comme le cri de la victime dont elles sont le mélancolique symbole, le mugissement prolongé de la vache qui appelle son nourrisson.... »

Mais je m'arrête, la description devient longue, et, quoique semée de traits heureux et sentis, elle blesserait par plus d'un détail la sobre simplicité du goût français.

C'est dans cette solitude charmante et perdue, c'est dans ce village de vieux chrétiens, comme dit l'auteur, et par cette délicieuse soirée que vient s'abattre tout à coup une nuée bruyante de soldats et de miliciens chargés de poursuivre dans la montagne une bande de factieux dont nul, à Val de Paz, n'avait encore ouï parler. Cette brusque invasion est racontée avec grâce et avec une malice qui ferait sourire ailleurs même qu'en Espagne.

Les miliciens s'en retournèrent chez eux, après une inutile poursuite; les soldats continuèrent à tenir garnison à Val de Paz.

« Le capitaine fut logé chez la veuve d'un riche et honnête laboureur. Celle-ci avait un fils qui persévérait, sans y rien changer, dans l'humble labeur qui avait enrichi son père, et une fille de quinze ans qui était le soleil de cette modeste, naïve et vertueuse famille.

« Le capitaine, qui se nommait don Andrés Peñalta

était un homme d'assez belle mine, mais d'un caractère sombre et aigri par les fréquentes déceptions qu'il avait éprouvées dans sa carrière, où, comme tant d'autres, en ces époques de bouleversements et de révolutions, il avait été victime de circonstances défavorables. Il en avait d'autant plus souffert qu'il appartenait à une classe devenue assez commune de nos jours, celle des hommes qui se croient toujours supérieurs à la position qu'ils occupent.

« Toutefois la douce atmosphère de cette paisible demeure exerça d'abord une bienfaisante influence sur l'humeur mélancolique et concentrée qu'avaient engendrée chez lui les blessures de l'orgueil. Il prit du goût pour cette jeune fille, l'idole de sa famille et l'honneur de son village, qui offrait, avec le charme de la jeunesse et de l'innocence, les garanties de bonheur qu'assure la vertu, et les espérances de bien-être que peuvent réaliser les biens de la fortune. Ces dernières surtout devaient séduire un homme qui avait l'ambition de figurer et d'être considéré, ambition d'autant plus ardente chez lui que jusque-là les circonstances l'avaient peu favorisée.

« Peñalta, avec son brillant uniforme et son port *respectueux*, comme on disait dans le peuple pour qualifier son air hautain, avait capté l'admiration générale, mais plus particulièrement celle de ses deux patronnes; aussi le jour où il demanda à doña Mariana la main de sa fille Rosalia, la bonne dame ne put dissimuler son contentement; elle ne l'essaya même pas. La douce jeune fille, voyant sa mère satisfaite, ne le fut pas moins qu'elle. Les commères et les voisines firent chorus, et il n'y eut que le fils de la maison qui se montra peu satisfait et fit au mariage projeté une opposition décidée. Il représentait à sa mère que leur fortune, qui consistait en quelques domaines, mais surtout dans leur vaste exploitation et leurs nombreux troupeaux, ne prospérait que par l'union de toutes leurs ressources; mais que, si chacun tirait de son côté, si on partageait ou que l'on réalisât, ce serait au préjudice de tous. Il fit voir par de bonnes raisons que sa sœur devait épouser un enfant du pays, sans sortir du village où elle avait été élevée, et où, de père en fils, ils avaient tous vécu heureux, aimés de chacun et considérés. Mais ces judicieuses objections ne purent triompher des illusions de doña Mariana qui avait la tête tournée du sort brillant de sa fille Rosalia, et la persévérante opposition du fils n'aboutit qu'à exaspérer la bonne mère dont l'esprit était un peu borné et qui finit par lui dire qu'il ne tenait tant à conserver le domaine réuni que pour en tirer à lui la meilleure part. Malgré cette dure et inique réponse (suggérée d'ailleurs à l'excellente dame) le fils continua à combattre ouvertement le mariage de sa sœur, en sorte que la mère, irritée de tant d'obstination et entraînée par sa passion pour sa fille, déclara qu'elle ne s'en séparerait jamais; qu'elle ferait moins de façons pour quitter un fils rebelle, et qu'elle suivrait la première partout où il lui plairait de l'emmener.

« Ce projet de la riche veuve ne pouvait être que fort agréable au capitaine, qui s'empressa d'y donner les mains et de l'appuyer.

« Peu de temps après, le mariage fut célébré et la nouvelle famille quitta le pays.

« Ils vécurent pendant sept ans dans une paix non interrompue, grâce au caractère angélique de la mère et de la fille, à l'absence chez elles de toute prétention et de toute exigence, grâce également au cercle étroit dans lequel se mouvait leur existence domestique, cette existence se réduisant à une admiration sans bornes pour le capitaine, promu avec le temps au grade de commandant et à l'adoration de trois enfants nés de ce mariage. Hors de là, elles tombaient dans l'insignifiance la plus complète, annulées qu'elles étaient par l'orgueil dominateur du commandant Peñalta.

« Il en résulta que chez ces pauvres femmes la modestie qui acceptait, l'humilité qui cédait, la bonté qui se résignait, loin d'être appréciées comme les perles les plus parfaites de l'écrin de la vertu féminine, ne servirent qu'à donner à la mère et à la fille l'apparence de la faiblesse et de la nullité, et à renforcer, à exalter chez celui dont elles faisaient leur idole le despotisme et le mépris.

« Cependant, comme don Andrés Peñalta était doué d'un amour-propre excessif, et dévoré du désir de passer pour un homme de haute vertu sans qu'il en eût aucune, il traitait sa femme et sa belle-mère avec une grande et affectueuse considération en présence des étrangers, et se faisait *bon prince*, comme disent les Français, c'est-à-dire qu'il daignait s'abaisser, avec une bienveillance affectée, jusqu'à l'humble sphère de celles qui se prosternaient devant lui; mais, dans l'intimité, il prenait sa revanche, en les traitant avec une souveraine hauteur et un dédain achevé.

« Les méprises et les naïvetés qui, en visite, échappaient à sa femme mettaient le mari à la torture. Il était tout naturel que la pauvre enfant, élevée à la campagne, n'entendît rien aux délicatesses et aux usages raffinés d'une grande ville; qu'elle ne sût ni se vêtir avec élégance ni passer trois ou quatre heures à sa toilette; elle ne savait ni chanter, ni danser, ni jouer du piano. C'est pourquoi le sot amour-propre de cet homme mortifié de l'ignorance de sa femme avait adopté, pour en témoigner son ennui, un refrain qu'il avait sans cesse à la bouche pour blesser et humilier sa pauvre femme; il lui disait : Tu ne sais rien.

« Mais il est deux choses contre lesquelles ne peut rien l'inique et malveillant despotisme : c'est le fer qui résiste toujours avec la même force, et le jonc qui d'abord cède. Il en résultait que dans cette maison régnait une paix profonde, parce que le despotisme qui la gouvernait n'avait jamais affaire qu'à des joncs faibles et doux. La volonté du despote passait sur l'intérieur de cette famille, comme la rafale de l'ouragan sur une campagne unie, sur une campagne non pas stérile ou désolée, mais revêtue d'un doux et frais gazon.

« Dans ce laps de temps, les relations de doña Mariana avec son fils s'étaient aigries de plus en plus, parce que la bonne dame, subjuguée par son gendre et en tout soumise à ses volontés, n'admettait pas sans débats les comptes que lui envoyait son fils qui avait continué à administrer la fortune de sa mère, demeurée unie à la sienne. D'accord avec don Andrés et docile à ses conseils, doña Mariana finit par exiger le partage des biens et réclama sa part en argent. Après beaucoup de difficultés, on en était venu à cet arrangement final, peu de temps après que la famille se fût établie à M***. Cet arrangement satisfit tout le monde, et la bonne dame se sentit soulagée d'un grand poids, ayant par ce moyen coupé court à toute cause de discussion dans l'avenir, tant avec son fils qu'avec son gendre.

« Un matin, à son retour de la messe, la dame avait reçu la visite d'un notaire, qui était le fondé de pouvoir de son fils, et qui lui avait apporté cinq cents onces d'or, dernier terme de sa fortune capitalisée. La dame avait, en conséquence, signé la quittance finale, et, assise à côté de sa fille, elle se réjouissait de la conclusion de cette affaire. En ce moment, entra l'aîné de ses petits-enfants qui revenait de l'école ; il tenait à la main une page d'écriture qu'il présenta fièrement à son aïeule. Celle-ci la prit avec le plaisir et avec ce sentiment de complaisance qu'excitait en elle tout ce que faisaient ses petits-fils ; puis elle lut la maxime écrite d'une main ferme par laquelle commençait la page, et que l'enfant avait répétée à chaque ligne ; voici cette maxime :

« Ne comptez pas sur le jour de demain ; il n'est jamais sûr.

« La bonne maman regarda chaque ligne d'un air d'approbation et dit à l'enfant :

« — Mais c'est donc toujours la même chose, Andresito?

« — Sans doute, bonne maman, répondit l'enfant, toutes les lignes répètent le modèle, excepté la dernière.

« L'aïeule regarda au bas de la page et lut : *Fait par Andrés Peñalta, le* 20 *mars* 1840.

« — Petit, dit la bonne dame, mais nous ne sommes aujourd'hui que le 19, fête du patriarche saint Joseph.

« L'enfant se mit à rire et répliqua :

« — C'est vrai, je me suis trompé; mais qu'est-ce que cela fait? Supposons que la page ait été écrite demain.

« — Et voilà comme tu oublies les sentences que tu écris, mon enfant? N'y a-t-il pas là :

« Ne comptez pas sur le jour de demain; il n'est jamais sûr.

« — Bien, je vais corriger la faute, répondit l'enfant qui reprit la page et se mit à courir. Au bout d'un instant, il revint et la rapporta à son aïeule.

« — Petit, s'écria celle-ci en y jetant les yeux, pourquoi as-tu corrigé ce chiffre avec de l'encre rouge? Jésus! on dirait une date de sang.

« — L'encre rouge était sur le bureau de papa, et c'est bien joli de l'encre rouge, répondit l'enfant.

« — C'est très-laid, au contraire, observa la mère. Elle fait d'ailleurs ressortir la correction. Déchire cette page, mon enfant, et demain, s'il plait à Dieu, tu en feras une plus belle pour bonne maman.

« — Non, non, dit celle-ci, donne-la-moi, cher bijou.

C'est pour moi que tu l'as écrite. J'y trouve une sainte et excellente maxime qui m'avertit de ne pas compter sur le jour de demain, qu'on ne le tient pas, ce qui veut dire que nous devons toujours être prêts, lorsque la mort viendra nous prendre pour nous mener devant le tribunal du Juge suprême des âmes. Je garde donc cette maxime comme un bon souvenir et un meilleur conseil. Et tiens! (ajouta-t-elle, en prenant sur la table un rouleau de vingt onces) je suis si contente de ton application et de cette page qui en est la preuve à mes yeux, que je te destine ces vingt onces, et, à ma mort, elles seront pour toi. Et, pour qu'on le sache bien, je vais écrire ma volonté au bas et en envelopper les onces.

« La dame prit la plume avec laquelle elle venait de signer ses reçus, et elle écrivit, en effet, au bas de la page, et sous la date rouge, le nom de l'enfant qui était également celui de son père : *Souvenir qui lui est légué par Mariana Perez.*

« Elle roula ensuite les vingt onces dans le papier et les serra avec le reste de l'or dans une cassette qu'elle ferma et emporta dans sa chambre.

« Dans la nuit même fut commis sur la personne de la pauvre vieille dame l'horrible assassinat qu'on a rapporté au commencement de cette histoire, où l'on a aussi essayé de peindre le désespoir dans lequel un malheur si inouï plongea la pauvre Rosalia, et la profonde impression qu'il fit sur son mari, lequel peut-être alors se repentit d'avoir fait la vie si amère à cette infortunée victime qui l'avait tant aimé et tant estimé.

« On a dit comment le commandant et sa famill quittèrent la ville de M*** qui leur était devenue si juste ment odieuse. Dix ans se passèrent dans leur nouvell résidence où, depuis leur arrivée, le mari et la femm avaient trouvé le meilleur accueil. Leur sort y devir plus brillant. Don Andrés hérita d'un oncle qui mour en Amérique, se retira du service, acheta du bien, et s livra avec succès à diverses entreprises, celle, entre au tres, de la démolition des couvents dont il débitait à ba prix les précieux matériaux. Il avait été alcade, et il éta actuellement député provincial ; en un mot, il était de venu un personnage et le type du citoyen moderne, c'es à-dire un grand producteur de phrases sonores, saupo drées de termes hétérogènes, apôtre zélé de la moralit fervent propagateur de la philanthropie, arrogant ennen des superstitions, au nombre desquelles il mettait l'o servance du dimanche et des fêtes, prêtre de la dées *raison*, archiprêtre de *saint Positif*, grand'maître c prosopopée, professeur dans le bel art moderne du m pris et du dédain, habile archichecte de son propre pi destal. Rien ne manquait à ce Salomon des jugements conciliation, à ce Démosthènes d'une société récemme fondée pour la création d'un canal, dont les travaux, force de commissions et de rapports, étaient déjà fo avancés, car il ne manquait plus au complet achèv ment du canal projeté que de l'argent pour l'ouvrir de l'eau pour le remplir.

« Loin de nous [illegible] oir personnifier l'époque so les traits du seigneur don Andrés; nous ne montrons q

tendances, et il est certain que, dans un ordre de
oses opposé, don Andrés eût été la sentinelle avan-
 de l'intolérance, le séide de la routine, le cerbère
 tarifs, l'intraitable douanier des innovations les plus
les, les plus indispensables. Ce que nous n'ajoutons
 pour rendre hommage à la vérité, pour ne laisser
apper aucun des traits du type que nous cherchons à
ndre, et en aucune façon pour laver la tête à notre
oque.

« Avec le privilége qu'ont les âmes paisibles de ne pas
laisser abattre par le malheur, avec celui qu'ont les
ganisations douces d'être exemptes des sentiments vio-
ts et emportés, avec celui qu'ont les caractères patients
ne s'irriter ni ne s'opiniâtrer dans leurs souffrances,
salia était revenue à son état naturel de calme et de
nquillité d'esprit, qui est, à n'en pas douter, un signe
prédestination.

« Elle se fût encore trouvée heureuse, n'étaient les
nières de son mari qui, de plus en plus infatué de sa
lle position, du succès de ses entreprises et de la con-
dération générale qu'il avait su s'attirer, traitait sa
uvre femme avec une dureté et un mépris qui, chaque
ur, allaient en augmentant.

« L'éducation des enfants, que Rosalia gâtait, était le
jet continuel des reproches de son mari, et une occasion
ur lui de répéter son injure habituelle : Tu ne sais
n faire. Souvent Rosalia pleurait en l'entendant, sou-
nt elle se résignait avec patience, mais jamais elle ne
pondait, se faisant à elle-même cette réflexion : Il est

naturel que mon mari parle et pense de cette maniè lui qui sait tant de choses, quand je ne sais, moi, q coudre et prier.

« Tant il est vrai que la vertu innée s'ignore elle-mê comme l'innocence! Mais le temps devait se charger faire voir à don Andrés tout ce que sait une femme sait être chrétienne, et combien les vertus humbles s préférables aux dons héroïques.

« Un jour que Rosalia enseignait à sa fille, douce fant comme avait été sa mère, le peu qu'elle savait, c'e à-dire à coudre et à prier, le plus jeune de ses deux entra dans sa chambre.

« — Maman, dit-il, en lui présentant un papier, gardez cette page écrite par Andrés, quand il était pe

« Rosalia prit le papier et y lut avec stupeur :

« *Ne comptez pas sur le jour de demain; il n'est mais sûr.*

« Au bas de la page, on lisait, rouge et comme s glante, la date du 19 *mars* 1840, *fait par Andrés ñalta*, et au-dessous, de la main de sa mère, la pau victime du crime mystérieux et impuni, l'unique te ment qu'elle eût fait : *Légué en souvenir par Mari Perez.*

« — Où as-tu trouvé ce papier? demanda Rosalia a une voix si étrange et si changée, que les enfants la gardèrent avec étonnement.

« — Dans la chambre du père, entre de vieux papi répondit l'enfant.

« Rosalia se leva livide, courut à sa chambre, mit le rrou à la porte et ferma la fenêtre pour ne pas voir la mière du jour.

« Le voile, qui depuis dix ans avait caché l'assassin de mère, venait d'être tiré à ses yeux. L'horrible secret rtait de son ombre; la victime, du fond de sa tombe, ppelait la date sanglante par ce document conservé avec rgent qui ne pouvait se rencontrer que dans les mains voleur et du meurtrier, et ce document accusateur se uvait au pouvoir de son mari!

« Rosalia se laissa tomber sur un sofa et cacha son sage entre ses mains. Elle resta ainsi trois heures, imobile comme la stupeur, froide comme un cadavre où sang ne circule plus, muette comme la bouche que la ralysie a frappée.

« Pendant la première heure, elle ne pensa pas; toutes idées étaient confondues dans un épouvantable ver-e. Pendant la seconde, le désespoir se démena dans son ne, comme un lion dans sa cage, cherchant une issue ur pousser en pleine liberté son rugissement. Pendant troisième heure, la réflexion, digne et sévère, se pré-nta enfin, menant d'une main la modération chrétienne de l'autre la prudence humaine; la première avec son in, la seconde avec sa lunette. Alors la chrétienne, la re et l'épouse, joignit ses mains et s'écria : A toi seul, mon Père, ô mon Juge, à toi seul appartient la justice, oi seul la vengeance!

« Elle se leva courageusement, alluma une bougie, y

brûla d'une main résolue le papier accusateur et se jeta dans son lit.

« Un moment après, son mari entra et lui demanda, avec sa brusquerie habituelle, ce que signifiait cette manière de s'enfermer.

« En entendant la voix du meurtrier de sa mère, en le sentant si près d'elle, un tremblement affreux s'empara de l'infortunée; ses dents claquèrent et elle répondit qu'elle était malade.

« Le mari sortit d'un air impatienté. Il lui refusait jusqu'au droit d'être malade!

« Rosalia demeura huit jours enfermée, sans permettre que personne la vît, même ses enfants, sous prétexte d'un violent mal de tête; mais, en réalité, parce qu'elle craignait de laisser éclater en cris désespérés le redoutable secret qu'elle voulait ensevelir à jamais dans sa poitrine déchirée.

« Elle voulait, pour y parvenir, user ses forces physiques, en affaiblissant son corps à force de jeûnes et de larmes, et puiser des forces morales dans l'oraison et dans l'amour maternel.

« Lorsqu'elle se releva, et la première fois que son mari la vit, il recula effrayé, et il avait raison! les cheveux de la jeune mère étaient devenus blancs. Sur sa face amaigrie s'était étendue la pâleur livide de l'ictère. Ses yeux creusés et égarés brillaient du feu de la fièvre, dans un cercle noir.

« — Il est évident que tu es malade, lui dit-il, et bien malade. Il faut que tu aies beaucoup souffert.

« — Beaucoup, répondit la patiente, en appuyant sur le mot.

« — Et pourquoi n'avoir pas appelé un médecin? reprit le mari d'un ton bourru; mais *tu ne sais rien faire*, pas même te soigner quand tu souffres.

« La martyre vécut encore une année avec le coup de la mort dans le cœur, sans autre soulagement que la certitude qu'il était bien mortel.

« Une année entière dura sa descente au tombeau; la vie est tenace à trente ans.

« — Mais qu'a donc la señora? demandaient ses nombreux amis à don Andrés Peñalta.

« — Une ictère noire qui lui anéantit le corps et l'âme, répondait celui-ci. Les médecins lui ordonnent cent choses, mais rien ne la soulage. J'en suis vraiment inquiet. Et, quand il se retrouvait seul avec sa femme, il lui disait : Le médecin prétend qu'il ne comprend rien à ton mal, et que tu ne lui en dis pas les causes; mais *tu ne sais rien faire*, pas même expliquer ce que tu souffres!

« Enfin la dernière victime du crime tomba épuisée. Les médecins, désorientés et à bout de ressources, se croisaient les bras. L'heure de l'éternel repos était arrivée. Le confesseur répandait des consolations et des larmes au chevet de la moribonde.

« Prête enfin à paraître devant le tribunal de Dieu, et sentant qu'il ne lui restait que peu d'instants à vivre, la noble victime fit signe à tout le monde de s'éloigner et appela son mari.

« — Père de mes enfants! lui dit-elle d'une voix solennelle, j'ai su faire deux choses en cette vie.

« — Toi? s'écria le mari stupéfait.

« — Oui.

« — Et lesquelles? s'écria le coupable atterré, les yeux effarés et sortant de leurs orbites.

« — Me taire tant que j'ai vécu, parce que je suis mère, et pardonner en mourant, parce que je suis chrétienne, répondit la sainte martyre, en fermant les yeux pour ne plus les rouvrir. »

Voilà mon histoire, ou plutôt celle de Fernan Caballero; et, si je n'en ai pas trop affaibli l'exquise beauté, on y apercevra peut-être toutes les qualités d'un talent supérieur. Je trouve même que l'heureux arrangement du récit, la sobriété énergique des détails, la rapide concision du dialogue, lui donnent un air de parenté avec les meilleures nouvelles de Mérimée et les études les plus habilement ménagées de Balzac, en son bon temps. Mais il y a ici de plus un souffle chrétien qui ouvre à ces humbles scènes l'horizon de l'infini.

Dans ces dernières années, tous les esprits cultivés se sont fort occupés, en Espagne, de Fernan Caballero. Les poëtes les plus distingués, les critiques les plus accrédités, se sont à l'envi groupés autour de lui, pour lui faire fête et le soutenir dans cette voie nouvelle, contents de voir qu'il se rencontre enfin un talent original qui, par son exemple, arrache ses émules à la tâche ingrate, vulgaire et stérile, quand elle n'est pas dangereuse, de la raduction des œuvres étrangères. Chacun de ses ourages se présente au public sous le patronage d'un nom célèbre : aujourd'hui M. le duc de Rivas; demain don Eugenio Ochoa; un autre jour, don Juan Hartzembuch, Antonio Cavanilles ou Fermin Apecechea.

Cet appui si aisément obtenu, si galamment accordé, a contribué à répandre l'opinion que l'auteur de la *Gaviota* pourrait bien être une femme. On s'est demandé : Qu'est-ce donc que ce charmant conteur, qu'on ne rencontre jamais à Madrid, dont les merveilleux petits récits, datés tantôt de Jerez, du Puerto Santa Maria ou de San Lucar, tantôt de Séville et d'une des tours de l'Alcazar, émeuvent si vivement le cœur, remuent si fortement l'intelligence, et qui, par la supériorité de ses œuvres, comme par le mystère attaché à sa personne, éveille au loin tant d'intérêt et de curiosité?

L'extrême délicatesse des sentiments, l'étude si déliée de la passion, la grâce exquise de certaines descriptions, paraissaient donner raison à ces conjectures; mais les femmes ont-elles d'habitude le secret de peindre les caractères avec cette énergie toute virile, de les mettre aux prises avec cette verve si dramatique? Il y avait dans quelques pages une fraîcheur si naturelle, dans d'autres une telle exubérance de vie, qu'on en a conclu également qu'il n'y avait que la jeunesse pour écrire ainsi. Mais aussitôt une rare expérience du cœur humain, un retour mélancolique vers un passé préféré, une suprême équité de jugement, vous avertissent que l'épreuve de la vie est entrée pour beaucoup sans doute dans l'éducation de talent à la fois nouveau et accompli.

On se disait encore : A quel degré de la hiérarchie s ciale appartient Fernan Caballero? Ce nom est celui d' petit bourg de la Manche; mais l'ingénieux écrivain l t-il trouvé dans le blason de sa famille ou l'a-t-il pris s la carte? Est-il né sous le toit du pauvre? il aime tant peuple et il excelle si fort à le peindre! Mais, d'un au côté, il le flatte si peu! Les classes élevées devront-elles revendiquer? elles en auraient le droit si, en Espag les nobles manières, les sentiments chevaleresques, étai le privilége exclusif des grands.

Fernan Caballero peut donc sans invraisemblance p ser pour une femme, il en a toutes les grâces; pour homme, il en a toute la vigueur. Il sait tour à tour vrir l'âme aux plus naïves émotions de la jeunes comme aux plus sages pensées de l'âge mûr; s'il r justice aux solides qualités du peuple, il ne lui en co nullement de placer sur leur antique piédestal les cendants du Cid, de Fernan Cortès, de Gonzalve de C doue. Que ses amis continuent donc à chérir sa p sonne, ses lecteurs à s'enchanter à la lecture de ses vres, l'Espagne à devenir chaque jour plus fière de ce ou de celle qui met sa gloire à consoler les grandeurs chues et à amuser l'ennui de son pays. Quant à son n à son rang, à son sexe et à son âge, il faut bien lais quelque chose à deviner aux commentateurs à ve aussi bien la postérité commençait à se lasser de cherc le vrai nom de l'auteur des *Lettres de Junius* et de c e la *Seconde Partie de Don Quichotte*. Le nom de l'auteur de Waverley a longtemps excité la curiosité de notre siècle; c'est une ressemblance de plus entre Walter-Scott Fernan Caballero. Le lecteur sait maintenant qu'il en existe entre eux de plus sérieuses.

FIN.

TABLE DES MATIÈRES

LA BAIE DE CADIX.

JEREZ DE LA FRONTERA.

SAN LUCAR DE BARRAMEDA.

NOTRE-DAME DU ROCIO

FERNAN CABALLERO.

FIN DE LA TABLE.

www.ingramcontent.com/pod-product-compliance
Ingram Content Group UK Ltd.
Pitfield, Milton Keynes, MK11 3LW, UK
UKHW020428200726
13857UKWH00002B/334